工科数学信息化教学丛书

线性代数教程

(第四版)

罗从文　主编

科学出版社

北京

内 容 简 介

本书共 5 章，内容包括线性方程组与矩阵、矩阵运算及向量组的线性相关性、向量空间 $\mathbf{R}^n$、行列式、矩阵特征值问题及二次型. 各章均配有一定数量的习题，并根据难易程度分为 A、B 两类，书末附有习题答案. 各章均有一节应用实例专门介绍线性代数在各个领域的应用，以激发学生的学习兴趣，培养学生应用线性代数知识解决实际问题的能力. 附录包含 MATLAB 简介、线性代数中重要概念中英文对照表供参考.

本书可作为学习线性代数的教科书或教学参考书供高等院校理工类、经管类各专业学生使用，也可供自学者、考研者和科技工作者阅读.

图书在版编目（CIP）数据

线性代数教程 / 罗从文主编. —4 版. —北京：科学出版社，2019.8

（工科数学信息化教学丛书）

ISBN 978-7-03-062026-2

Ⅰ. ①线… Ⅱ. ①罗… Ⅲ. ①线性代数-高等学校-教材 Ⅳ. ①O151.2

中国版本图书馆 CIP 数据核字（2019）第 162563 号

责任编辑：谭耀文 张 湾/责任校对：高 嵘

责任印制：彭 超/封面设计：苏 波

科学出版社 出版

北京东黄城根北街 16 号

邮政编码：100717

http://www.sciencep.com

武汉市首壹印务有限公司印刷

科学出版社发行 各地新华书店经销

*

开本：787×1092 1/16

2019 年 8 月第 四 版 印张：14

2024 年 6 月第五次印刷 字数：323 000

定价：43.00 元

（如有印装质量问题，我社负责调换）

第四版前言

这次再版的主要工作是:适当补充一些章节的内容,使全书结构更趋合理;弥补几处疏漏,使推理、解题更为流畅;习题部分增加近几年来的考研题.总之,这次再版在保持原有体系和框架的基础上,在满足理工类、经管类本科基础课程教学基本要求的前提下,使本书更加贴近于当前的教学实践.

这次再版工作由三峡大学理学院罗从文、王高峡、马德宜承担.

三峡大学俞辉、柳福祥、熊新华、赵守江、王卫华等同志对本书第三版提出了许多修改意见,谨在此对他们表示深切的谢意.

编　者

2019 年 2 月

第三版前言

本书第三版是在第二版的基础上，结合当前教学的实际情况，历经 4 年时间反复修订而成的.

这次改版，在保持第二版的体系上，补充了工程实际中的问题作为例题和习题，以使理工类、经管类学生能体会到此课程在各自领域的应用；对习题作了分类，A 类题主要用于复习基本概念、性质，B 类题选自近些年研究生入学考试的试题，用于考查学生综合运用知识解决问题的能力. 此外，在文字上也作了部分修改，以使论述更加通俗易懂.

第三版的编写由罗从文、王高峡、张渊渊、熊新华、王卫华、马德宜等同志承担. 对于科学出版社和三峡大学教务处的领导和老师们对本书的关心和支持表示衷心的感谢.

编　者

2016 年 1 月

第二版前言

本书自第一版出版以来，广大读者和同仁对于将线性方程组与矩阵、向量空间 $\mathbf{R}^n$、矩阵特征值问题作为线性代数的核心内容而纳入编写体系，都表示了赞同，认为这样的编排有利于理解线性代数的抽象知识，降低了学习本课程的难度. 因此在编写第二版时，我们保留了原来的体系，仅对其中几处作了一定的调整. 在第 2 章我们对向量组的线性相关性内容作了补充；在第 4 章删减了余子阵的概念；全书在文字上也作了少许修改，以使论述更加通俗易懂；另外还调整并增加了部分例题和习题.

这次再版工作由罗从文、赵克健、沈忠环、张渊渊、杨雯靖、张小华、刘巧静、张平等同志承担.

我们向关心本书和对本书第一版提出宝贵意见的专家们表示深切的谢意，诚望继续不吝赐教，以期更进一步完善.

编　者

2011 年 10 月

第一版前言

线性代数是学习自然科学、工程技术和社会科学的学生的一门重要的基础课程，其核心内容包括矩阵理论以及向量空间理论. 这些概念和理论为解决各个专业领域提出的相关问题提供了有力的工具.

本书主要有如下特点：

(1) 针对学时少的学校，介绍线性代数的核心内容，如线性方程组与矩阵、向量空间 $\mathbf{R}^n$、矩阵特征值问题.

(2) 向量空间的概念是一个难点，为了分散难点，本书将作一系列铺垫. 如第 2 章引入线性无关性的概念，然后在第 3 章先回顾二维和三维空间中的向量，再推广到 $\mathbf{R}^n$.

(3) 通过一系列的实例来说明线性代数在各个领域中的应用，有利于培养学生应用代数知识解决实际问题的能力.

(4) 在书末介绍了在科技工作者中非常流行的数学软件 MATLAB 在线性代数中的应用.

(5) 收集并整理了近几年高等数学中涉及线性代数的考研试题.

本书由罗从文主编，赵克健、杨雯靖任副主编. 第 1 章由赵克健编写，第 2 章及附录 A 由陈继华、肖红英编写，第 3 章及附录 B 由张渊渊编写，第 4 章由杨雯靖编写，第 5 章由罗从文编写，线性代数考研试题的收集、分类由赵克健、杨雯靖、张平负责，全书由罗从文、别群益统稿、审稿、定稿.

由于时间仓促，本书难免有疏漏和不当之处，敬请读者批评指正.

编　者

2009 年 9 月

目　　录

第 1 章　线性方程组与矩阵

解线性方程组是线性代数课程最主要的内容之一，而矩阵则是线性代数的一个非常重要的基本概念和常用工具.在科学研究、工程技术和经济管理各领域中，许多问题都与求解线性方程组和矩阵及其运算有关.

本章将首先从解析几何角度来了解二元和三元线性方程组的解的较为直观的几何意义.其次，在消元法解线性方程组的基础上，引入矩阵、矩阵的初等变换及矩阵秩的概念，从而把用消元法解线性方程组转化为只需对方程组的增广矩阵施以初等行变换来解决.再次，进一步讨论如何根据行阶梯形矩阵或行最简形矩阵的结构及矩阵秩的不同情况，判别线性方程组是否有解、有唯一解还是有无穷多解.最后，介绍矩阵和线性方程组在相关方面的一些实际应用.

1.1　二元和三元线性方程组的几何意义

线性方程组是各个方程关于未知量均为一次幂的方程组.几何中如平面上直线之间的相互位置关系、空间平面之间的相互位置关系等问题，实际上都可以归结为线性方程组的相关问题来解决.

例如，在 xOy 平面上，一条直线可以用一个含有两个未知量的二元线性方程 $ax+by=c$ 来表示.

设有两条直线 l_i：$a_ix+b_iy=c_i$ $(i=1, 2)$，则方程组

$$\begin{cases} a_1x+b_1y=c_1 \\ a_2x+b_2y=c_2 \end{cases} \tag{1.1}$$

就是一个二元非齐次线性方程组.若有一组数 $x=x_0$，$y=y_0$ 使方程组(1.1)中的每个方程都成立，则称数组 x_0，y_0 是方程组(1.1)的一个解.方程组有解就称方程组是相容的，否则就称方程组是不相容的.当常数项 c_1，c_2 全为 0 时，称方程组

$$\begin{cases} a_1x+b_1y=0 \\ a_2x+b_2y=0 \end{cases} \tag{1.2}$$

为二元齐次线性方程组.

从解析几何角度看，方程组(1.1)中两条直线的公共点的坐标一定满足该方程组.反之，如果平面上点的坐标满足方程组(1.1)，那么，该点就一定在这两条直线上，而不同时在这两条直线上的点的坐标必不满足方程组(1.1).因此，在 xOy 平面坐标系下，二元线性方程组(1.1)的解就是它所表示的平面上两条直线的交点(公共点)的坐标.方程组的解的不同情况对应着平面上两条直线间不同的位置关系.由于平面上两条直线间的位置关

系只可能有平行、相交、重合三种情况，对应着二元线性方程组(1.1)的解只有三种情况：无解、有唯一解、有无穷多解. 故讨论平面上直线间三种不同的位置关系，就相当于研究二元线性方程组的解的三种不同情况，反之亦然.

例 1.1 判断下列二元线性方程组的解的情况，并讨论它们的解的几何意义.

(1) $\begin{cases} x+y=3 \\ x-y=1 \end{cases}$; (2) $\begin{cases} x+y=3 \\ x+y=2 \end{cases}$; (3) $\begin{cases} x+y=2 \\ 2x+2y=4 \end{cases}$;

(4) $\begin{cases} 2x-y=0 \\ x-y=0 \end{cases}$; (5) $\begin{cases} 2x-y=0 \\ 4x-2y=0 \end{cases}$.

解 方程组(1)有唯一解 $x=2$, $y=1$. 从几何角度看，方程组(1)所表示的两条直线相交于 xOy 平面上的一点(2, 1)，如图 1.1(a)所示.

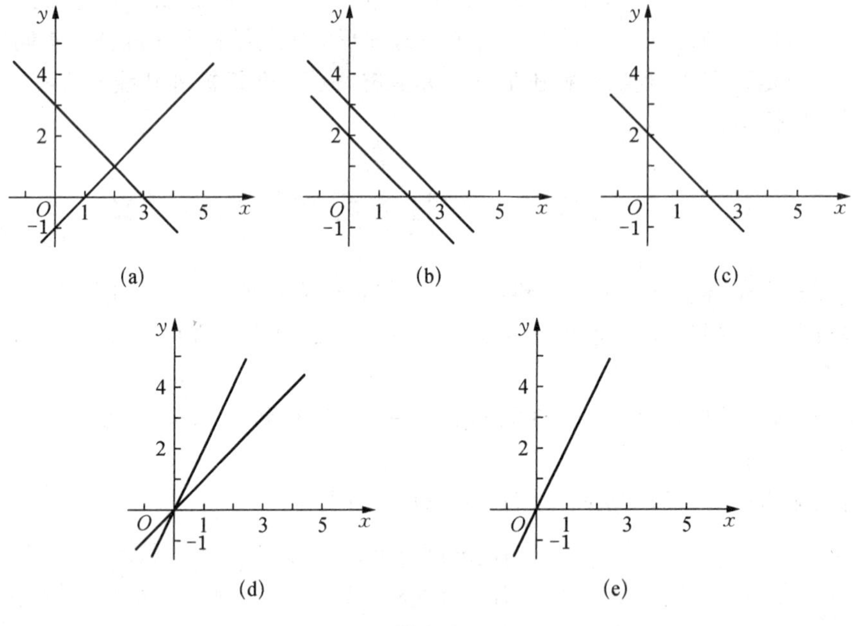

图 1.1

显然，方程组(2)的两个方程是相互矛盾的，方程组(2)无解. 从几何角度看，方程组(2)所表示的两条直线相互平行，没有公共点，如图 1.1(b)所示.

方程组(3)的两个方程中只有一个是独立方程，因为其中的一个方程可由另一个方程通过数乘和加法(线性运算)得到. 这样，方程组的解中会含有参数. 例如，由第一个方程 $x+y=2$ 得到 $y=2-x$，则将 $x=x$, $y=2-x$ 代入必满足方程组，即 $x=x$, $y=2-x$ 是方程组(3)的解. 该解中的未知量 y 是由未知量 x 来表示的，x 作为参数可任意取值，故称为自由未知量，相应地把 y 称为非自由未知量. x 取定一个值，y 就相应取得一个定值，所以方程组(3)有无穷多个解. 一般地，把含有自由未知量的解的表达式，称为线性方程组的通解或一般解，它可以表示线性方程组的全部解. 从几何角度看，方程组(3)所表示的两条直线平行且重合，因而有无穷多个公共点，如图 1.1(c)所示.

方程组(4)、方程组(5)都是二元齐次线性方程组，把 $x=0$，$y=0$ 代入二元齐次线性方程组都能使之满足，故齐次线性方程组必有零解. 但方程组(4)只有零解，而方程组(5)的解可表示为 $x=x$，$y=2x$，其中 x 是自由未知量，可以任意取值，所以方程组(5)有无穷多个解. 从几何角度看，二元齐次线性方程组所表示的两条直线均通过坐标原点，但方程组(4)所表示的两条直线只在原点相交，而方程组(5)所表示的通过原点的两条直线平行且重合，所以两条直线有无穷多个公共点，如图 1.1(d)、(e)所示.

类似地，在空间解析几何中，三元线性方程 $ax+by+cz=d$ 表示空间中的一个平面.

设有三个平面 Π_i：$a_ix+b_iy+c_iz=d_i$ $(i=1, 2, 3)$，则这三个平面公共点的坐标一定满足方程组

$$\begin{cases} a_1x+b_1y+c_1z=d_1 \\ a_2x+b_2y+c_2z=d_2 \\ a_3x+b_3y+c_3z=d_3 \end{cases} \tag{1.3}$$

反之，坐标满足方程组(1.3)的点一定在这三个平面上，而不同时在这三个平面上的点(公共点)的坐标必不满足该方程组. 因此，方程组(1.3)的解就是它所表示的三个平面上公共点的坐标，其解的不同情况对应着空间中这三个平面间不同的位置关系. 要讨论空间中这三个平面的位置关系，只需要对这三个平面方程所组成的线性方程组的解的情况作出判别即可. 三个平面之间有八种可能的位置关系，具体情况如表 1.1 所示.

表 1.1

方程组解的情况	三平面的公共点的构成	三平面间的位置关系	图　示
方程组有唯一解	三平面有唯一公共点	三平面相交于一点	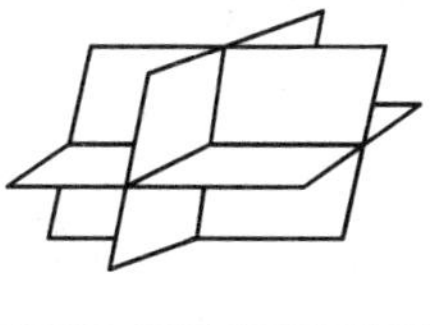
方程组有无穷多解	三平面有无穷多个公共点，它们构成一条直线或平面，分三种情况	三平面相交于同一条直线，且彼此不重合	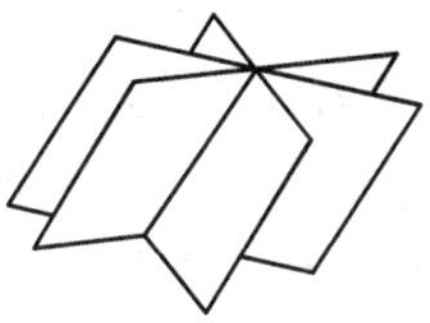
		两个平面重合，且与第三个平面相交	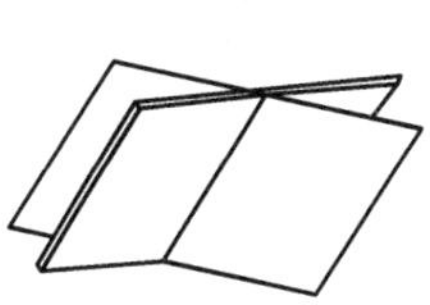
		三个平面重合	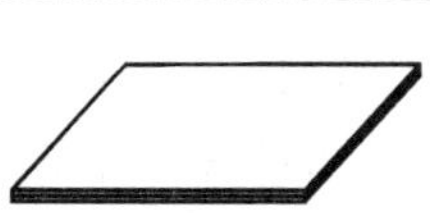

续表

方程组解的情况	三平面的公共点的构成	三平面间的位置关系	图示
方程组无解	三平面无公共点,分四种情况	三个平面两两相交于三条平行线	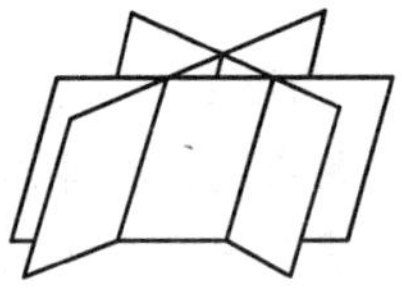
		两个平面平行(不重合),另一平面与两平行平面分别相交于两条平行直线	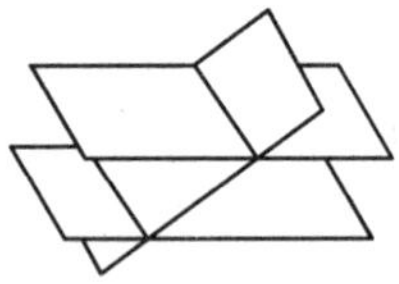
		三个平面平行且彼此不重合	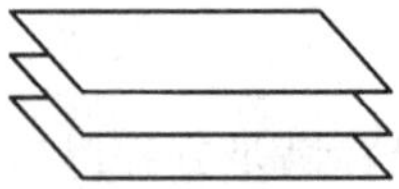
		三个平面平行,其中有两个平面重合	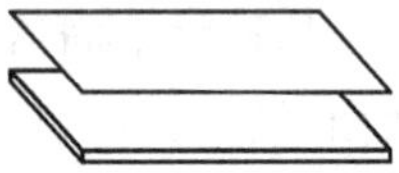

通常,从实际问题中得到的线性方程组,未知量的个数可能比较多,方程个数与未知量个数也不一定相同,为方便起见,以后将统一改用 x_j $(j=1, 2,\cdots,n)$来表示未知量. 这样,由 m 个含有 n 个未知量的线性方程所组成的线性方程组可以表示为

$$\begin{cases} a_{11}x_1+a_{12}x_2+\cdots+a_{1n}x_n=b_1 \\ a_{21}x_1+a_{22}x_2+\cdots+a_{2n}x_n=b_2 \\ \cdots\cdots \\ a_{m1}x_1+a_{m2}x_2+\cdots+a_{mn}x_n=b_m \end{cases} \tag{1.4}$$

式中:系数 a_{ij} 的第一个下标 i $(i=1, 2, \cdots, m)$表示 a_{ij} 是第 i 个方程中的系数,第二个下标 j $(j=1, 2, \cdots, n)$表示 a_{ij} 是第 j 个未知量 x_j 的系数;b_i 是第 i 个方程的常数项.

若 m 个常数项 b_i 不全为 0,则称方程组(1.4)为 n 元非齐次线性方程组. 若该方程组中的 m 个常数项 b_i 全为 0,则方程组(1.4)变为

$$\begin{cases} a_{11}x_1+a_{12}x_2+\cdots+a_{1n}x_n=0 \\ a_{21}x_1+a_{22}x_2+\cdots+a_{2n}x_n=0 \\ \cdots\cdots \\ a_{m1}x_1+a_{m2}x_2+\cdots+a_{mn}x_n=0 \end{cases} \tag{1.5}$$

称方程组(1.5)为 n 元齐次线性方程组. 如果 $x_1=c_1$, $x_2=c_2$, $\cdots$, $x_n=c_n$ 可以使方程组(1.4)中的每一个方程都成立,则称有序数组(c_1, c_2, $\cdots$, c_n)是该方程组的一个解. 如果线性方程组有解,就称方程组是相容的;否则,就称方程组是不相容的. 线性方程

组的解的全体称为方程组的解集合(简称解集). 两个具有相同的解集合的方程组称为同解的. 表示线性方程组的全部解的表达式称为线性方程组的通解.

线性方程组是线性代数的核心. 本章将借助线性方程组简单而具体地介绍线性代数的核心概念,深入理解它们将有助于我们感受线性代数的力和美.

对于一般的线性方程组,我们最关心的问题是:如何判断一个方程组是否有解?如果方程组有解,那么,它有多少解?有解时怎样求出它的全部解?为回答这些问题,我们将在下节回顾在中学代数中学过的求解线性方程组的消元法.

1.2 消元法与阶梯形线性方程组

在中学里已经学过用消元法解二元或三元线性方程组,这是解线性方程组常用的一种方法,该方法也适用于未知量和方程数目较多的一般线性方程组. 这一方法的基本思想是,通过方程组中方程之间的几种基本运算,消去某些方程中的一些未知量,有时还可以消去方程组中某些多余的方程,从而得到与原方程组同解的但形式上更简单、更便于求解的一类方程组——阶梯形线性方程组. 下面举例来讨论这一方法.

例 1.2 解线性方程组

$$\mathrm{I}_1:\begin{cases}3x_1-x_2+2x_3=7 & ①\\ 2x_1+x_2-x_3=1 & ②\\ x_1-x_2+x_3=2 & ③\end{cases}$$

解 先设法消去方程组的某两个方程中的 x_1. 为此,可以把式①两边乘以$\frac{1}{3}$(或除以 3),使 x_1 的系数变成 1,然后再作下一步运算,但若这样,式①的其他系数和常数项会出现分数,将给后面的计算带来麻烦,为方便后面的运算,先交换式①、式③的位置,得到与方程组 I_1 同解的方程组

$$\mathrm{I}_2:\begin{cases}x_1-x_2+x_3=2 & ④\\ 2x_1+x_2-x_3=1 & ⑤\\ 3x_1-x_2+2x_3=7 & ⑥\end{cases}$$

将式④先后乘以-2,-3,再分别加到式⑤、式⑥上,消去这两个方程中的 x_1,得

$$\mathrm{I}_3:\begin{cases}x_1-x_2+x_3=2 & ⑦\\ 3x_2-3x_3=-3 & ⑧\\ 2x_2-x_3=1 & ⑨\end{cases}$$

式⑧乘以$\frac{1}{3}$,得

$$\mathrm{I}_4:\begin{cases}x_1-x_2+x_3=2 & ⑩\\ x_2-x_3=-1 & ⑪\\ 2x_2-x_3=1 & ⑫\end{cases}$$

继续消去式⑫中的 x_2，为此，将式⑪乘以 -2 加到式⑫上，得

$$
\mathrm{I}_5:\begin{cases} x_1 - x_2 + x_3 = 2 & ⑬\\ \quad\ \ x_2 - x_3 = -1 & ⑭\\ \qquad\quad\ x_3 = 3 & ⑮\end{cases}
$$

可以看出，通过以上逐次消元的过程，方程组 I_5 中各方程自上而下所含未知量的个数顺次减少，这是一个与原方程组 I_1 同解的，且形式简洁、更容易求解的阶梯形方程组. 将式⑮代入式⑭得 $x_2=2$，再将 $x_2=2$，$x_3=3$ 代入式①可得 $x_1=1$. 于是，原方程组的解为

$$x_1=1,\quad x_2=2,\quad x_3=3$$

这种由阶梯形方程组逐次求得各未知量的过程称为"回代"，线性方程组的这种解法称为消元法. 有时根据阶梯形方程组的具体情况还可以简化回代过程. 例如，对阶梯形方程组 I_5 直接将式⑭加到式⑬上，再将式⑮加到式⑭上，也能方便地得到与原方程组同解且形式上最简单的阶梯形方程组

$$
\mathrm{I}_6:\begin{cases} x_1 \qquad\quad = 1 & ⑯\\ \quad\ x_2 \quad\ = 2 & ⑰\\ \qquad\ \ x_3 = 3 & ⑱\end{cases}
$$

根据这类最简单的阶梯形方程组，可以直接写出原方程组的解，或经简单的移项整理便可改写成原方程组的通解.

在例 1.2 的求解过程中，我们对方程组反复施行了下面三种变换：

(1) 交换ⓘ、ⓙ两个方程的位置，记为ⓘ↔ⓙ.

(2) 以非零数 k 同乘以某方程ⓘ的两边，记为ⓘ$\times k$.

(3) 把方程ⓙ的 k 倍加到方程ⓘ上，记为ⓘ$+k$ⓙ.

我们把线性方程组的这三种变换称为线性方程组的初等变换.

关于线性方程组的初等变换我们还需要作几点说明：

(1) 这三种变换都是可逆的.

例如，若交换线性方程组Ⅰ的ⓘ、ⓙ两个方程的位置后得到方程组Ⅱ，那么，把方程组Ⅱ的ⓘ、ⓙ两个方程再作交换就还原为方程组Ⅰ，这种可逆性可用记号表示为

若(Ⅰ) $\xrightarrow{ⓘ\leftrightarrowⓙ}$ (Ⅱ)，则

$$(\text{Ⅱ})\xrightarrow{ⓘ\leftrightarrowⓙ}(\text{Ⅰ})$$

对另外两种初等变换，也相应地有

若(Ⅰ) $\xrightarrow{ⓘ\times k}$ (Ⅱ)，则

$$(\text{Ⅱ})\xrightarrow{ⓘ\div k}(\text{Ⅰ})$$

若(Ⅰ) $\xrightarrow{ⓘ+kⓙ}$ (Ⅱ)，则

$$(\text{Ⅱ})\xrightarrow{ⓘ-kⓙ}(\text{Ⅰ})$$

（2）经过初等变换后得到的线性方程组与原方程组是同解的.

在例 1.2 中，原方程组 I_1 经过若干次的初等变换得到了 I_2，I_3，…，I_5 等一系列方程组，把数组 $x_1=1$，$x_2=2$，$x_3=3$ 代入均能满足其中的每一个方程组，因而这些方程组都是同解方程组. 该结论对一般线性方程组(1.4)也成立. 很显然，对换原方程组(1.4)中两个方程的位置和用非零常数 k 乘以某一方程，方程组的解不会改变. 把原方程组的第 j 个方程两边乘以数 k 再加到第 i 个方程上去，这时，原来的第 i 个方程

$$a_{i1}x_1+a_{i2}x_2+\cdots+a_{in}x_n=b_i$$

变为

$$a_{i1}x_1+a_{i2}x_2+\cdots+a_{in}x_n+k(a_{j1}x_1+a_{j2}x_2+\cdots+a_{jn}x_n)=b_i+kb_j$$

可见，原方程组(1.4)的一个解 $x_1=c_1$，$x_2=c_2$，…，$x_n=c_n$ 必定满足新方程组，反之新方程组的解也一定满足原方程组，即新方程组与原方程组同解.

（3）用消元法解线性方程组的过程中，我们始终把方程组视为一个整体，着眼于把整个方程组通过逐次消元变为一个与原方程组同解且容易求解的阶梯形方程组.

1.3　矩阵及矩阵的初等变换

在用消元法求解线性方程组的过程中，实际上只是对各方程未知量的系数和常数项进行运算，未知量并没有参与运算，但每次都要把未知量照样写出来，这样既麻烦又无必要. 其实，不同的方程组，主要是它们的未知量的系数及常数项有所不同，一个方程组有没有解，有什么样的解，完全取决于这些系数和常数项. 正因为如此，在消元过程中我们主要研究和关注的是方程组的这些系数与常数项构成的有序数组的变化. 为进一步简化线性方程组的求解过程，需要引入矩阵、矩阵的初等变换、矩阵的秩等概念. 随着本课程学习的深入，我们会逐步体会到这些概念的重要性及它们的广泛应用.

1.3.1　矩阵的概念

矩阵是线性代数中的一个基本概念和工具，线性代数的理论及其应用都离不开矩阵. 在科学研究和实际问题中我们经常要处理大量的数据，而矩阵可以把这些庞大且杂乱无章的数据变得有序，使应用计算机对这些数据进行科学计算和处理成为可能，并带来极大的方便.

例如，某工厂分别向甲、乙、丙三个商场发送Ⅰ、Ⅱ、Ⅲ、Ⅳ四种产品，这四种产品的数量及产品的单价和单件重量如表 1.2、表 1.3 所示.

表 1.2

商场	产品/件			
	Ⅰ	Ⅱ	Ⅲ	Ⅳ
甲	260	300	180	40
乙	200	260	300	20
丙	420	210	220	50

表 1.3

产品	单价/元	单件重量/kg
Ⅰ	2000	120
Ⅱ	1680	55
Ⅲ	1860	100
Ⅳ	3280	26

如果只抽出表中的这些数据,按一定的顺序排列成数表,并分别外加圆括号或方括号以表示它们是一个整体,就分别得到

$$\begin{pmatrix} 260 & 300 & 180 & 40 \\ 200 & 260 & 300 & 20 \\ 420 & 210 & 220 & 50 \end{pmatrix}, \quad \begin{pmatrix} 2000 & 120 \\ 1680 & 55 \\ 1860 & 100 \\ 3280 & 26 \end{pmatrix}$$

这样的矩形数表分别称为 3 行 4 列矩阵和 4 行 2 列矩阵.

定义 1.1 由 $m\times n$ 个数 a_{ij} $(i=1, 2, \cdots, m; j=1, 2, \cdots, n)$组成一个 m 行 n 列的矩形数表,称为一个 $m\times n$ 矩阵,记为

$$\begin{pmatrix} a_{11} & a_{12} & \cdots & a_{1n} \\ a_{21} & a_{22} & \cdots & a_{2n} \\ \vdots & \vdots & & \vdots \\ a_{m1} & a_{m2} & \cdots & a_{mn} \end{pmatrix} \tag{1.6}$$

通常用大写字母表示矩阵.例如,矩阵(1.6)可记为 $\boldsymbol{A}$,也可简记为 $\boldsymbol{A}_{m\times n}$ 或 $(a_{ij})_{m\times n}$,以标明其行数 m 和列数 n,其中数 a_{ij} 称为矩阵 $\boldsymbol{A}$ 的第 i 行第 j 列的元素. a_{ij} 的下标 i 与 j 分别称为行标与列标,故也称 a_{ij} 为矩阵 $\boldsymbol{A}$ 的(i, j)元.

元素都是实数的矩阵称为实矩阵,元素是复数的矩阵称为复矩阵.本书中的矩阵除特别说明外,都指实矩阵.

元素全为零的 $m\times n$ 矩阵称为零矩阵,记为 $\boldsymbol{O}_{m\times n}$,在已明确行、列数的情况下可记为 $\boldsymbol{O}$.

行数和列数都等于 n 的矩阵称为 n 阶矩阵或 n 阶方阵,n 阶方阵 $\boldsymbol{A}$ 也记为 $\boldsymbol{A}_n$. 特别地,一阶矩阵就是一个数.只有一行的矩阵

$$\boldsymbol{A}=(a_1, a_2, \cdots, a_n)$$

称为行矩阵,又称行向量,它是 $1\times n$ 矩阵,也称为 n 维行向量,其中的第 i 个数 a_i 称为该向量的第 i 个分量$(i=1,2,\cdots,n)$. 只有一列的矩阵

$$\boldsymbol{B}=\begin{pmatrix} b_1 \\ b_2 \\ \vdots \\ b_m \end{pmatrix}$$

称为列矩阵,又称列向量,它是 $m\times 1$ 矩阵,也称为 m 维列向量.

在本书中,为讨论问题方便,一般都将向量表示为列向量.

一般用小写的希腊字母 $\boldsymbol{\alpha}, \boldsymbol{\beta}, \boldsymbol{\gamma}$ 等表示向量,而用带有下标的小写拉丁字母 a_i, b_j 或 c_{ij} 等表示向量的分量.

所有分量都是零的向量称为零向量. 零向量记为 $\mathbf{0}=\begin{pmatrix}0\\0\\\vdots\\0\end{pmatrix}$.

两个行数相等、列数也相等的矩阵称为同型矩阵. 如果矩阵 $\boldsymbol{A}=(a_{ij})$ 与 $\boldsymbol{B}=(b_{ij})$ 是同型矩阵,且它们的对应元素分别相等,即 $a_{ij}=b_{ij}\ (i=1,2,\cdots,m;\ j=1,2,\cdots,n)$,则称矩阵 $\boldsymbol{A}$ 与矩阵 $\boldsymbol{B}$ 相等,记为 $\boldsymbol{A}=\boldsymbol{B}$.

例 1.3 设矩阵 $\boldsymbol{A}=\begin{pmatrix}1&3\\2&4\end{pmatrix}$, $\boldsymbol{B}=\begin{pmatrix}1&2x+1\\y&2y+z\end{pmatrix}$,已知 $\boldsymbol{A}=\boldsymbol{B}$,求 x,y,z.

解 根据矩阵相等的定义,很容易求得 $x=1,\ y=2,\ z=0$.

下面再介绍几种常用的特殊方阵.

(1) 对角矩阵.

形如

$$\boldsymbol{A}=\begin{pmatrix}a_{11}&0&\cdots&0\\0&a_{22}&\cdots&0\\\vdots&\vdots&&\vdots\\0&0&\cdots&a_{nn}\end{pmatrix}$$

或简写为

$$\boldsymbol{A}=\begin{pmatrix}a_{11}&&&\\&a_{22}&&\\&&\ddots&\\&&&a_{nn}\end{pmatrix}$$

的 n 阶矩阵称为对角矩阵,$a_{11},a_{22},\cdots,a_{nn}$ 称为矩阵的主对角元素. 对角矩阵必是方阵,且所有非主对角元素全为零. n 阶对角矩阵也常记为

$$\boldsymbol{A}=\mathrm{diag}(a_{11},a_{22},\cdots,a_{nn})$$

例如

$$\mathrm{diag}(1,3,-2)=\begin{pmatrix}1&&\\&3&\\&&-2\end{pmatrix}$$

(2) 数量矩阵和单位矩阵.

主对角元素都相同的对角矩阵

$$\boldsymbol{A}=\begin{pmatrix}a&&&\\&a&&\\&&\ddots&\\&&&a\end{pmatrix}$$

称为数量矩阵.特别地,当数量矩阵中主对角线上元素 $a_{ii}=1\ (i=1,\ 2,\ \cdots,\ n)$时,称该矩阵为 n 阶单位矩阵,记为 $\boldsymbol{E}_n$或 $\boldsymbol{E}$,即

$$\boldsymbol{E}_n=\begin{pmatrix}1 & & & \\ & 1 & & \\ & & \ddots & \\ & & & 1\end{pmatrix}$$

(3) 三角矩阵.

若方阵 $\boldsymbol{A}=(a_{ij})$,当 $i>j$ 时 $a_{ij}=0$,即形如

$$\boldsymbol{A}=\begin{pmatrix}a_{11} & a_{12} & \cdots & a_{1n}\\ 0 & a_{22} & \cdots & a_{2n}\\ \vdots & \vdots & & \vdots\\ 0 & 0 & \cdots & a_{nn}\end{pmatrix}$$

的矩阵称为上三角矩阵.类似地,当 $i<j$ 时 $a_{ij}=0$,即形如

$$\boldsymbol{A}=\begin{pmatrix}a_{11} & 0 & \cdots & 0\\ a_{21} & a_{22} & \cdots & 0\\ \vdots & \vdots & & \vdots\\ a_{n1} & a_{n2} & \cdots & a_{nn}\end{pmatrix}$$

的矩阵称为下三角矩阵.

(4) 对称矩阵与反对称矩阵.

如果 n 阶矩阵 $\boldsymbol{A}=(a_{ij})$的元满足 $a_{ij}=a_{ji}\ (i,\ j=1,\ 2,\ \cdots,\ n)$,则称矩阵 $\boldsymbol{A}$ 为 n 阶对称矩阵.例如

$$\boldsymbol{A}=\begin{pmatrix}2 & 1 & 0\\ 1 & 3 & 2\\ 0 & 2 & 1\end{pmatrix}$$

就是一个三阶对称矩阵.如果 n 阶矩阵 $\boldsymbol{A}=(a_{ij})$的元满足 $a_{ij}=-a_{ji}\ (i,\ j=1,\ 2,\ \cdots,\ n)$,则称矩阵 $\boldsymbol{A}$ 为 n 阶反对称矩阵.例如

$$\boldsymbol{A}=\begin{pmatrix}0 & -1 & 2\\ 1 & 0 & -3\\ -2 & 3 & 0\end{pmatrix}$$

就是一个三阶反对称矩阵.

注意:反对称矩阵的主对角元应满足 $a_{ii}=0\ (i=1,\ 2,\ \cdots,\ n)$.

1.3.2 矩阵的初等变换

前面已给出了含有 m 个方程、n 个未知量的线性方程组的一般形式,为

$$\begin{cases} a_{11}x_1+a_{12}x_2+\cdots+a_{1n}x_n=b_1 \\ a_{21}x_1+a_{22}x_2+\cdots+a_{2n}x_n=b_2 \\ \cdots\cdots \\ a_{m1}x_1+a_{m2}x_2+\cdots+a_{mn}x_n=b_m \end{cases} \tag{1.7}$$

如果记

$$\boldsymbol{A}=\begin{pmatrix} a_{11} & a_{12} & \cdots & a_{1n} \\ a_{21} & a_{22} & \cdots & a_{2n} \\ \vdots & \vdots & & \vdots \\ a_{m1} & a_{m2} & \cdots & a_{mn} \end{pmatrix}, \quad \boldsymbol{b}=\begin{pmatrix} b_1 \\ b_2 \\ \vdots \\ b_m \end{pmatrix}$$

则 $\boldsymbol{A}$ 称为线性方程组(1.7)的系数矩阵，$\boldsymbol{b}$ 称为常数项列矩阵(或列向量). 由系数矩阵再添加一列常数项得到的新矩阵记为 $\overline{\boldsymbol{A}}$，则

$$\overline{\boldsymbol{A}}=(\boldsymbol{A},\ \boldsymbol{b})=\begin{pmatrix} a_{11} & a_{12} & \cdots & a_{1n} & b_1 \\ a_{21} & a_{22} & \cdots & a_{2n} & b_2 \\ \vdots & \vdots & & \vdots & \vdots \\ a_{m1} & a_{m2} & \cdots & a_{mn} & b_m \end{pmatrix} \tag{1.8}$$

称为线性方程组(1.7)的增广矩阵. 显然，一个线性方程组与它的增广矩阵是对应的，一个增广矩阵就相应地确定了一个线性方程组. 这样，一个线性方程组完全可以用它的增广矩阵来表示.

在用消元法解线性方程组的过程中，参与运算的只是各方程的系数和常数项，但每次却都要把各方程中的未知量 $x_1, x_2, \cdots, x_n$ 重复写出. 有了线性方程组的矩阵表示，就可以"轻装上阵"，只需把对线性方程组施行的三种初等变换相应地应用到它的增广矩阵上即可.

定义 1.2 下面三种变换称为矩阵的初等行变换：

(1) 对调矩阵的 i, j 两行，记为 $r_i \leftrightarrow r_j$.

(2) 以不为 0 的数 k 乘以矩阵第 i 行的所有元素，记为 kr_i.

(3) 把矩阵第 j 行乘以数 k 加到第 i 行的对应元素上去，记为 r_i+kr_j.

将定义中的"行"换成"列"，就称为矩阵的初等列变换，相应地把记号"r" 换成"c".

以上三种变换分别简称为对调变换、倍乘变换和倍加变换. 矩阵的初等行变换和初等列变换统称为矩阵的初等变换.

矩阵 $\boldsymbol{A}$ 经过初等变换变成矩阵 $\boldsymbol{B}$ 时，写成 $\boldsymbol{A} \rightarrow \boldsymbol{B}$. 显然，矩阵的初等变换也是可逆的：

(1) 对调变换 $r_i \leftrightarrow r_j$ 的逆变换就是其本身.

(2) 倍乘变换 kr_i 的逆变换是 $\frac{1}{k}r_i$.

(3) 倍加变换 r_i+kr_j 的逆变换是 r_i-kr_j.

例如,若 $A \xrightarrow{r_i+kr_j} B$,则 $B \xrightarrow{r_i-kr_j} A$.

矩阵 A 经过有限次初等变换变成矩阵 B,就称矩阵 A 与矩阵 B 等价,记为 $A \sim B$. 矩阵之间的等价关系具有下列性质:

(1) 反身性. $A \sim A$.

(2) 对称性. 若 $A \sim B$,则 $B \sim A$.

(3) 传递性. 若 $A \sim B$, $B \sim C$,则 $A \sim C$.

通过以上讨论可知,一个线性方程组与它的增广矩阵相对应,而用消元法求解线性方程组的过程中,线性方程组的三种初等变换又和矩阵的三种初等行变换一一对应,那么,解线性方程组就完全可以转变成对它的增广矩阵施行初等行变换来求解. 但请读者特别注意:在进行线性方程组的求解中,只能对增广矩阵进行初等行变换,不能用初等列变换. 换言之,只有初等行变换才能保证方程组的同解性. 下面再对例 1.2 用矩阵的初等行变换来求解,其变换过程可与线性方程组的消元过程一一对应.

例 1.4 解线性方程组

$$\mathrm{I}_1: \begin{cases} 3x_1 - x_2 + 2x_3 = 7 \\ 2x_1 + x_2 - x_3 = 1 \\ x_1 - x_2 + x_3 = 2 \end{cases}$$

解 对方程组的增广矩阵 $\overline{A}$ 施行初等行变换.

$$\overline{A} = (A, b) = \begin{pmatrix} 3 & -1 & 2 & 7 \\ 2 & 1 & -1 & 1 \\ 1 & -1 & 1 & 2 \end{pmatrix} \xrightarrow{r_1 \leftrightarrow r_3} \begin{pmatrix} 1 & -1 & 1 & 2 \\ 2 & 1 & -1 & 1 \\ 3 & -1 & 2 & 7 \end{pmatrix}$$

$$\xrightarrow[r_3-3r_1]{r_2-2r_1} \begin{pmatrix} 1 & -1 & 1 & 2 \\ 0 & 3 & -3 & -3 \\ 0 & 2 & -1 & 1 \end{pmatrix} \xrightarrow{\frac{1}{3}r_2} \begin{pmatrix} 1 & -1 & 1 & 2 \\ 0 & 1 & -1 & -1 \\ 0 & 2 & -1 & 1 \end{pmatrix}$$

$$\xrightarrow{r_3-2r_2} \begin{pmatrix} 1 & -1 & 1 & 2 \\ 0 & 1 & -1 & -1 \\ 0 & 0 & 1 & 3 \end{pmatrix} = \overline{A}_4$$

解以 $\overline{A}_4$ 为增广矩阵的线性方程组

$$\begin{cases} x_1 - x_2 + x_3 = 2 \\ x_2 - x_3 = -1 \\ x_3 = 3 \end{cases}$$

得

$$\begin{cases} x_1 = 1 \\ x_2 = 2 \\ x_3 = 3 \end{cases}$$

上面最后一个矩阵 $\overline{\boldsymbol{A}}_4$ 称为行阶梯形矩阵，与之对应的方程组正是在例 1.2 中与原方程组同解的阶梯形方程组 I_5. 行阶梯形矩阵定义如下。

定义 1.3　一个 $m\times n$ 矩阵 $\boldsymbol{A}$ 称为行阶梯形矩阵是指 $\boldsymbol{A}$ 满足：

(1) 如果有零行(元素全为零的行)，则零行全部位于该矩阵的下方.

(2) 把每个非零行(元素不全为零的行)左边第一个非零元素称为首非零元，其左边零元素的个数随行号的增加而增加.

由例 1.2 中阶梯形方程组 I_5 得到解的回代过程，也可用矩阵的初等行变换来进行. 继续对上面的阶梯形矩阵 $\overline{\boldsymbol{A}}_4$ 施行初等行变换，有

$$\overline{\boldsymbol{A}}_4 \xrightarrow[]{\substack{r_1+r_2\\ r_2+r_3}} \begin{pmatrix} 1 & 0 & 0 & 1 \\ 0 & 1 & 0 & 2 \\ 0 & 0 & 1 & 3 \end{pmatrix} = \overline{\boldsymbol{A}}_5$$

行阶梯形矩阵 $\overline{\boldsymbol{A}}_5$ 还称为行最简形矩阵，其特点是：每个非零行的首非零元为 1，且这些首非零元所在列的其他元素全为零. 与行最简形矩阵 $\overline{\boldsymbol{A}}_5$ 对应的方程组就是例 1.2 中最简阶梯形方程组 I_6，因此，由行最简形矩阵即可写出方程组的解.

这种应用矩阵的初等行变换，把方程组的增广矩阵化为阶梯形矩阵或行最简形矩阵，然后再求线性方程组的解的方法称为高斯(Gauss)消元法.

利用初等行变换，把一个矩阵化为行阶梯形矩阵或行最简形矩阵，是线性代数中最基本和最重要的运算之一. 矩阵在初等行变换下的行阶梯形矩阵特别是行最简形矩阵可以解决线性代数中的许多问题.

任何矩阵 $\boldsymbol{A}_{m\times n}$ 都可以经过若干次初等行变换把它化为行阶梯形矩阵或行最简形矩阵. 一个矩阵的行阶梯形矩阵可以不同，但它的行最简形矩阵是唯一的，一个矩阵的行阶梯形矩阵中非零行的行数是唯一确定的. 在以后的章节里，将证明这个数是矩阵在初等变换下的一个不变量，是反映矩阵自身特性的很重要的一个指数. 其重要作用之一就是根据这个数能很方便地判别线性方程组的解的各种情况. 为此，下面引入矩阵秩的概念.

定义 1.4　矩阵 $\boldsymbol{A}$ 经过初等行变换化为行阶梯形矩阵后，其非零行的行数称为矩阵 $\boldsymbol{A}$ 的秩，记为 $R(\boldsymbol{A})$.

例 1.5　设矩阵 $\boldsymbol{A}=\begin{pmatrix} 1 & 0 & 2 & -4 \\ 2 & 1 & 3 & -6 \\ -1 & -1 & -1 & 2 \end{pmatrix}$，求 $R(\boldsymbol{A})$.

解

$$\boldsymbol{A} \xrightarrow[r_3+r_1]{r_2-2r_1} \begin{pmatrix} 1 & 0 & 2 & -4 \\ 0 & 1 & -1 & 2 \\ 0 & -1 & 1 & -2 \end{pmatrix} \xrightarrow{r_3+r_2} \begin{pmatrix} 1 & 0 & 2 & -4 \\ 0 & 1 & -1 & 2 \\ 0 & 0 & 0 & 0 \end{pmatrix}$$

则 $R(\boldsymbol{A})=2$.

1.4 用行阶梯形矩阵的结构判断线性方程组的解的类型

我们已经知道,空间中三个平面间的各种不同的位置关系对应着三个平面方程组成的三元线性方程组的解的各种不同情况. 从三个平面上公共点的构成来看,三元线性方程组的解只有三种基本情况:有唯一解、有无穷多解和无解. 一般线性方程组解的情况也是如此. 根据行阶梯形矩阵的结构和矩阵的秩的情况,可以较方便地区分和判断线性方程组的解的类型. 下面就从行阶梯形矩阵的结构和矩阵的秩的角度,先分析几个具体的例子.

先看看例 1.4 从方程组 I_1 的增广矩阵 $\overline{\boldsymbol{A}}$ 化成的行阶梯形矩阵 $\overline{\boldsymbol{A}}_4$ 和行最简形矩阵 $\overline{\boldsymbol{A}}_5$.

$$\overline{\boldsymbol{A}}=(\boldsymbol{A},\ \boldsymbol{b})\xrightarrow{r}\begin{pmatrix}1 & -1 & 1 & 2\\ 0 & 1 & -1 & -1\\ 0 & 0 & 1 & 3\end{pmatrix}=\overline{\boldsymbol{A}}_4\xrightarrow[r_2+r_3]{r_1+r_2}\begin{pmatrix}1 & 0 & 0 & 1\\ 0 & 1 & 0 & 2\\ 0 & 0 & 1 & 3\end{pmatrix}=\overline{\boldsymbol{A}}_5$$

从中很容易看出 $\overline{\boldsymbol{A}}$ 的秩 $R(\overline{\boldsymbol{A}})$ 和系数矩阵 $\boldsymbol{A}$ 的秩 $R(\boldsymbol{A})$(只需数一数非零行的行数),有

$$R(\boldsymbol{A})=R(\overline{\boldsymbol{A}})=3=n \quad (\text{未知量的个数})$$

此时方程组 I_1 有唯一解 $x_1=1,\ x_2=2,\ x_3=3$.

例 1.6 求解线性方程组

$$\begin{cases}2x_1 - x_2 - x_3 + x_4 = 2\\ 6x_1 - 9x_2 + 3x_3 - 3x_4 = 6\\ x_1 + x_2 - 2x_3 + x_4 = 4\\ 3x_1 + 6x_2 - 9x_3 + 7x_4 = 9\end{cases} \tag{1.9}$$

解 对方程组的增广矩阵施行初等行变换化为行阶梯形矩阵和行最简形矩阵.

$$\overline{\boldsymbol{A}}=(\boldsymbol{A},\ \boldsymbol{b})=\begin{pmatrix}2 & -1 & -1 & 1 & 2\\ 6 & -9 & 3 & -3 & 6\\ 1 & 1 & -2 & 1 & 4\\ 3 & 6 & -9 & 7 & 9\end{pmatrix}\xrightarrow[\frac{1}{3}r_2]{r_1\leftrightarrow r_3}\begin{pmatrix}1 & 1 & -2 & 1 & 4\\ 2 & -3 & 1 & -1 & 2\\ 2 & -1 & -1 & 1 & 2\\ 3 & 6 & -9 & 7 & 9\end{pmatrix}$$

$$\xrightarrow[r_4-3r_1]{\substack{r_2-r_3\\ r_3-2r_1}}\begin{pmatrix}1 & 1 & -2 & 1 & 4\\ 0 & -2 & 2 & -2 & 0\\ 0 & -3 & 3 & -1 & -6\\ 0 & 3 & -3 & 4 & -3\end{pmatrix}\xrightarrow[r_4+r_3]{-\frac{1}{2}r_2}\begin{pmatrix}1 & 1 & -2 & 1 & 4\\ 0 & 1 & -1 & 1 & 0\\ 0 & -3 & 3 & -1 & -6\\ 0 & 0 & 0 & 3 & -9\end{pmatrix}$$

$$\xrightarrow[\frac{1}{3}r_4]{\substack{r_1-r_2\\ r_3+3r_2}}\begin{pmatrix}1 & 0 & -1 & 0 & 4\\ 0 & 1 & -1 & 1 & 0\\ 0 & 0 & 0 & 2 & -6\\ 0 & 0 & 0 & 1 & -3\end{pmatrix}\xrightarrow[r_2-r_3]{\substack{\frac{1}{2}r_3\\ r_4-r_3}}\begin{pmatrix}1 & 0 & -1 & 0 & 4\\ 0 & 1 & -1 & 0 & 3\\ 0 & 0 & 0 & 1 & -3\\ 0 & 0 & 0 & 0 & 0\end{pmatrix}=\overline{\boldsymbol{A}}_5$$

易知

$$R(\boldsymbol{A})=R(\overline{\boldsymbol{A}})=3<n=4 \quad (\text{未知量的个数})$$

$\overline{\boldsymbol{A}}$ 的行最简形矩阵 $\overline{\boldsymbol{A}}_5$ 所对应的与原方程组同解的方程组为

$$\begin{cases} x_1 \quad\ - x_3 = 4 \\ \quad x_2 - x_3 = 3 \\ \qquad\qquad x_4 = -3 \\ \qquad\qquad 0 = 0 \end{cases}$$

该方程组含有三个有效方程，最后一个方程"0=0"可以不写出，说明原方程组的四个方程中有一个是多余方程，四个未知量中有一个未知量可以任意取值，称为自由未知量.通常取行阶梯形矩阵或行最简形矩阵中，与每一行首非零元对应的未知量为非自由未知量(如 x_1，x_2，x_4)，其余的选为自由未知量(如 x_3). 把自由未知量移到方程右边，于是解得

$$\begin{cases} x_1 = x_3 + 4 \\ x_2 = x_3 + 3 \\ x_4 = \quad -3 \end{cases}$$

若令自由未知量 $x_3=c$ (c 为任意常数)，方程组的解通常写成

$$\begin{cases} x_1 = c + 4 \\ x_2 = c + 3 \\ x_3 = c \\ x_4 = \quad - 3 \end{cases}$$

或用向量形式表示为

$$\boldsymbol{x}=\begin{pmatrix} x_1 \\ x_2 \\ x_3 \\ x_4 \end{pmatrix}=\begin{pmatrix} c+4 \\ c+3 \\ c \\ -3 \end{pmatrix}=c\begin{pmatrix} 1 \\ 1 \\ 1 \\ 0 \end{pmatrix}+\begin{pmatrix} 4 \\ 3 \\ 0 \\ -3 \end{pmatrix}$$

由于 c 可任意取值，故方程组(1.9)有无穷多解.

例 1.7　求解线性方程组

$$\begin{cases} 2x_1 - x_2 + 3x_3 = 1 \\ 4x_1 - 2x_2 + 5x_3 = 4 \\ 6x_1 - 3x_2 + 8x_3 = 4 \end{cases}$$

解　对方程组的增广矩阵施行初等行变换化为行阶梯形矩阵.

$$\overline{\mathbf{A}}=(\mathbf{A},\ \boldsymbol{b})=\begin{pmatrix}2&-1&3&1\\4&-2&5&4\\6&-3&8&4\end{pmatrix}\xrightarrow[r_3-3r_1]{r_2-2r_1}\begin{pmatrix}2&-1&3&1\\0&0&-1&2\\0&0&-1&1\end{pmatrix}$$

$$\xrightarrow[r_3+r_2]{-r_2}\begin{pmatrix}2&-1&3&1\\0&0&1&-2\\0&0&0&-1\end{pmatrix}=\overline{\mathbf{A}}_2$$

$\overline{\mathbf{A}}_2$ 中对应的最后一个方程“$0=-1$”是一个矛盾方程,即无论未知量取何值都不能满足该方程,因此原方程组无解. 请注意此时

$$R(\mathbf{A})=2\neq R(\overline{\mathbf{A}})=3$$

以上三个例子,分别给出解线性方程组一般可能出现的三种情况:有唯一解、有无穷多解和无解. 而对于一个 n 元非齐次线性方程组,总有

$$R(\mathbf{A})\leqslant R(\overline{\mathbf{A}})\leqslant R(\mathbf{A})+1$$

(系数矩阵 $\mathbf{A}$ 添加一列其秩不变或增加 1). 因此,根据系数矩阵的秩及增广矩阵的秩与未知量个数 n 之间的关系,就可以方便地讨论线性方程组的解的情况.

对于一般 n 元线性方程组(1.4),为叙述方便,设它的增广矩阵 $\overline{\mathbf{A}}$ 的行最简形矩阵 $\overline{\mathbf{A}}_J$(必要时可通过交换某两个未知量对应列的位置化成,如此只是改变未知量编号的次序而已)为

$$\overline{\mathbf{A}}=(\mathbf{A},\ \boldsymbol{b})\xrightarrow{r}\begin{pmatrix}1&0&\cdots&0&\bar{a}_{1,r+1}&\cdots&\bar{a}_{1n}&d_1\\0&1&\cdots&0&\bar{a}_{2,r+1}&\cdots&\bar{a}_{2n}&d_2\\\vdots&\vdots&&\vdots&\vdots&&\vdots&\vdots\\0&0&\cdots&1&\bar{a}_{r,r+1}&\cdots&\bar{a}_{rn}&d_r\\0&0&\cdots&0&0&\cdots&0&d_{r+1}\\0&0&\cdots&0&0&\cdots&0&0\\\vdots&\vdots&&\vdots&\vdots&&\vdots&\vdots\\0&0&\cdots&0&0&\cdots&0&0\end{pmatrix}=\overline{\mathbf{A}}_J$$

原方程组与 $\overline{\mathbf{A}}_J$ 对应的下列方程组同解:

$$\begin{cases}x_1 \qquad\qquad + \bar{a}_{1,r+1}x_{r+1}+\cdots+\bar{a}_{1n}x_n = d_1\\ \qquad x_2 \qquad + \bar{a}_{2,r+1}x_{r+1}+\cdots+\bar{a}_{2n}x_n = d_2\\ \qquad\qquad\cdots\cdots\\ \qquad\qquad x_r + \bar{a}_{r,r+1}x_{r+1}+\cdots+\bar{a}_{rn}x_n = d_r\\ 0x_1+0x_2+\quad\cdots\quad+0x_n=d_{r+1}\\ 0x_1+0x_2+\quad\cdots\quad+0x_n=0\\ \qquad\qquad\cdots\cdots\end{cases}\tag{1.10}$$

由此可见:

(1) 若 $R(\mathbf{A})<R(\overline{\mathbf{A}})$,即 $d_{r+1}\neq 0$,则方程组(1.10)中的第 $r+1$ 个方程"$0=d_{r+1}$"是一个矛盾方程,故该方程组无解,即原方程组(1.4)无解,如例 1.7.

(2) 若 $R(\mathbf{A})=R(\overline{\mathbf{A}})=r<n$,即 $d_{r+1}=0$,方程组(1.10)有解,其中后 $m-r$ 个等式"$0=0$"可以不写,表明原方程组(1.4) 中有 r 个有效方程,方程组(1.10)可改写成

$$\begin{cases} x_1=-\bar{a}_{1,r+1}x_{r+1}-\cdots-\bar{a}_{1n}x_n+d_1 \\ x_2=-\bar{a}_{2,r+1}x_{r+1}-\cdots-\bar{a}_{2n}x_n+d_2 \\ \cdots\cdots \\ x_r=-\bar{a}_{r,r+1}x_{r+1}-\cdots-\bar{a}_{rn}x_n+d_r \end{cases} \tag{1.11}$$

在 n 个未知量中,其中的 x_{r+1}, x_{r+2}, $\cdots$, x_n 这 $n-r$ 个未知量称为自由未知量,其余的 r 个未知量 x_1, x_2, $\cdots$, x_r(一般取与 $\overline{\mathbf{A}}_J$ 中每一行首非零元对应的未知量)称为非自由未知量. 令自由未知量 $x_{r+1}=c_1$, $x_{r+2}=c_2$, $\cdots$, $x_n=c_{n-r}$,就得到了方程组(1.4)的一组含有 $n-r$ 个参数的解

$$\begin{cases} x_1=-\bar{a}_{1,r+1}c_1-\cdots-\bar{a}_{1n}c_{n-r}+d_1 \\ x_2=-\bar{a}_{2,r+1}c_1-\cdots-\bar{a}_{2n}c_{n-r}+d_2 \\ \cdots\cdots \\ x_r=-\bar{a}_{r,r+1}c_1-\cdots-\bar{a}_{rn}c_{n-r}+d_r \\ x_{r+1}=c_1 \\ x_{r+2}=c_2 \\ \cdots\cdots \\ x_n=c_{n-r} \end{cases} \tag{1.12}$$

由于参数 c_1, c_2, $\cdots$, c_{n-r} 可任意取值,它们取定一组值,就得到方程组的一个解,故方程组(1.4)有无穷多解. 式(1.12)可表示线性方程组的任一解或全部解,因此解(1.12)也称为方程组的通解. 根据向量的概念及其运算,通解还常用向量形式表示为

$$\boldsymbol{x}=\begin{pmatrix} x_1 \\ x_2 \\ \vdots \\ x_r \\ x_{r+1} \\ x_{r+2} \\ \vdots \\ x_n \end{pmatrix}=c_1\begin{pmatrix} -\bar{a}_{1,r+1} \\ -\bar{a}_{2,r+1} \\ \vdots \\ -\bar{a}_{r,r+1} \\ 1 \\ 0 \\ \vdots \\ 0 \end{pmatrix}+c_2\begin{pmatrix} -\bar{a}_{1,r+2} \\ -\bar{a}_{2,r+2} \\ \vdots \\ -\bar{a}_{r,r+2} \\ 0 \\ 1 \\ \vdots \\ 0 \end{pmatrix}+\cdots+c_{n-r}\begin{pmatrix} -\bar{a}_{1n} \\ -\bar{a}_{2n} \\ \vdots \\ -\bar{a}_{rn} \\ 0 \\ 0 \\ \vdots \\ 1 \end{pmatrix}+\begin{pmatrix} d_1 \\ d_2 \\ \vdots \\ d_r \\ 0 \\ 0 \\ \vdots \\ 0 \end{pmatrix} \tag{1.13}$$

如例 1.6.

(3) 若 $R(\mathbf{A})=R(\overline{\mathbf{A}})=r=n$,则方程组(1.10)中 $d_{r+1}=0$(或 d_{r+1} 不出现),且 $\bar{a}_{ij}$ $(i=1,2,\cdots,r;j=r+1,\cdots,n)$都不出现,于是方程组(1.10)成为

$$\begin{cases}x_1=d_1\\x_2=d_2\\\quad\cdots\\x_n=d_n\end{cases}\tag{1.14}$$

故方程组(1.10)有唯一解,从而原方程组(1.4)有唯一解,如例 1.4.

综合以上结论,有如下定理:

定理 1.1 设 n 元非齐次线性方程组

$$\begin{cases}a_{11}x_1+a_{12}x_2+\cdots+a_{1n}x_n=b_1\\a_{21}x_1+a_{22}x_2+\cdots+a_{2n}x_n=b_2\\\quad\cdots\cdots\\a_{m1}x_1+a_{m2}x_2+\cdots+a_{mn}x_n=b_m\end{cases}\tag{1.15}$$

的系数矩阵为 $\mathbf{A}$,增广矩阵为 $\overline{\mathbf{A}}$,则

(1) 方程组(1.15)无解的充要条件是 $R(\mathbf{A})<R(\overline{\mathbf{A}})$;

(2) 方程组(1.15)有唯一解的充要条件是 $R(\mathbf{A})=R(\overline{\mathbf{A}})=n$ (未知量个数);

(3) 方程组(1.15)有无穷多解的充要条件是 $R(\mathbf{A})=R(\overline{\mathbf{A}})<n$ (未知量个数),此时方程组中有 $n-R(\mathbf{A})$个自由未知量.

利用定理 1.1 解线性方程组,可以很方便地判别方程组是否有解、有唯一解还是有无穷多解,解题步骤归纳如下:

(1) 对方程组(1.15),写出其增广矩阵 $\overline{\mathbf{A}}=(\mathbf{A},\ \boldsymbol{b})$,并把它化成行阶梯形矩阵 $\overline{\mathbf{A}}_T$. 从 $\overline{\mathbf{A}}_T$ 中可同时看出秩 $R(\mathbf{A})$ 和 $R(\overline{\mathbf{A}})$,若 $R(\mathbf{A})<R(\overline{\mathbf{A}})$,则方程组无解.

(2) 若 $R(\mathbf{A})=R(\overline{\mathbf{A}})=r$,则方程组有解,再进一步把 $\overline{\mathbf{A}}_T$ 化成行最简形矩阵 $\overline{\mathbf{A}}_J$,写出对应的同解方程组.

(3) 若 $r=n$,方程组有唯一解,可由行最简形矩阵直接写出解; 若 $r<n$,方程组有无穷多解. 通常把 $\overline{\mathbf{A}}_J$ 中 r 个非零行的首非零元所对应的未知量取作非自由未知量,其余的 $n-r$ 个未知量取作自由未知量.

(4) 将所有的含自由未知量的项移到等号右端,用自由未知量表示非自由未知量,并令自由未知量分别为 $c_1,\ c_2,\ \cdots,\ c_{n-r}$,即可写出通解,通解也常写成向量形式.

n 元齐次线性方程组

$$\begin{cases}a_{11}x_1+a_{12}x_2+\cdots+a_{1n}x_n=0\\a_{21}x_1+a_{22}x_2+\cdots+a_{2n}x_n=0\\\quad\cdots\cdots\\a_{m1}x_1+a_{m2}x_2+\cdots+a_{mn}x_n=0\end{cases}\tag{1.16}$$

是非齐次线性方程组 $b_1=b_2=\cdots=b_m=0$ 时的特例,其解的情况同样可利用定理 1.1 来讨论. 此时,增广矩阵最后一列元素全为零,因此必有 $R(\mathbf{A})=R(\overline{\mathbf{A}})$,齐次线性方程组(1.16)一定有解. 显然,$(0,0,\cdots,0)^{\mathrm{T}}$ 一定是它的解,称为零解. 如果方程组(1.16)有唯一解,这个唯一解必为零解,只有当它有无穷多解时,才可能有非零解. 因此,对齐次线性方程组而

言，我们关注的重点在于它在什么条件下有非零解. 同时，由上面的讨论可知，讨论齐次线性方程组的解时，只需对系数矩阵 $\boldsymbol{A}$ 进行初等行变换，将 $\boldsymbol{A}$ 化为行阶梯形（行最简形）矩阵来讨论与求解.

定理 1.2　对于 n 元齐次线性方程组(1.16)，记 $R(\boldsymbol{A})=r$，则

(1) 方程组(1.16)只有零解的充要条件是 $r=n$（未知量个数）.

(2) 方程组(1.16)有非零解（从而有无穷多解）的充要条件是 $r<n$（未知量个数），此时方程组中有 $n-r$ 个自由未知量.

推论 1.1　若齐次线性方程组(1.16)中，方程个数 m 小于未知量个数 n，即 $m<n$，方程组必有非零解，从而有无穷多解.

例 1.8　解线性方程组

$$\begin{cases}2x_1+x_2-2x_3-2x_4=0\\ x_1-x_2-4x_3-3x_4=0\\ x_1+2x_2+2x_3+x_4=0\end{cases}$$

解　所给齐次线性方程组中方程个数小于未知量个数，因此该方程组必有非零解. 对方程组的系数矩阵施以初等行变换化为行最简形矩阵.

$$\boldsymbol{A}=\begin{pmatrix}2&1&-2&-2\\1&-1&-4&-3\\1&2&2&1\end{pmatrix}\xrightarrow{r_1\leftrightarrow r_2}\begin{pmatrix}1&-1&-4&-3\\2&1&-2&-2\\1&2&2&1\end{pmatrix}$$

$$\xrightarrow[r_3-r_1]{r_2-2r_1}\begin{pmatrix}1&-1&-4&-3\\0&3&6&4\\0&3&6&4\end{pmatrix}\xrightarrow[\frac{1}{3}r_2]{r_3-r_2}\begin{pmatrix}1&-1&-4&-3\\0&1&2&\frac{4}{3}\\0&0&0&0\end{pmatrix}$$

$$\xrightarrow{r_1+r_2}\begin{pmatrix}1&0&-2&-\frac{5}{3}\\0&1&2&\frac{4}{3}\\0&0&0&0\end{pmatrix}$$

于是得与原方程组同解的方程组

$$\begin{cases}x_1-2x_3-\dfrac{5}{3}x_4=0\\ x_2+2x_3+\dfrac{4}{3}x_4=0\end{cases}$$

由 $r=2<n=4$ 知，方程组中有 $n-r=2$ 个自由未知量. 取 x_3，x_4 为自由未知量，并移项得

$$\begin{cases}x_1=2x_3+\dfrac{5}{3}x_4\\ x_2=-2x_3-\dfrac{4}{3}x_4\end{cases}$$

令 $x_3=c_1$, $x_4=c_2$,得原方程组的通解为

$$\begin{cases} x_1 = 2c_1+\dfrac{5}{3}c_2 \\ x_2 = -2c_1-\dfrac{4}{3}c_2 \\ x_3 = c_1 \\ x_4 = c_2 \end{cases}$$

写成向量形式为

$$\boldsymbol{x}=\begin{pmatrix} x_1 \\ x_2 \\ x_3 \\ x_4 \end{pmatrix}=c_1\begin{pmatrix} 2 \\ -2 \\ 1 \\ 0 \end{pmatrix}+c_2\begin{pmatrix} \dfrac{5}{3} \\ -\dfrac{4}{3} \\ 0 \\ 1 \end{pmatrix}$$

其中:c_1, c_2 为任意常数.

例 1.9 设有线性方程组

$$\begin{cases} x_1+x_2+x_3+x_4=0 \\ x_2+2x_3+2x_4=1 \\ -x_2+(a-3)x_3-2x_4=b \\ 3x_1+2x_2+x_3+ax_4=-1 \end{cases}$$

讨论 a, b 取何值时,该方程组(1) 有唯一解;(2) 无解;(3) 有无穷多解. 当有无穷多解时,求其通解.

解 对方程组的增广矩阵施行初等行变换把它化为行阶梯形矩阵.

$$\overline{\mathbf{A}}=(\mathbf{A},\ \boldsymbol{b})=\begin{pmatrix} 1 & 1 & 1 & 1 & 0 \\ 0 & 1 & 2 & 2 & 1 \\ 0 & -1 & a-3 & -2 & b \\ 3 & 2 & 1 & a & -1 \end{pmatrix}$$

$$\xrightarrow{r_4-3r_1}\begin{pmatrix} 1 & 1 & 1 & 1 & 0 \\ 0 & 1 & 2 & 2 & 1 \\ 0 & -1 & a-3 & -2 & b \\ 0 & -1 & -2 & a-3 & -1 \end{pmatrix}$$

$$\xrightarrow[r_4+r_2]{r_3+r_2}\begin{pmatrix} 1 & 1 & 1 & 1 & 0 \\ 0 & 1 & 2 & 2 & 1 \\ 0 & 0 & a-1 & 0 & b+1 \\ 0 & 0 & 0 & a-1 & 0 \end{pmatrix}=\overline{\mathbf{A}}_T$$

由最后一个矩阵可知:

(1) 当 $a\neq 1$ 时,$R(\mathbf{A})=R(\overline{\mathbf{A}})=4=n$,方程组有唯一解.

(2) 当 $a=1$, $b\neq -1$ 时, $R(\mathbf{A})=2<R(\overline{\mathbf{A}})=3$, 方程组无解.

(3) 当 $a=1$, $b=-1$ 时, $R(\mathbf{A})=R(\overline{\mathbf{A}})=2<n$, 方程组有无穷多解. 此时, 对阶梯形矩阵 $\overline{\mathbf{A}}_T$ 继续进行初等行变换化为行最简形矩阵, 有

$$\overline{\mathbf{A}}_T=\begin{pmatrix}1&1&1&1&0\\0&1&2&2&1\\0&0&0&0&0\\0&0&0&0&0\end{pmatrix}\xrightarrow{r_1-r_2}\begin{pmatrix}1&0&-1&-1&-1\\0&1&2&2&1\\0&0&0&0&0\\0&0&0&0&0\end{pmatrix}$$

由此可得原方程组的同解方程组, 选 x_3, x_4 为自由未知量, 移项得

$$\begin{cases}x_1= x_3+x_4-1\\x_2=-2x_3-2x_4+1\end{cases}$$

令自由未知量 $x_3=c_1$, $x_4=c_2$ (c_1, c_2 为任意常数), 则原方程组的通解为

$$\begin{cases}x_1= c_1+c_2-1\\x_2=-2c_1-2c_2+1\\x_3=c_1\\x_4=c_2\end{cases}$$

写成向量形式为

$$\boldsymbol{x}=\begin{pmatrix}x_1\\x_2\\x_3\\x_4\end{pmatrix}=c_1\begin{pmatrix}1\\-2\\1\\0\end{pmatrix}+c_2\begin{pmatrix}1\\-2\\0\\1\end{pmatrix}+\begin{pmatrix}-1\\1\\0\\0\end{pmatrix}$$

1.5 应用实例

1.5.1 矩阵的应用——邻接矩阵

实际生产、生活和经济活动中的许多状态是可以用图来描述的. 一个图 G 由一些结点和连接两结点之间的连线(即边)所组成. 若结点集合记为 V, 连接结点的边集记为 E, 一个图可简记为 $G=(V, E)$. 如图 1.2(a)所示, 图 G 就是由点集 $V=\{v_1, v_2, v_3, v_4, v_5\}$, 边集 $E=\{e_1, e_2, e_3, e_4, e_5, e_6\}$, 或记为

$$E=\{(v_1, v_2), (v_1, v_3), (v_1, v_4), (v_2, v_3), (v_3, v_4), (v_4, v_5)\}$$

所组成的.

若边 e_i 与结点无序偶 (v_j, v_k) 相关联, 则该边称为无向边, 每一条边都是无向边的图称为无向图, 如图 1.2(a)所示. 若边 e_i 与结点有序偶 $\langle v_j, v_k\rangle$ 相关联, 则该边称为有向边, v_j 称为 e_i 的起始结点, v_k 称为 e_i 的终点结点. 每一条边都是有向边的图称为有向图, 如图 1.2(b)所示. 其点集为 $V=\{v_1, v_2, v_3, v_4\}$, 边集为

$$E=\{\langle v_1, v_2\rangle, \langle v_3, v_1\rangle, \langle v_1, v_4\rangle, \langle v_2, v_3\rangle, \langle v_4, v_2\rangle\}$$

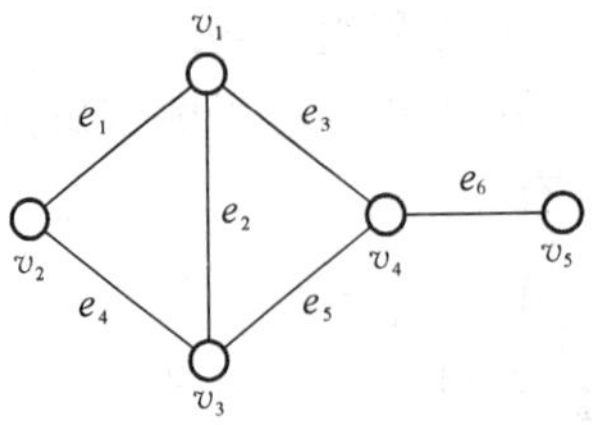

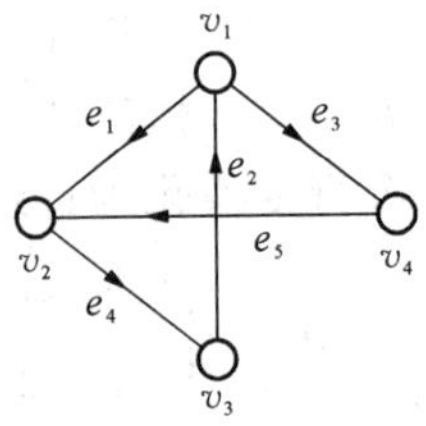

图 1.2

这类图在实际生活中应用广泛,如电力、电信网络图,农田水利灌溉图,城市道路交通、供电、供气、给水排水、物流配送图等.

我们常用一种称为邻接矩阵的矩阵表示图.这样可以把图与矩阵相对应并存储起来,便于利用计算机对矩阵进行各种变换、运算,以求出所给图的结点、边、路径、圈和图的其他性能指标.

定义 1.5 设图 $G=(V, E)$ 有 n 个结点 $V=\{v_1, v_2, \cdots, v_n\}$,则 n 阶方阵 $\boldsymbol{A}(G)=(a_{ij})$ 称为图 G 的邻接矩阵.其中

$$a_{ij}=\begin{cases}1, & \text{结点 } v_i \text{ 与 } v_j \text{ 邻接} \\ 0, & \text{结点 } v_i \text{ 与 } v_j \text{ 不邻接}\end{cases}$$

结点 v_i 与 v_j 邻接,对无向图表示点 v_i 与 v_j 之间有一条无向边,此时 $a_{ij}=a_{ji}=1$;对有向图则表示点 v_i 与 v_j 之间有一条由 v_i 指向 v_j 的有向边,此时 $a_{ij}=1$,而 $a_{ji}=0$.若点 v_i 与 v_j 不邻接,则 $a_{ij}=0$,一般有 $a_{ii}=0$.

例 1.10 五个乡村之间连接的道路如图 1.3 所示.若令

$$a_{ij}=\begin{cases}1, & \text{从 } i \text{ 村到 } j \text{ 村通路} \\ 0, & \text{从 } i \text{ 村到 } j \text{ 村不通路}\end{cases}$$

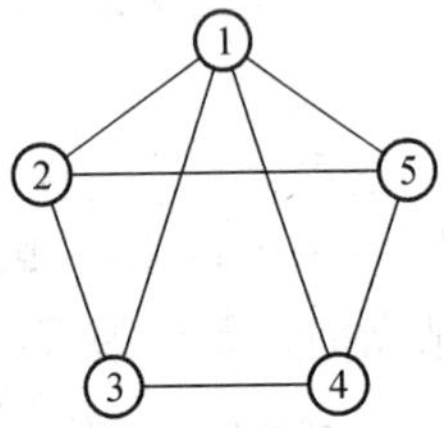

图 1.3

则图 1.3 的邻接矩阵为

$$\boldsymbol{A}=(a_{ij})=\begin{pmatrix}0 & 1 & 1 & 1 & 1 \\ 1 & 0 & 1 & 0 & 1 \\ 1 & 1 & 0 & 1 & 0 \\ 1 & 0 & 1 & 0 & 1 \\ 1 & 1 & 0 & 1 & 0\end{pmatrix}$$

例如,矩阵的第二行表示②村有三条路,分别通往①、③、⑤村;第二列表示有三条路分别从①、③、⑤村通向②村.显然,无向图的邻接矩阵是对称矩阵.

例 1.11 四个城市间的单向航线如图 1.4 所示,设

$$a_{ij}=\begin{cases}1, & \text{从 } i \text{ 市到 } j \text{ 市有一条单向航线} \\ 0, & \text{从 } i \text{ 市到 } j \text{ 市没有单向航线}\end{cases}$$

于是，图 1.4 的邻接矩阵为

$$\boldsymbol{A}=(a_{ij})=\begin{pmatrix}0&1&1&0\\0&0&1&1\\1&1&0&1\\1&0&0&0\end{pmatrix}$$

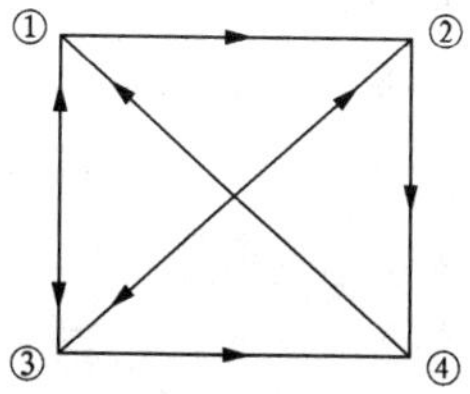

图 1.4

1.5.2 线性方程组的应用

1. 应用一：交通流量

例 1.12 某城市中心区单行道路网如图 1.5 所示. 图中给出了上班高峰时驶入交叉路口 A 的每小时车流量为 600 辆，驶出交叉路口 B 和 C 的每小时车流量为 400 辆和 200 辆.

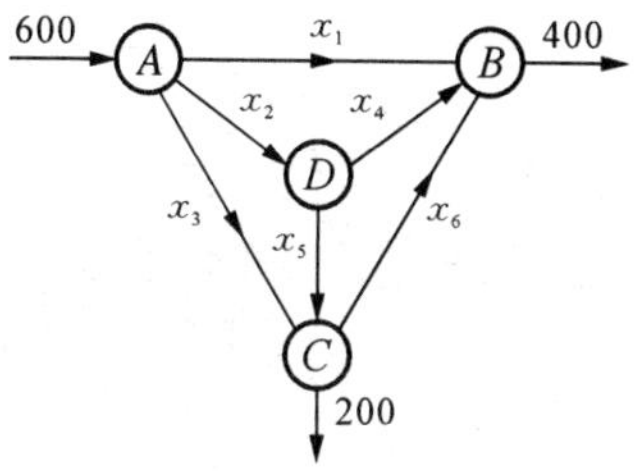

图 1.5

(1) 求出沿各段道路每小时的车流量；

(2) 若 BC 段因故封闭，求此时各路段的车流量；

(3) 若路口 C 驶出的车流量为每小时 250 辆，求此时各路段的车流量.

解 设驶入和驶出每一个交叉路口的车流量是相等的，如图 1.5 所示，箭头指向表示流向. 若各路段的车流量分别为 x_1，x_2，x_3，x_4，x_5，x_6，则有

$$\begin{cases}x_1+x_2+x_3=600 & (\text{路口 } A)\\ x_1+x_4+x_6=400 & (\text{路口 } B)\\ x_3+x_5-x_6=200 & (\text{路口 } C)\\ x_2-x_4-x_5=0 & (\text{路口 } D)\end{cases}$$

这是由 6 个未知量 4 个方程组成的非齐次线性方程组.

(1) 对此方程组的增广矩阵施以初等行变换化为行最简形矩阵.

$$\overline{\boldsymbol{A}}=(\boldsymbol{A},\ \boldsymbol{b})=\begin{pmatrix}1&1&1&0&0&0&600\\1&0&0&1&0&1&400\\0&0&1&0&1&-1&200\\0&1&0&-1&-1&0&0\end{pmatrix}$$

$$\xrightarrow{r}\begin{pmatrix}1&0&0&1&0&1&400\\0&1&0&-1&-1&0&0\\0&0&1&0&1&-1&200\\0&0&0&0&0&0&0\end{pmatrix}=\overline{\boldsymbol{A}}_J$$

由于 $R(\mathbf{A})=R(\overline{\mathbf{A}})=r=3<n=6$,方程组有无穷多解,且有 6－3＝3 个自由未知量.行最简形矩阵 $\overline{\mathbf{A}}_J$ 对应的方程组为

$$\begin{cases} x_1 \quad\quad + x_4 \quad\quad + x_6 = 400 \\ \quad x_2 \quad - x_4 - x_5 \quad\quad = 0 \\ \quad\quad x_3 \quad\quad + x_5 - x_6 = 200 \end{cases}$$

取 x_4, x_5, x_6 为自由未知量,并令 $x_4=c_1$, $x_5=c_2$, $x_6=c_3$,于是得含有参数 c_1, c_2, c_3 的解

$$\begin{cases} x_1 = -c_1 \quad\quad - c_3 + 400 \\ x_2 = c_1 + c_2 \\ x_3 = \quad\quad -c_2 + c_3 + 200 \\ x_4 = c_1 \\ x_5 = c_2 \\ x_6 = c_3 \end{cases}$$

由实际问题知 c_1, c_2, c_3 为非负整数,且要求

$$\begin{cases} c_1 + c_3 \leqslant 400 \\ c_2 - c_3 \leqslant 200 \end{cases}$$

(2) 由于 BC 段因故封闭,则 $x_6=c_3=0$,所以此时

$$\begin{cases} x_1 = -c_1 \quad\quad + 400 \\ x_2 = c_1 + c_2 \\ x_3 = \quad\quad -c_2 + 200 \\ x_4 = c_1 \\ x_5 = c_2 \\ x_6 = 0 \end{cases}$$

其中:c_1, c_2 为非负整数,且要求

$$\begin{cases} c_1 \leqslant 400 \\ c_2 \leqslant 200 \end{cases}$$

(3) 当路口 C 驶出的车流量为每小时 250 辆,此时有线性方程组

$$\begin{cases} x_1 + x_2 + x_3 \quad\quad\quad\quad = 600 & (\text{路口 } A) \\ x_1 \quad\quad + x_4 \quad\quad + x_6 = 400 & (\text{路口 } B) \\ \quad\quad x_3 \quad\quad + x_5 - x_6 = 250 & (\text{路口 } C) \\ \quad x_2 \quad - x_4 - x_5 \quad\quad = 0 & (\text{路口 } D) \end{cases}$$

类似地,对此方程组的增广矩阵施以初等行变换化为阶梯形矩阵.

$$\overline{\boldsymbol{A}}=(\boldsymbol{A},\ \boldsymbol{b})=\begin{pmatrix}1&1&1&0&0&0&600\\1&0&0&1&0&1&400\\0&0&1&0&1&-1&250\\0&1&0&-1&-1&0&0\end{pmatrix}$$

$$\xrightarrow{r}\begin{pmatrix}1&1&1&0&0&0&600\\0&-1&-1&1&0&1&-200\\0&0&1&0&1&-1&250\\0&0&0&0&0&0&50\end{pmatrix}=\overline{\boldsymbol{A}}_T$$

由 $R(\boldsymbol{A})=3<R(\overline{\boldsymbol{A}})=4$ 知，方程组无解.

2. 应用二：稳恒电路计算

例 1.13 求如图 1.6 所示的电路图中的电流 I_1，I_2 和 I_3.

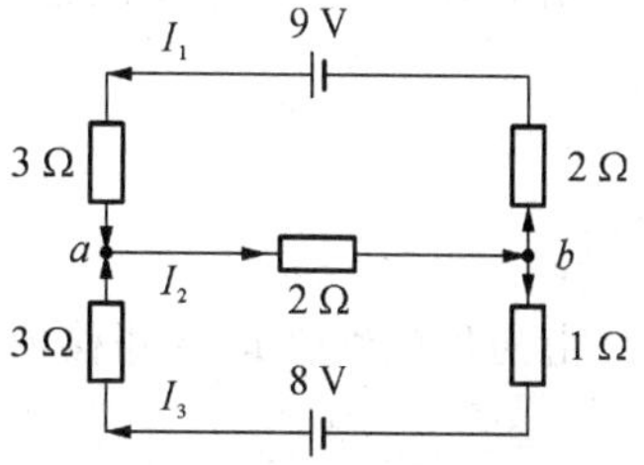

图 1.6

解 当电流 I(单位：A)通过电阻 R(单位：Ω)时产生电压降 U(单位：V)，由欧姆定律有 $U=RI$. 在如图 1.6所示的电路中，根据稳恒电路的基尔霍夫定律：

(1) 在每一个节点，流入的电流(取"+")与流出的电流(取"−")的代数和为 0;

(2) 绕闭合回路一周电压降 RI 的代数和(规定电压降低取"+"，电压升高取"−")等于绕该回路同一方向的电动势的代数和. 得到如下三元线性方程组

$$\begin{cases}I_1-I_2+I_3=0 & (\text{节点 } a)\\ -I_1+I_2-I_3=0 & (\text{节点 } b)\\ 5I_1+2I_2=9 & (\text{上回路})\\ 2I_2+4I_3=8 & (\text{下回路})\end{cases}$$

于是，可以用增广矩阵表示这个电路，并对其施以初等行变换化为行最简形矩阵.

$$\overline{\boldsymbol{A}}=(\boldsymbol{A},\ \boldsymbol{b})=\begin{pmatrix}1&-1&1&0\\-1&1&-1&0\\5&2&0&9\\0&2&4&8\end{pmatrix}\xrightarrow{r}\begin{pmatrix}1&0&0&1\\0&1&0&2\\0&0&1&1\\0&0&0&0\end{pmatrix}$$

由于

$$R(\boldsymbol{A})=R(\overline{\boldsymbol{A}})=r=3=n$$

故方程组有唯一解：$I_1=1$ A，$I_2=2$ A，$I_3=1$ A.

3. 应用三：化学平衡方程式

例 1.14 在化学反应前后物质的质量守恒，反应过程中每一类原子总数保持不变. 例如，当丙烷气体燃烧时，丙烷(C_3H_8)与氧气(O_2)相结合产生二氧化碳(CO_2)和水

(H_2O). 为配平化学方程式,设有整数 x_1, x_2, x_3, x_4 满足下列反应方程式:

$$x_1C_3H_8 + x_2O_2 \longrightarrow x_3CO_2 + x_4H_2O$$

求 x_1, x_2, x_3, x_4.

解 由于方程式中的四种物质分子只与三类原子(碳、氢、氧)有关,反应方程式两边所含碳、氢、氧原子的总数分别相等. 而每种分子的碳、氢、氧原子数可用三维列向量分别表示为

$$C_3H_8: \begin{pmatrix} 3 \\ 8 \\ 0 \end{pmatrix} \begin{matrix} \leftarrow 碳 \\ \leftarrow 氢, \\ \leftarrow 氧 \end{matrix} \quad O_2: \begin{pmatrix} 0 \\ 0 \\ 2 \end{pmatrix}, \quad CO_2: \begin{pmatrix} 1 \\ 0 \\ 2 \end{pmatrix}, \quad H_2O: \begin{pmatrix} 0 \\ 2 \\ 1 \end{pmatrix}$$

配平化学方程式,就是要使整数 x_1, x_2, x_3, x_4 满足

$$x_1\begin{pmatrix} 3 \\ 8 \\ 0 \end{pmatrix} + x_2\begin{pmatrix} 0 \\ 0 \\ 2 \end{pmatrix} = x_3\begin{pmatrix} 1 \\ 0 \\ 2 \end{pmatrix} + x_4\begin{pmatrix} 0 \\ 2 \\ 1 \end{pmatrix}$$

由向量的线性运算并移项整理可得齐次线性方程组

$$\begin{cases} 3x_1 \quad - x_3 \quad = 0 \\ 8x_1 \quad -2x_4 = 0 \\ 2x_2 - 2x_3 - x_4 = 0 \end{cases}$$

将方程组的系数矩阵施以初等行变换化为行最简形矩阵.

$$\boldsymbol{A} = \begin{pmatrix} 3 & 0 & -1 & 0 \\ 8 & 0 & 0 & -2 \\ 0 & 2 & -2 & -1 \end{pmatrix} \xrightarrow{r} \begin{pmatrix} 1 & 0 & 0 & -\dfrac{1}{4} \\ 0 & 1 & 0 & -\dfrac{5}{4} \\ 0 & 0 & 1 & -\dfrac{3}{4} \end{pmatrix}$$

由于 $R(\boldsymbol{A}) = 3 < n = 4$,齐次线性方程组有非零解,取 x_4 为自由未知量得方程组的通解

$$x_1 = \frac{1}{4}x_4, \qquad x_2 = \frac{5}{4}x_4, \qquad x_3 = \frac{3}{4}x_4$$

因为化学方程式的系数必须是整数,取自由未知量 $x_4 = 4$(通常取最小正整数),所以得

$$x_1 = 1, \qquad x_2 = 5, \qquad x_3 = 3$$

于是,配平后的化学反应方程式为

$$C_3H_8 + 5O_2 = 3CO_2 + 4H_2O$$

4. 应用四:几何应用

例 1.15 设几何空间中有三个平面,它们的方程分别为

$$\Pi_1: \ x + y - z = 1$$
$$\Pi_2: \ 2x + 3y + az = 3$$
$$\Pi_3: \ x + ay + 3z = 2$$

讨论空间三个平面间的位置关系.

解　本例相当于讨论线性方程组

$$\begin{cases} x+y-z=1 \\ 2x+3y+az=3 \\ x+ay+3z=2 \end{cases}$$

的解的情况. 因而,只需将方程组的增广矩阵 $\overline{\mathbf{A}}$ 施以初等行变换化为行阶梯形矩阵.

$$\overline{\mathbf{A}}=\begin{pmatrix} 1 & 1 & -1 & 1 \\ 2 & 3 & a & 3 \\ 1 & a & 3 & 2 \end{pmatrix} \xrightarrow{r} \begin{pmatrix} 1 & 1 & -1 & 1 \\ 0 & 1 & a+2 & 1 \\ 0 & 0 & (a+3)(2-a) & 2-a \end{pmatrix}$$

(1) 当 $a=-3$ 时,由 $R(\mathbf{A})=2\neq R(\overline{\mathbf{A}})=3=n$ 知方程组无解,此时三个平面没有公共点.

(2) 当 $a\neq-3$,且 $a\neq 2$ 时,由 $R(\mathbf{A})=R(\overline{\mathbf{A}})=3$ 知方程组有唯一解,此时三个平面交于一点.

(3) 当 $a=2$ 时,由 $R(\mathbf{A})=R(\overline{\mathbf{A}})=2<n$ 知方程组有一个自由未知量,有无穷多解,此时三个平面相交于一条直线.

习　题　1

A

1. 单项选择题.

(1) 设有三个不同的平面方程 $a_ix+b_iy+c_iz=d_i$ $(i=1, 2, 3)$,它们所组成的线性方程组的系数矩阵与增广矩阵的秩都是 2,则这三个平面可能的位置关系是(　　).

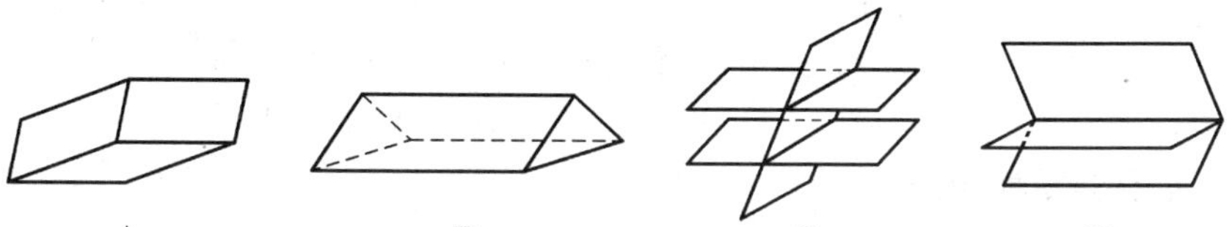

A　　B　　C　　D

(2) 设矩阵 $\mathbf{A}=\begin{pmatrix} 1 & 1 & 1 \\ 1 & 2 & 1 \\ 2 & 3 & \lambda+1 \end{pmatrix}$ 的秩为 2,则 $\lambda=$(　　).

A. 2　　B. 1　　C. 0　　D. -1

(3) 设某个齐次线性方程组的系数矩阵 $\mathbf{A}$ 为 $m\times n$ 矩阵,且 $m<n$,则该齐次线性方程组(　　).

A. 无解　　B. 只有唯一解

C. 一定有无穷多解　　D. 不能确定

(4) 设某个非齐次线性方程组的系数矩阵 $\boldsymbol{A}$ 为 $m\times n$ 矩阵,且该方程组有唯一解,则必有(　　).

A. $m=n$　　　　B. $R(\boldsymbol{A})=m$

C. $R(\boldsymbol{A})=n$　　　　D. $R(\boldsymbol{A})<n$

(5) 设某个非齐次线性方程组的系数矩阵 $\boldsymbol{A}$ 为 $m\times n$ 矩阵且 $R(\boldsymbol{A})=r$,则(　　).

A. $r=m$ 时,该方程组有解

B. $r=n$ 时,该方程组有唯一解

C. $m=n$ 时,该方程组有唯一解

D. $r<n$ 时,该方程组有无穷多解

(6) 线性方程组

$$\begin{cases} x+y+z=0 \\ 2x-5y-3z=10 \\ 4x+8y+2z=4 \end{cases}$$

的解为(　　).

A. $x=2,y=0,z=-2$　　　　B. $x=2,y=2,z=0$

C. $x=0,y=2,z=-2$　　　　D. $x=1,y=0,z=-1$

(7) 若方程组

$$\begin{cases} x_1+2x_2-x_3+3x_4=\lambda \\ x_1+x_2-3x_3+5x_4=5 \\ x_2+2x_3-2x_4=2\lambda \end{cases}$$

有解,则 $\lambda=$(　　).

A. 0　　B. 1　　C. 5　　D. -5

(8) 如果方程组

$$\begin{cases} 3x_1+kx_2-x_3=0 \\ 4x_2-x_3=0 \\ 4x_2+kx_3=0 \end{cases}$$

有非零解,则 $k=$(　　).

A. -2　　B. -1　　C. 2　　D. 1

(9) 方程组

$$\begin{cases} x_1+2x_2+3x_3=0 \\ 3x_1+6x_2+10x_3=0 \\ 2x_1+5x_2+7x_3=0 \\ x_1+2x_2+4x_3=0 \end{cases}$$

的解的情形是(　　).

A. 无解　　　　B. 通解中有一个任意常数

C. 有唯一解　　　　D. 通解中有两个任意常数

(10) 方程组

$$\begin{cases} x_1 - x_2 + 6x_3 = 0 \\ 4x_2 - 8x_3 = -4 \\ x_1 + 3x_2 - 2x_3 = -2a \end{cases}$$

有解的充分必要条件是(   ).

A. $a=2$　　B. $a=-2$　　C. $a=3$　　D. $a=-3$

(11) 设a_i, b_i 均为非零常数 ($i=1, 2, 3$),且齐次线性方程组

$$\begin{cases} a_1x_1 + a_2x_2 + a_3x_3 = 0 \\ b_1x_1 + b_2x_2 + b_3x_3 = 0 \end{cases}$$

的通解中含两个任意常数,则其充分必要条件为(   ).

A. $a_1b_2 - a_2b_1 = 0$　　B. $a_1b_2 - a_2b_1 \neq 0$

C. $a_i = b_i$ ($i=1, 2, 3$)　　D. $\dfrac{a_1}{b_1} = \dfrac{a_2}{b_2} = \dfrac{a_3}{b_3}$

(12) 齐次线性方程组

$$\begin{cases} x_1 + x_2 - x_3 + x_4 - 2x_5 = 0 \\ 2x_1 + 2x_2 - 2x_3 + 2x_4 + x_5 = 0 \end{cases}$$

中所含自由未知量的个数为(   ).

A. 1　　B. 2　　C. 3　　D. 4

(13) 设矩阵 $\boldsymbol{A} = \begin{pmatrix} 1 & 2 & 1 \\ 2 & ab+4 & 2 \\ 2 & 4 & a+2 \end{pmatrix}$ 的秩 $R(\boldsymbol{A})=2$,则(   ).

A. $a=0, b=0$　　B. $a=0, b\neq 0$

C. $a\neq 0, b=0$　　D. $a\neq 0$, $b\neq 0$

2. 填空题.

(1) 设 $\boldsymbol{A} = \begin{pmatrix} 1 & -1 & 2 & -1 \\ 1 & 3 & -4 & 4 \\ 3 & 1 & 0 & 2 \end{pmatrix}$,则 $\boldsymbol{A}$ 的秩 $R(\boldsymbol{A}) =$ ________.

(2) 若 $\boldsymbol{A} = \begin{pmatrix} 1 & 0 & 1 \\ 2 & 2 & 3 \\ 1 & 3 & t \end{pmatrix}$,且 $R(\boldsymbol{A})=3$,则 t ________.

(3) 设 $\boldsymbol{A} = \begin{pmatrix} 1 & x & 3 \\ 0 & -1 & 4 \\ 2 & 2 & 1 \end{pmatrix}$,已知矩阵 $\boldsymbol{A}$ 的秩 $R(\boldsymbol{A})=2$,则 $x=$ ________.

(4) 设矩阵 $\boldsymbol{A} = \begin{pmatrix} 1 & 2 & a & 1 \\ 2 & -3 & 1 & 0 \\ 4 & 1 & a & b \end{pmatrix}$ 的秩 $R(\boldsymbol{A})=2$,则 $a=$ ________, $b=$ ________.

(5) 设某个 n 元齐次线性方程组的系数矩阵 $\mathbf{A}$ 的秩 $R(\mathbf{A})<n$,则该方程组中所含自由未知量的个数是________.

(6) 齐次线性方程组 $\begin{cases} x_1+x_2+x_3=0 \\ 2x_1-x_2+3x_3=0 \end{cases}$ 中所含自由未知量的个数为________.

(7) 设方程组 $\begin{cases} x_1+2x_2=0 \\ 2x_1+kx_2=0 \end{cases}$ 有非零解,则数 $k=$________.

(8) 方程组 $\begin{cases} x_1-2x_3=t \\ x_2+x_3=0 \\ x_1+2x_2=1 \end{cases}$ 有解的充分必要条件是 $t=$________.

(9) 当 $a=$________时,方程组

$$\begin{cases} (a+2)x_1+4x_2+x_3=0 \\ -4x_1+(a-3)x_2+4x_3=0 \\ -x_1+4x_2+(a+4)x_3=0 \end{cases}$$

有非零解.

(10) 设方程组为

$$\begin{cases} x_1+x_2+2x_3=1 \\ x_1+x_3=2 \\ 5x_1+3x_2+(a+8)x_3=8 \end{cases}$$

当 a 取________时,方程组无解.

(11) 设齐次线性方程组为

$$\begin{cases} ax_1+x_2+x_3=0 \\ x_1+ax_2+x_3=0 \\ x_1+x_2+ax_3=0 \end{cases}$$

当 a 为________时,方程组有非零解.

(12) 设某个非齐次线性方程组的增广矩阵为 $\begin{pmatrix} 1 & 0 & 0 & 2 & 1 \\ 0 & 1 & 0 & -1 & 2 \\ 0 & 0 & 2 & 4 & 6 \end{pmatrix}$,则该方程组的通解为________.

(13) 补齐如图 1.7 所示有向图的邻接矩阵 $\mathbf{A}=\begin{pmatrix} 0 & & 1 & \\ & 0 & & \\ 1 & & 0 & \\ & 0 & & 0 \end{pmatrix}$ 的元素.

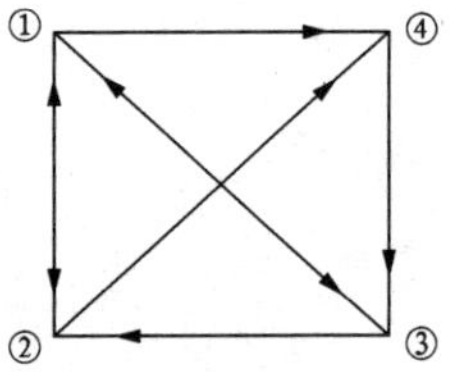

图 1.7

3. 解下列二元线性方程组,并指出方程组所表示的平面上直线间的位置关系.

(1) $\begin{cases} x+y=1 \\ x-y=3 \end{cases}$;　　(2) $\begin{cases} 2x-y=1 \\ 4x-2y=2 \end{cases}$;

(3) $\begin{cases} 2x - y = -1 \\ 6x - 3y = 6 \end{cases}$；　　(4) $\begin{cases} x - 2y = 1 \\ 2x + y = 2 \\ x - y = 2 \end{cases}$.

4. 解下列三元线性方程组，并指出方程组所表示的空间中平面间的位置关系.

(1) $\begin{cases} 2x - y - 3z = -1 \\ -2x + 2y + 5z = 3 \end{cases}$；　　(2) $\begin{cases} x + 2y + z = 4 \\ 2x - y - z = 1 \\ x + y + 3z = 0 \end{cases}$；

(3) $\begin{cases} x + y - 3z = -1 \\ x + 2y - 5z = -2 \\ -x - 3y + 7z = 3 \end{cases}$；　　(4) $\begin{cases} x + y + z = 1 \\ 2x + 3y + z = 2 \\ x - y + 3z = 2 \end{cases}$.

5. 已知平面上三条不同的直线方程分别为

$$l_1: x-2y=0,\quad l_2: x+2y=4,\quad l_3: x-y=a$$

问 a 为何值时三条直线交于一点？

6. 将下列方程组作初等变换化为阶梯形方程组.

(1) $\begin{cases} x_1 + 3x_2 - 2x_3 = 4 \\ 3x_1 + 2x_2 - 5x_3 = 11 \\ 2x_1 + x_2 + x_3 = 3 \\ -2x_1 + x_2 + 3x_3 = -7 \end{cases}$；　　(2) $\begin{cases} 4x_1 + 2x_2 - x_3 = 2 \\ 3x_1 - x_2 + 2x_3 = 10 \\ 11x_1 + 3x_2 = 8 \end{cases}$；

(3) $\begin{cases} x_1 + x_2 + 2x_3 + 4x_4 = 3 \\ 3x_1 + x_2 + 6x_3 + 2x_4 = 3 \\ -x_1 + 2x_2 - 2x_3 + x_4 = 1 \end{cases}$.

7. 设 $\begin{pmatrix} 2a+b & 2c-d \\ a-2b & c+2d \end{pmatrix} = \begin{pmatrix} 4 & -2 \\ -3 & 4 \end{pmatrix}$，求 a，b，c 和 d.

8. 下列矩阵中哪些是行最简形矩阵？

(1) $\boldsymbol{A}_1 = \begin{pmatrix} 0 & 1 & 0 & 1 \\ 0 & 0 & 1 & 1 \\ 0 & 0 & 0 & 0 \end{pmatrix}$；　　(2) $\boldsymbol{A}_2 = \begin{pmatrix} 1 & 0 & 0 & 1 \\ 0 & 1 & 0 & 1 \\ 0 & 1 & 1 & 1 \end{pmatrix}$；

(3) $\boldsymbol{A}_3 = \begin{pmatrix} 1 & 1 & 0 & 1 \\ 0 & 1 & 1 & 1 \\ 0 & 0 & 0 & 0 \end{pmatrix}$；　　(4) $\boldsymbol{A}_4 = \begin{pmatrix} 1 & 1 & 0 & 1 \\ 0 & 0 & 1 & 1 \\ 0 & 0 & 0 & 0 \end{pmatrix}$.

9. 用初等行变换将下列矩阵化为行最简形矩阵.

(1) $\begin{pmatrix} 3 & 2 & 1 \\ 3 & 1 & 5 \\ 3 & 2 & 3 \end{pmatrix}$；　　(2) $\begin{pmatrix} 1 & 0 & 2 & -1 \\ 2 & 0 & 3 & 1 \\ 3 & 0 & 4 & 3 \end{pmatrix}$；

(3) $\begin{pmatrix} 1 & 3 & 12 \\ 4 & 7 & 7 \\ 3 & 6 & 9 \\ 2 & -3 & 3 \end{pmatrix}$;　　(4) $\begin{pmatrix} 1 & -1 & 3 & -1 \\ 2 & -1 & -1 & 4 \\ 3 & -2 & 2 & 3 \\ 1 & 0 & -4 & 5 \end{pmatrix}$;

(5) $\begin{pmatrix} 2 & 3 & 1 & -3 & -7 \\ 1 & 2 & 0 & -2 & -4 \\ 3 & -2 & 8 & 3 & 0 \\ 2 & -3 & 7 & 4 & 3 \end{pmatrix}$;　　(6) $\begin{pmatrix} 0 & 2 & -3 & 1 \\ 0 & 3 & -4 & 3 \\ 0 & 4 & -7 & -1 \end{pmatrix}$.

10. 用初等行变换求下列矩阵的秩.

(1) $\boldsymbol{A}_1=\begin{pmatrix} 2 & 0 & 3 & 1 & 4 \\ 3 & -5 & 4 & 2 & 7 \\ 1 & 5 & 2 & 0 & 1 \end{pmatrix}$;　　(2) $\boldsymbol{A}_2=\begin{pmatrix} 2 & 1 & 8 & 3 & 7 \\ 2 & -3 & 0 & 7 & -5 \\ 3 & -2 & 5 & 8 & 0 \\ 1 & 0 & 3 & 2 & 0 \end{pmatrix}$;

(3) $\boldsymbol{A}_3=\begin{pmatrix} a & 1 & 1 \\ 1 & a & 1 \\ 1 & 1 & a \end{pmatrix}$;　　(4) $\boldsymbol{A}_4=\begin{pmatrix} 3 & 2 & 0 & 5 & 0 \\ 3 & -2 & 3 & 6 & -1 \\ 2 & 0 & 1 & 5 & -3 \\ 1 & 6 & -4 & -1 & 4 \end{pmatrix}$.

11. 设 $\boldsymbol{A}=\begin{pmatrix} 1 & -2 & 3k \\ -1 & 2k & -3 \\ k & -2 & 3 \end{pmatrix}$,问 k 为何值,可使

(1) $R(\boldsymbol{A})=1$;

(2) $R(\boldsymbol{A})=2$;

(3) $R(\boldsymbol{A})=3$.

12. 讨论 a 取何值时,下列非齐次线性方程组无解、有唯一解、有无穷多解. 在有无穷多解时,求出其通解.

$$\begin{cases} x_1+x_2-x_3=1 \\ 2x_1+3x_2+ax_3=3 \\ x_1+ax_2+3x_3=2 \end{cases}$$

13. 讨论 a, b 取何值时,下列非齐次线性方程组有唯一解、无解、有无穷多解. 在有解时,求出其全部解.

(1) $\begin{cases} ax_1+x_2+x_3=4 \\ x_1+bx_2+x_3=3 \\ x_1+2bx_2+x_3=4 \end{cases}$;　　(2) $\begin{cases} x_1+x_2+x_3+x_4=0 \\ x_2+2x_3+2x_4=1 \\ x_2+(3-a)x_3+2x_4=b \\ 3x_1+2x_2+x_3+ax_4=-1 \end{cases}$.

14. 解下列线性方程组.

(1) $\begin{cases} x_1+3x_2-2x_3=4 \\ 3x_1+2x_2-5x_3=11 \\ 2x_1+x_2+x_3=3 \\ -2x_1+x_2+3x_3=-7 \end{cases}$; (2) $\begin{cases} x_1+3x_2-2x_3=4 \\ 3x_1+2x_2-5x_3=11 \\ 2x_1+x_2+x_3=3 \\ -2x_1+x_2+3x_3=-6 \end{cases}$;

(3) $\begin{cases} x_1+3x_2-2x_3=4 \\ 3x_1+2x_2-5x_3=11 \\ x_1-4x_2-x_3=3 \\ -2x_1+x_2+3x_3=-7 \end{cases}$.

15. 解下列齐次线性方程组.

(1) $\begin{cases} x_1+2x_2+x_3-2x_4=0 \\ 2x_1+3x_2-x_4=0 \\ x_1-x_2-5x_3+7x_4=0 \end{cases}$; (2) $\begin{cases} 3x_1+5x_2+6x_3-4x_4=0 \\ x_1+2x_2+4x_3-3x_4=0 \\ 4x_1+5x_2-2x_3+3x_4=0 \\ 3x_1+8x_2+24x_3-19x_4=0 \end{cases}$;

(3) $\begin{cases} x_1+x_2+2x_3-x_4=0 \\ 2x_1+x_2+x_3-x_4=0 \\ 2x_1+2x_2+x_3+2x_4=0 \end{cases}$; (4) $\begin{cases} 3x_1+x_2-6x_3-4x_4+2x_5=0 \\ 2x_1+2x_2-3x_3-5x_4+3x_5=0 \\ x_1-5x_2-6x_3+8x_4-6x_5=0 \end{cases}$.

16. 解下列非齐次线性方程组.

(1) $\begin{cases} x_1-5x_2+2x_3-3x_4=11 \\ 5x_1+3x_2+6x_3-x_4=-1 \\ 2x_1+4x_2+2x_3+x_4=-6 \end{cases}$; (2) $\begin{cases} x_1+x_2+2x_3+4x_4=3 \\ 3x_1+x_2+6x_3+2x_4=3 \\ -x_1+2x_2-2x_3+x_4=1 \end{cases}$;

(3) $\begin{cases} x_1+x_2-3x_3-x_4=1 \\ 3x_1-x_2-3x_3+4x_4=4 \\ x_1+5x_2-9x_3-8x_4=0 \end{cases}$; (4) $\begin{cases} x_1+x_2-x_3+2x_4=3 \\ 2x_1+x_2-3x_4=1 \\ 2x_1+2x_3-10x_4=-4 \end{cases}$;

(5) $\begin{cases} 4x_1+2x_2-x_3=2 \\ 3x_1-x_2+2x_3=10 \\ 11x_1+3x_2=8 \end{cases}$; (6) $\begin{cases} x_1+5x_2-x_3-x_4=-1 \\ x_1-2x_2+x_3+3x_4=3 \\ 3x_1+8x_2-x_3+x_4=1 \\ x_1-9x_2+3x_3+7x_4=7 \end{cases}$;

(7) $\begin{cases} x_1+3x_2+2x_3+x_4+x_5=-2 \\ x_1+3x_2-2x_3+4x_4+x_5=7 \\ 4x_1+11x_2+8x_3+5x_5=3 \end{cases}$.

17. 设 4 个城市之间的单向航线图对应的邻接矩阵为

$$\boldsymbol{A}=\begin{pmatrix} 0 & 1 & 1 & 1 \\ 1 & 0 & 0 & 0 \\ 0 & 1 & 0 & 1 \\ 1 & 1 & 1 & 0 \end{pmatrix}$$

指出 4 个城市之间没有单向航线的情况.

18. 计算如图 1.8 所示电路的电流.

19. 某城市中心区的几条单行道彼此交叉,上下班高峰时各道路交叉口的车流量与流向如图 1.9 所示,试确定各路段未知的车流量 x_1, x_2, x_3, x_4, x_5.

20. 图 1.10 是某地区的灌溉渠道网,流量及流向均已在图上标明.

(1) 确定各段的流量 x_1, x_2, x_3, x_4, x_5;

(2) 如 BC 段渠道关闭,那么 AD 段的流量保持在什么范围内,才能使所有段的流量不超过 30?

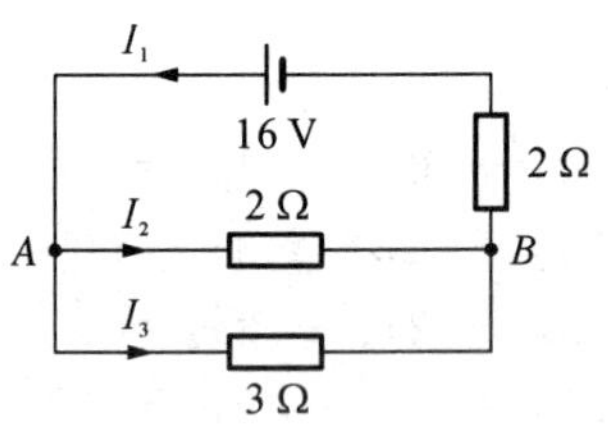

图 1.8

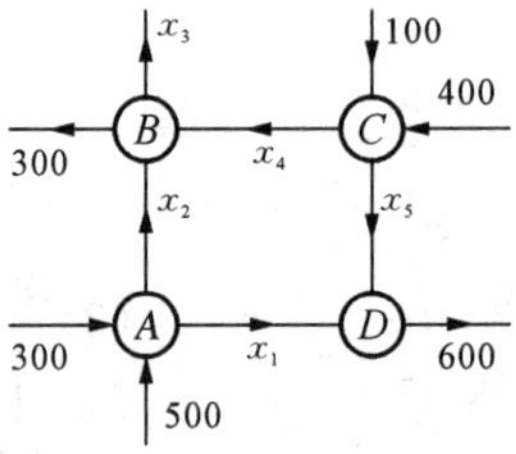

图 1.9

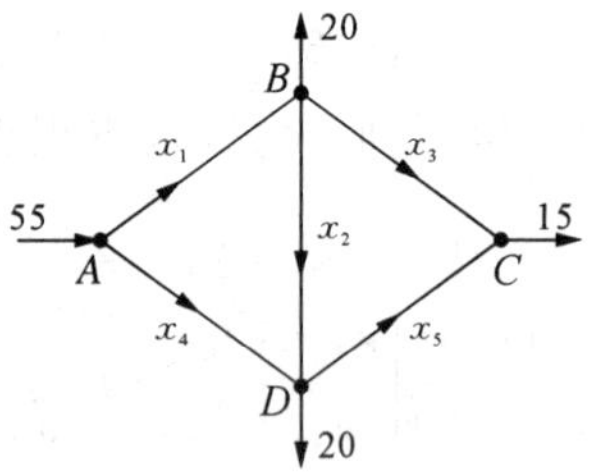

图 1.10

21. 在光合作用下,植物利用太阳光的辐射能量把二氧化碳(CO_2)和水(H_2O)转化成葡萄糖($C_6H_{12}O_6$)和氧气(O_2). 该反应的化学方程式为

$$x_1 CO_2 + x_2 H_2O = x_3 O_2 + x_4 C_6H_{12}O_6$$

试确定 x_1, x_2, x_3 和 x_4 的值,将方程式配平.

B

1. 求矩阵 $\boldsymbol{A}=\begin{pmatrix} a & b & b & \cdots & b \\ b & a & b & \cdots & b \\ b & b & a & \cdots & b \\ \vdots & \vdots & \vdots & & \vdots \\ b & b & b & \cdots & a \end{pmatrix}$ 的秩.

2. 当 a,b,c 满足什么条件时,线性方程组

$$\begin{cases} x + y + z = a+b+c \\ ax + by + cz = a^2+b^2+c^2 \\ bcx + acy + abz = 3abc \end{cases}$$

有唯一解,并求解.

3. 设线性方程组

$$\begin{cases} x_1 + x_2 + x_3 = 0 \\ x_1 + 2x_2 + ax_3 = 0 \\ x_1 + 4x_2 + a^2x_3 = 0 \end{cases}$$

与方程 $x_1+2x_2+x_3=a-1$ 有公共解,求 a 的值及所有公共解.

4. 写出线性方程组

$$\begin{cases} x_1-x_2 = b_1 \\ x_2-x_3 = b_2 \\ x_3-x_4 = b_3 \\ \quad\vdots \\ x_{n-1}-x_n = b_{n-1} \\ -x_1 + x_n = b_n \end{cases}$$

有解的充要条件.在有解情况下,写出通解.

5. 已知齐次线性方程组

$$\text{Ⅰ}:\begin{cases} x_1+2x_2+3x_3=0 \\ 2x_1+3x_2+5x_3=0 \\ x_1+x_2+ax_3=0 \end{cases}$$

$$\text{Ⅱ}:\begin{cases} x_1+bx_2+cx_3=0 \\ 2x_1+b^2x_2+(c+1)x_3=0 \end{cases}$$

同解,求 a, b, c 的值.

6. 设有齐次线性方程组

$$\begin{cases} (1+a)x_1+x_2+\cdots+x_n=0 \\ 2x_1+(2+a)x_2+\cdots+2x_n=0 \\ \cdots\cdots \\ nx_1+nx_2+\cdots+(n+a)x_n=0 \end{cases}$$

试问 a 取何值时方程组有非零解,并求出其通解.

7. 判别齐次线性方程组

$$\begin{cases} x_2+x_3+\cdots+x_{n-1}+x_n=0 \\ x_1+x_3+\cdots+x_{n-1}+x_n=0 \\ x_1+x_2+\cdots+x_{n-1}+x_n=0 \\ \cdots\cdots \\ x_1+x_2+x_3+\cdots+x_{n-1}=0 \end{cases}$$

是否有非零解.

8. 设齐次线性方程组

$$\text{Ⅰ}:\begin{cases} x_1+x_2=0 \\ x_2-x_4=0 \end{cases}, \qquad \text{Ⅱ}:\begin{cases} x_1-x_2+x_3=0 \\ x_2-x_3+x_4=0 \end{cases}$$

(1)求方程组Ⅰ的通解;

(2)求方程组Ⅰ和Ⅱ的公共解.

第 2 章　矩阵运算及向量组的线性相关性

通过第 1 章的学习我们知道,矩阵对于研究线性方程组是十分重要的,不仅如此,在线性代数的各种基本问题中,它也起着极其重要的作用.实际上,矩阵的概念是从大量各种类型问题中抽象出来的,许多问题的研究常常归结为对矩阵的研究.即便某些表面上没有联系且性质完全不同的问题,归结为矩阵问题后却是相同的.这就使矩阵成为一个应用极为广泛的理论及计算工具,它广泛应用于自然科学的各个分支及经济管理等诸多领域.本章将介绍矩阵的基本运算方法、性质及其应用,还将介绍向量、向量组的线性相关性、向量组的秩、逆矩阵等重要概念,并讨论与之相关的一些性质.

2.1　矩阵的运算

2.1.1　矩阵的加法

定义 2.1　给定两个矩阵 $\boldsymbol{A}=(a_{ij})_{m\times n}$ 及 $\boldsymbol{B}=(b_{ij})_{m\times n}$,则矩阵 $\boldsymbol{A}$ 与 $\boldsymbol{B}$ 的加法运算定义为

$$\boldsymbol{A}+\boldsymbol{B}=(a_{ij}+b_{ij})_{m\times n}$$

即矩阵 $\boldsymbol{A}$ 与 $\boldsymbol{B}$ 对应位置的元素相加.

由定义立即可以发现,只有两个矩阵是同型矩阵时,它们才能进行加法运算.

例 2.1　给定矩阵 $\boldsymbol{A}=\begin{pmatrix}1 & 2\\3 & 4\end{pmatrix}$ 及 $\boldsymbol{B}=\begin{pmatrix}-2 & 1\\0 & 3\end{pmatrix}$,则

$$\boldsymbol{A}+\boldsymbol{B}=\begin{pmatrix}1-2 & 2+1\\3+0 & 4+3\end{pmatrix}=\begin{pmatrix}-1 & 3\\3 & 7\end{pmatrix}$$

设矩阵 $\boldsymbol{A}=(a_{ij})_{m\times n}$,称 $-\boldsymbol{A}=(-a_{ij})_{m\times n}$ 为矩阵 $\boldsymbol{A}$ 的负矩阵,即将矩阵 $\boldsymbol{A}$ 的每个元素均反号后就得到其对应的负矩阵.

例 2.2　若 $\boldsymbol{A}=\begin{pmatrix}1 & -9\\0 & 3\end{pmatrix}$,则矩阵 $\boldsymbol{A}$ 的负矩阵是 $-\boldsymbol{A}=\begin{pmatrix}-1 & 9\\0 & -3\end{pmatrix}$.

有了负矩阵的定义,就可以定义两个同型矩阵的减法运算

$$\boldsymbol{A}-\boldsymbol{B}=\boldsymbol{A}+(-\boldsymbol{B})=(a_{ij}-b_{ij})_{m\times n}$$

即矩阵 $\boldsymbol{A}$ 与 $\boldsymbol{B}$ 对应位置的元素相减.

矩阵加法满足如下运算规律($\boldsymbol{A},\boldsymbol{B}$ 为同型矩阵):

(1) $\boldsymbol{A}+\boldsymbol{B}=\boldsymbol{B}+\boldsymbol{A}$.

(2) $(\boldsymbol{A}+\boldsymbol{B})+\boldsymbol{C}=\boldsymbol{A}+(\boldsymbol{B}+\boldsymbol{C})$.

(3) $\boldsymbol{A}+\boldsymbol{O}=\boldsymbol{A}$.

(4) $\boldsymbol{A}+(-\boldsymbol{A})=\boldsymbol{O}$.

2.1.2 数与矩阵的乘法

定义 2.2 给定矩阵 $A=(a_{ij})_{m\times n}$ 及数 λ,则数 λ 与矩阵 A 的乘法运算定义为
$$\lambda A=(\lambda a_{ij})_{m\times n}$$
即数 λ 与矩阵 A 的每一个元素相乘.

例 2.3 给定矩阵 $A=\begin{pmatrix}1 & -2\\-3 & 4\end{pmatrix}$ 及 $\lambda=2$,则
$$\lambda A=\begin{pmatrix}2 & -4\\-6 & 8\end{pmatrix}$$

数与矩阵的乘法满足如下运算规律(A,B 为同型矩阵,λ,μ 为数):

(1) $(\lambda+\mu)A=\lambda A+\mu A$.

(2) $\lambda(A+B)=\lambda A+\lambda B$.

(3) $(\lambda\mu)A=\lambda(\mu A)=\mu(\lambda A)$.

(4) $1A=A$.

2.1.3 矩阵的乘法

例 2.4 某地区有四个工厂 Ⅰ、Ⅱ、Ⅲ、Ⅳ,生产甲、乙、丙三种产品,矩阵 A 表示一年中各工厂生产各种产品的数量,矩阵 B 表示各种产品的单位价格(元)及单位利润(元),矩阵 C 表示各工厂的总收入及总利润.

$$A=\begin{pmatrix}a_{11} & a_{12} & a_{13}\\a_{21} & a_{22} & a_{23}\\a_{31} & a_{32} & a_{33}\\a_{41} & a_{42} & a_{43}\end{pmatrix}\begin{matrix}Ⅰ\\Ⅱ\\Ⅲ\\Ⅳ\end{matrix},\quad B=\begin{pmatrix}b_{11} & b_{12}\\b_{21} & b_{22}\\b_{31} & b_{32}\end{pmatrix}\begin{matrix}甲\\乙\\丙\end{matrix},\quad C=\begin{pmatrix}c_{11} & c_{12}\\c_{21} & c_{22}\\c_{31} & c_{32}\\c_{41} & c_{42}\end{pmatrix}\begin{matrix}Ⅰ\\Ⅱ\\Ⅲ\\Ⅳ\end{matrix}$$
$$\begin{matrix}\text{甲}\quad\text{乙}\quad\text{丙}\end{matrix}\qquad\begin{matrix}\text{单位}\quad\text{单位}\\\text{价格}\quad\text{利润}\end{matrix}\qquad\begin{matrix}\text{总收入}\quad\text{总利润}\end{matrix}$$

其中:a_{ik} $(i=1,2,3,4;k=1,2,3)$ 是第 i 个工厂生产第 k 种产品的数量,b_{k1} 及 b_{k2} ($k=1,2,3$) 分别是第 k 种产品的单位价格及单位利润,c_{i1} 及 c_{i2} $(i=1,2,3,4)$ 分别是第 i 个工厂生产三种产品的总收入及总利润,则矩阵 A,B,C 的元素之间有下列关系:

$$\begin{pmatrix}a_{11}b_{11}+a_{12}b_{21}+a_{13}b_{31} & a_{11}b_{12}+a_{12}b_{22}+a_{13}b_{32}\\a_{21}b_{11}+a_{22}b_{21}+a_{23}b_{31} & a_{21}b_{12}+a_{22}b_{22}+a_{23}b_{32}\\a_{31}b_{11}+a_{32}b_{21}+a_{33}b_{31} & a_{31}b_{12}+a_{32}b_{22}+a_{33}b_{32}\\a_{41}b_{11}+a_{42}b_{21}+a_{43}b_{31} & a_{41}b_{12}+a_{42}b_{22}+a_{43}b_{32}\end{pmatrix}=\begin{pmatrix}c_{11} & c_{12}\\c_{21} & c_{22}\\c_{31} & c_{32}\\c_{41} & c_{42}\end{pmatrix}$$
$$\begin{matrix}\text{总收入}\qquad\qquad\qquad\text{总利润}\end{matrix}$$

其中
$$c_{ij}=a_{i1}b_{1j}+a_{i2}b_{2j}+a_{i3}b_{3j}\quad(i=1,2,3,4;j=1,2)$$

此时,矩阵 $C=(c_{ij})_{4\times 2}$ 称为矩阵 A 与矩阵 B 的乘积.一般地,有如下定义.

定义 2.3 给定矩阵 $A=(a_{ij})_{m\times l}$ 及 $B=(b_{ij})_{l\times n}$,规定矩阵 A 与 B 的乘积为
$$C=AB=(c_{ij})_{m\times n}$$

其中

$$c_{ij}=a_{i1}b_{1j}+a_{i2}b_{2j}+\cdots+a_{il}b_{lj}=\sum_{k=1}^{l}a_{ik}b_{kj}$$
$$(i=1,\ 2,\ \cdots,\ m;j=1,\ 2,\ \cdots,\ n)$$

即 c_{ij} 为矩阵 $\boldsymbol{A}$ 的第 i 行与矩阵 $\boldsymbol{B}$ 的第 j 列对应元素的乘积之和，c_{ij} 的计算过程如下式中阴影部分所示.

$$\begin{pmatrix} a_{11} & a_{12} & \cdots & a_{1l} \\ \vdots & \vdots & & \vdots \\ a_{i1} & a_{i2} & \cdots & a_{il} \\ \vdots & \vdots & & \vdots \\ a_{m1} & a_{m2} & \cdots & a_{ml} \end{pmatrix}\begin{pmatrix} b_{11} & \cdots & b_{1j} & \cdots & b_{1n} \\ b_{21} & \cdots & b_{2j} & \cdots & b_{2n} \\ \vdots & & \vdots & & \vdots \\ b_{l1} & \cdots & b_{lj} & \cdots & b_{ln} \end{pmatrix}=\begin{pmatrix} c_{11} & \cdots & c_{1j} & \cdots & c_{1n} \\ \vdots & & \vdots & & \vdots \\ c_{i1} & \cdots & c_{ij} & \cdots & c_{in} \\ \vdots & & \vdots & & \vdots \\ c_{m1} & \cdots & c_{mj} & \cdots & c_{mn} \end{pmatrix}$$

注意：当矩阵 $\boldsymbol{A}$ 与 $\boldsymbol{B}$ 相乘时，左矩阵 $\boldsymbol{A}$ 的列数应与右矩阵 $\boldsymbol{B}$ 的行数相等，否则乘法运算无法进行.

矩阵的乘法满足如下运算规律(假设运算都是可行的)：

(1) $(\boldsymbol{AB})\boldsymbol{C}=\boldsymbol{A}(\boldsymbol{BC})$.

(2) $(\boldsymbol{A}+\boldsymbol{B})\boldsymbol{C}=\boldsymbol{AC}+\boldsymbol{BC}$，$\boldsymbol{A}(\boldsymbol{B}+\boldsymbol{C})=\boldsymbol{AB}+\boldsymbol{AC}$.

(3) $\boldsymbol{A}_{m\times n}\boldsymbol{E}_n=\boldsymbol{E}_m\boldsymbol{A}_{m\times n}=\boldsymbol{A}_{m\times n}$.

(4) $\lambda(\boldsymbol{AB})=(\lambda\boldsymbol{A})\boldsymbol{B}=\boldsymbol{A}(\lambda\boldsymbol{B})$.

例 2.5 给定矩阵 $\boldsymbol{A}=\begin{pmatrix} 1 & 2 \\ -4 & 1 \\ 6 & -5 \end{pmatrix}$ 及 $\boldsymbol{B}=\begin{pmatrix} 0 & 3 \\ 5 & 2 \end{pmatrix}$，求 $\boldsymbol{AB}$.

解
$$\boldsymbol{AB}=\begin{pmatrix} 1 & 2 \\ -4 & 1 \\ 6 & -5 \end{pmatrix}\begin{pmatrix} 0 & 3 \\ 5 & 2 \end{pmatrix}=\begin{pmatrix} 10 & 7 \\ 5 & -10 \\ -25 & 8 \end{pmatrix}$$

例 2.6 给定矩阵 $\boldsymbol{A}=\begin{pmatrix} 1 \\ 4 \end{pmatrix}$ 及 $\boldsymbol{B}=(2\quad -5)$，求 $\boldsymbol{AB}$ 及 $\boldsymbol{BA}$.

解
$$\boldsymbol{AB}=\begin{pmatrix} 1 \\ 4 \end{pmatrix}(2\quad -5)=\begin{pmatrix} 2 & -5 \\ 8 & -20 \end{pmatrix}$$
$$\boldsymbol{BA}=(2\quad -5)\begin{pmatrix} 1 \\ 4 \end{pmatrix}=-18$$

从上面的例题中可以看出矩阵乘法和我们熟悉的数的乘法运算规律有许多不同之处：

(1) 矩阵乘法交换律不成立. 即不是对所有矩阵 $\boldsymbol{A}$，$\boldsymbol{B}$ 都有 $\boldsymbol{AB}=\boldsymbol{BA}$. 首先，当 $t\neq m$ 时，$\boldsymbol{A}_{m\times n}\boldsymbol{B}_{n\times t}$ 有意义，而 $\boldsymbol{B}_{n\times t}\boldsymbol{A}_{m\times n}$ 无意义(如例 2.5)，无法谈是否相等. 其次，虽然 $\boldsymbol{A}_{m\times n}\boldsymbol{B}_{n\times m}$ 和 $\boldsymbol{B}_{n\times m}\boldsymbol{A}_{m\times n}$ 都有意义，但是当 $m\neq n$ 时，第一个乘积为 $m\times m$ 矩阵，而第二个乘积为 $n\times n$ 矩

阵(如例 2.6),它们不能相等.最后,即使 $\boldsymbol{A}_{n\times n}\boldsymbol{B}_{n\times n}$ 和 $\boldsymbol{B}_{n\times n}\boldsymbol{A}_{n\times n}$ 都有意义,且都是 $n\times n$ 矩阵,但两者也未必相等,如 $\boldsymbol{A}=\begin{pmatrix}1&1\\-1&-1\end{pmatrix}$,$\boldsymbol{B}=\begin{pmatrix}-1&1\\1&-1\end{pmatrix}$,$\boldsymbol{AB}=\begin{pmatrix}0&0\\0&0\end{pmatrix}$,而 $\boldsymbol{BA}=\begin{pmatrix}-2&-2\\2&2\end{pmatrix}$.

(2) 存在矩阵 $\boldsymbol{A}\neq\boldsymbol{O},\boldsymbol{B}\neq\boldsymbol{O}$,但有 $\boldsymbol{AB}=\boldsymbol{O}$. 例如,$\boldsymbol{A}=\begin{pmatrix}1&1\\-1&-1\end{pmatrix}$,$\boldsymbol{B}=\begin{pmatrix}-1&1\\1&-1\end{pmatrix}$. 具有这样性质的矩阵 $\boldsymbol{A},\boldsymbol{B}$ 称为互为零因子.因此,不能说若 $\boldsymbol{AB}=\boldsymbol{O}$,必有 $\boldsymbol{A}=\boldsymbol{O}$ 或 $\boldsymbol{B}=\boldsymbol{O}$.

(3) 乘法消去律不成立,即 $\boldsymbol{A}\neq\boldsymbol{O}$ 且有 $\boldsymbol{AB}=\boldsymbol{AC}$,不能导出 $\boldsymbol{B}=\boldsymbol{C}$. 例如,

$$\boldsymbol{A}=\begin{pmatrix}1&1\\-1&-1\end{pmatrix},\quad \boldsymbol{B}=\begin{pmatrix}-1&1\\1&-1\end{pmatrix},\quad \boldsymbol{C}=\begin{pmatrix}0&0\\0&0\end{pmatrix}$$

例 2.7 设 $\boldsymbol{A}=\begin{pmatrix}1&0\\-1&0\end{pmatrix}$,试确定所有与 $\boldsymbol{A}$ 乘法可换的矩阵,即求满足条件 $\boldsymbol{AX}=\boldsymbol{XA}$ 的矩阵 $\boldsymbol{X}$.

解 由题设 $\boldsymbol{AX},\boldsymbol{XA}$ 均有意义知,$\boldsymbol{X}$ 应是 2×2 矩阵. 设

$$\boldsymbol{X}=\begin{pmatrix}x_{11}&x_{12}\\x_{21}&x_{22}\end{pmatrix}$$

则由 $\boldsymbol{AX}=\boldsymbol{XA}$,得

$$\begin{pmatrix}1&0\\-1&0\end{pmatrix}\begin{pmatrix}x_{11}&x_{12}\\x_{21}&x_{22}\end{pmatrix}=\begin{pmatrix}x_{11}&x_{12}\\x_{21}&x_{22}\end{pmatrix}\begin{pmatrix}1&0\\-1&0\end{pmatrix}$$

$$\begin{pmatrix}x_{11}&x_{12}\\-x_{11}&-x_{12}\end{pmatrix}=\begin{pmatrix}x_{11}-x_{12}&0\\x_{21}-x_{22}&0\end{pmatrix}$$

由矩阵相等的定义知:

$$\begin{cases}x_{11}=x_{11}-x_{12}\\x_{12}=0\\-x_{11}=x_{21}-x_{22}\end{cases}\Rightarrow\begin{cases}x_{12}=0\\x_{11}=x_{22}-x_{21}\end{cases}$$

令 $x_{21}=t_1,x_{22}=t_2$,于是所有与 $\boldsymbol{A}$ 乘法可换的矩阵为

$$\begin{pmatrix}t_2-t_1&0\\t_1&t_2\end{pmatrix}$$

其中:t_1,t_2 为任意常数.

利用矩阵乘法的定义,立即可以将线性方程组

$$\begin{cases}a_{11}x_1+a_{12}x_2+\cdots+a_{1n}x_n=b_1\\a_{21}x_1+a_{22}x_2+\cdots+a_{2n}x_n=b_2\\\qquad\cdots\cdots\\a_{m1}x_1+a_{m2}x_2+\cdots+a_{mn}x_n=b_m\end{cases}\tag{2.1}$$

写为矩阵形式

$$\begin{pmatrix} a_{11} & a_{12} & \cdots & a_{1n} \\ a_{21} & a_{22} & \cdots & a_{2n} \\ \vdots & \vdots & & \vdots \\ a_{m1} & a_{m2} & \cdots & a_{mn} \end{pmatrix}\begin{pmatrix} x_1 \\ x_2 \\ \vdots \\ x_n \end{pmatrix}=\begin{pmatrix} b_1 \\ b_2 \\ \vdots \\ b_m \end{pmatrix} \tag{2.2}$$

记

$$\boldsymbol{A}=\begin{pmatrix} a_{11} & \cdots & a_{1n} \\ \vdots & & \vdots \\ a_{m1} & \cdots & a_{mn} \end{pmatrix},\quad \boldsymbol{x}=\begin{pmatrix} x_1 \\ x_2 \\ \vdots \\ x_n \end{pmatrix},\quad \boldsymbol{b}=\begin{pmatrix} b_1 \\ b_2 \\ \vdots \\ b_m \end{pmatrix}$$

则方程组(2.1)可以写为

$$\boldsymbol{Ax}=\boldsymbol{b} \tag{2.3}$$

将线性方程组写成矩阵方程的形式,不仅书写方便,而且把线性方程组的理论与矩阵理论联系起来,这给线性方程组的讨论带来很大的便利.

利用矩阵的乘法,还可以定义矩阵的幂运算.给定 n 阶方阵 $\boldsymbol{A}$,规定

$$\boldsymbol{A}^0=\boldsymbol{E}_n,\ \boldsymbol{A}^1=\boldsymbol{A},\ \boldsymbol{A}^2=\boldsymbol{AA},\ \cdots,\ \boldsymbol{A}^{k+1}=\boldsymbol{A}^k\boldsymbol{A}$$

其中:k 为正整数.

方阵的幂运算满足如下运算规律(k, l 为正整数):

(1) $\boldsymbol{A}^k\boldsymbol{A}^l=\boldsymbol{A}^{k+l}$.

(2) $(\boldsymbol{A}^k)^l=\boldsymbol{A}^{kl}$.

利用方阵的幂,可以类似于普通多项式来定义方阵的多项式.设一元多项式

$$f(x)=a_mx^m+a_{m-1}x^{m-1}+\cdots+a_1x+a_0$$

$\boldsymbol{A}$ 是 n 阶方阵,规定

$$f(\boldsymbol{A})=a_m\boldsymbol{A}^m+a_{m-1}\boldsymbol{A}^{m-1}+\cdots+a_1\boldsymbol{A}+a_0\boldsymbol{E}$$

例如,设多项式 $f(x)=x^2-5x+3$,$\boldsymbol{A}=\begin{pmatrix} 2 & -1 \\ -3 & 3 \end{pmatrix}$,则 $\boldsymbol{A}$ 的多项式为

$$f(\boldsymbol{A})=\boldsymbol{A}^2-5\boldsymbol{A}+3\boldsymbol{E}$$

称 $f(\boldsymbol{A})$ 为方阵 $\boldsymbol{A}$ 的多项式.

例 2.8 设多项式 $f(x)=a_mx^m+\cdots+a_1x+a_0$,$\boldsymbol{\Lambda}=\begin{pmatrix} \lambda_1 & 0 \\ 0 & \lambda_2 \end{pmatrix}$,试证明

$$f(\boldsymbol{\Lambda})=\begin{pmatrix} f(\lambda_1) & 0 \\ 0 & f(\lambda_2) \end{pmatrix}$$

证 首先利用数学归纳法容易得出 $\boldsymbol{\Lambda}^k=\begin{pmatrix} \lambda_1^k & 0 \\ 0 & \lambda_2^k \end{pmatrix}$,再根据 $f(\boldsymbol{\Lambda})$ 的定义,得

$$f(\boldsymbol{\Lambda})=a_m\boldsymbol{\Lambda}^m+a_{m-1}\boldsymbol{\Lambda}^{m-1}+\cdots+a_1\boldsymbol{\Lambda}+a_0\boldsymbol{E}$$
$$=a_m\begin{pmatrix}\lambda_1^m & 0\\ 0 & \lambda_2^m\end{pmatrix}+a_{m-1}\begin{pmatrix}\lambda_1^{m-1} & 0\\ 0 & \lambda_2^{m-1}\end{pmatrix}+\cdots+a_1\begin{pmatrix}\lambda_1 & 0\\ 0 & \lambda_2\end{pmatrix}+a_0\begin{pmatrix}1 & 0\\ 0 & 1\end{pmatrix}$$
$$=\begin{pmatrix}a_m\lambda_1^m+a_{m-1}\lambda_1^{m-1}+\cdots+a_1\lambda_1+a_0 & 0\\ 0 & a_m\lambda_2^m+a_{m-1}\lambda_2^{m-1}+\cdots+a_1\lambda_2+a_0\end{pmatrix}$$
$$=\begin{pmatrix}f(\lambda_1) & 0\\ 0 & f(\lambda_2)\end{pmatrix}$$

2.1.4 矩阵的转置

定义 2.4 将矩阵 $\boldsymbol{A}=(a_{ij})_{m\times n}$ 的同序数的行与列对换得到的新矩阵称为矩阵 $\boldsymbol{A}$ 的转置矩阵,记为 $\boldsymbol{A}^{\mathrm{T}}$ 或 $\boldsymbol{A}'$.

例如,矩阵 $\boldsymbol{A}=\begin{pmatrix}-1 & 3 & 5\\ 8 & 6 & 2\end{pmatrix}$ 的转置矩阵为 $\boldsymbol{A}^{\mathrm{T}}=\begin{pmatrix}-1 & 8\\ 3 & 6\\ 5 & 2\end{pmatrix}$.

矩阵的转置运算满足如下运算规律(假设运算都是可行的):

(1) $(\boldsymbol{A}^{\mathrm{T}})^{\mathrm{T}}=\boldsymbol{A}$.

(2) $(\boldsymbol{A}+\boldsymbol{B})^{\mathrm{T}}=\boldsymbol{A}^{\mathrm{T}}+\boldsymbol{B}^{\mathrm{T}}$.

(3) $(\boldsymbol{AB})^{\mathrm{T}}=\boldsymbol{B}^{\mathrm{T}}\boldsymbol{A}^{\mathrm{T}}$.

(4) $(\lambda\boldsymbol{A})^{\mathrm{T}}=\lambda\boldsymbol{A}^{\mathrm{T}}$.

下面给出规律(3)的证明,其他规律由读者自己思考解决.

设 $\boldsymbol{A}=(a_{ij})_{m\times s}$, $\boldsymbol{B}=(b_{ij})_{s\times n}$,记

$$\boldsymbol{AB}=\boldsymbol{C}=(c_{ij})_{m\times n},\quad \boldsymbol{B}^{\mathrm{T}}\boldsymbol{A}^{\mathrm{T}}=\boldsymbol{D}=(d_{ij})_{n\times m}$$

由矩阵乘法及矩阵转置的定义,得

$$c_{ij}=\sum_{k=1}^{s}a_{ik}b_{kj}\quad(i=1,2,\cdots,m;\ j=1,2,\cdots,n)$$

而 $\boldsymbol{B}^{\mathrm{T}}$ 的第 j 行就是 $\boldsymbol{B}$ 的第 j 列,即 $(b_{1j},b_{2j},\cdots,b_{sj})$;$\boldsymbol{A}^{\mathrm{T}}$ 的第 i 列就是 $\boldsymbol{A}$ 的第 i 行,即 $(a_{i1},a_{i2},\cdots,a_{is})^{\mathrm{T}}$. 于是有

$$\begin{aligned}d_{ji}&=b_{1j}a_{i1}+b_{2j}a_{i2}+\cdots+b_{sj}a_{is}\\&=a_{i1}b_{1j}+a_{i2}b_{2j}+\cdots+a_{is}b_{sj}\\&=c_{ij}\quad(i=1,2,\cdots,m;\ j=1,2,\cdots,n)\end{aligned}$$

即 $\boldsymbol{C}^{\mathrm{T}}=\boldsymbol{D}$,从而

$$(\boldsymbol{AB})^{\mathrm{T}}=\boldsymbol{B}^{\mathrm{T}}\boldsymbol{A}^{\mathrm{T}}$$

给定方阵 $\boldsymbol{A}=(a_{ij})_{n\times n}$,若 $\boldsymbol{A}^{\mathrm{T}}=\boldsymbol{A}$,则矩阵 $\boldsymbol{A}$ 为对称矩阵,显然对称矩阵的元素是以主对角线为对称轴对应相等的;若 $\boldsymbol{A}^{\mathrm{T}}=-\boldsymbol{A}$,则矩阵 $\boldsymbol{A}$ 为反对称矩阵,显然反对称矩阵主对角线上的元素均为 0.

例 2.9 设列矩阵 $\boldsymbol{X}=(x_1,x_2,\cdots,x_n)^{\mathrm{T}}$，满足 $\boldsymbol{X}^{\mathrm{T}}\boldsymbol{X}=1$，$\boldsymbol{E}$ 为 n 阶单位矩阵，$\boldsymbol{H}=\boldsymbol{E}-2\boldsymbol{X}\boldsymbol{X}^{\mathrm{T}}$，证明：$\boldsymbol{H}$ 为对称矩阵，且 $\boldsymbol{H}\boldsymbol{H}^{\mathrm{T}}=\boldsymbol{E}$.

证 因为

$$\boldsymbol{H}^{\mathrm{T}}=(\boldsymbol{E}-2\boldsymbol{X}\boldsymbol{X}^{\mathrm{T}})^{\mathrm{T}}=\boldsymbol{E}^{\mathrm{T}}-2(\boldsymbol{X}\boldsymbol{X}^{\mathrm{T}})^{\mathrm{T}}=\boldsymbol{E}-2\boldsymbol{X}\boldsymbol{X}^{\mathrm{T}}=\boldsymbol{H}$$

所以 $\boldsymbol{H}$ 为对称矩阵.

$$\begin{aligned}\boldsymbol{H}\boldsymbol{H}^{\mathrm{T}}&=\boldsymbol{H}^2=(\boldsymbol{E}-2\boldsymbol{X}\boldsymbol{X}^{\mathrm{T}})^2\\&=\boldsymbol{E}^2-\boldsymbol{E}(2\boldsymbol{X}\boldsymbol{X}^{\mathrm{T}})-(2\boldsymbol{X}\boldsymbol{X}^{\mathrm{T}})\boldsymbol{E}+(2\boldsymbol{X}\boldsymbol{X}^{\mathrm{T}})(2\boldsymbol{X}\boldsymbol{X}^{\mathrm{T}})\\&=\boldsymbol{E}-4\boldsymbol{X}\boldsymbol{X}^{\mathrm{T}}+4(\boldsymbol{X}\boldsymbol{X}^{\mathrm{T}})(\boldsymbol{X}\boldsymbol{X}^{\mathrm{T}})\\&=\boldsymbol{E}-4\boldsymbol{X}\boldsymbol{X}^{\mathrm{T}}+4\boldsymbol{X}(\boldsymbol{X}^{\mathrm{T}}\boldsymbol{X})\boldsymbol{X}^{\mathrm{T}}\\&=\boldsymbol{E}-4\boldsymbol{X}\boldsymbol{X}^{\mathrm{T}}+4\boldsymbol{X}\boldsymbol{X}^{\mathrm{T}}\\&=\boldsymbol{E}\end{aligned}$$

2.2 分块矩阵

2.2.1 分块矩阵的概念

对于行数和列数较高的矩阵，运算时常采用矩阵分块的方法，即将大矩阵的运算化为小矩阵的运算，这种处理方式对于简洁地表达高阶矩阵及处理其运算十分有效. 通常我们用若干条横、纵线将矩阵 $\boldsymbol{A}$ 分成若干个小矩阵，每一个小矩阵称为矩阵 $\boldsymbol{A}$ 的子块(子矩阵)，以子块为元素的形式上的矩阵称为分块矩阵.

一个矩阵分块的方法有许多，如对矩阵

$$\boldsymbol{A}=\begin{pmatrix}a_{11}&a_{12}&a_{13}&a_{14}&a_{15}\\a_{21}&a_{22}&a_{23}&a_{24}&a_{25}\\a_{31}&a_{32}&a_{33}&a_{34}&a_{35}\end{pmatrix}$$

可以采用多种不同的分块方法，不妨列出其中两种分块形式如下：

$$(1)\ \boldsymbol{A}=\left(\begin{array}{c:cc:cc}a_{11}&a_{12}&a_{13}&a_{14}&a_{15}\\a_{21}&a_{22}&a_{23}&a_{24}&a_{25}\\\hdashline a_{31}&a_{32}&a_{33}&a_{34}&a_{35}\end{array}\right)$$

$$(2)\ \boldsymbol{A}=\left(\begin{array}{cc:ccc}a_{11}&a_{12}&a_{13}&a_{14}&a_{15}\\a_{21}&a_{22}&a_{23}&a_{24}&a_{25}\\\hdashline a_{31}&a_{32}&a_{33}&a_{34}&a_{35}\end{array}\right)$$

分法(1)可记为

$$\boldsymbol{A}=\begin{pmatrix}\boldsymbol{A}_{11}&\boldsymbol{A}_{12}&\boldsymbol{A}_{13}\\\boldsymbol{A}_{21}&\boldsymbol{A}_{22}&\boldsymbol{A}_{23}\end{pmatrix}$$

其中

$$\boldsymbol{A}_{11}=\begin{pmatrix}a_{11}\\a_{21}\end{pmatrix},\quad \boldsymbol{A}_{12}=\begin{pmatrix}a_{12}&a_{13}\\a_{22}&a_{23}\end{pmatrix},\quad \boldsymbol{A}_{13}=\begin{pmatrix}a_{14}&a_{15}\\a_{24}&a_{25}\end{pmatrix}$$

$$\boldsymbol{A}_{21}=(a_{31}),\quad \boldsymbol{A}_{22}=(a_{32}\quad a_{33}),\quad \boldsymbol{A}_{23}=(a_{34}\quad a_{35})$$

分法(2)的分块矩阵请读者写出.

今后在研究分块矩阵时,要特别注意矩阵的按行或按列分块方法.例如,对矩阵 $\boldsymbol{A}=(a_{ij})_{m\times n}$,当按行或列分别分块时,矩阵 $\boldsymbol{A}$ 可以写为

$$\boldsymbol{A}=\begin{pmatrix}\boldsymbol{a}_1^{\mathrm{T}}\\\boldsymbol{a}_2^{\mathrm{T}}\\\vdots\\\boldsymbol{a}_m^{\mathrm{T}}\end{pmatrix}\quad 或\quad \boldsymbol{A}=(\boldsymbol{a}_1,\boldsymbol{a}_2,\cdots,\boldsymbol{a}_n)$$

其中:矩阵 $\boldsymbol{A}$ 的第 i 行为

$$\boldsymbol{a}_i^{\mathrm{T}}=(a_{i1},a_{i2},\cdots,a_{in})\quad (i=1,2,\cdots,m)$$

第 j 列为

$$\boldsymbol{a}_j=\begin{pmatrix}a_{1j}\\a_{2j}\\\vdots\\a_{mj}\end{pmatrix}\quad (j=1,2,\cdots,n)$$

可以发现,分块矩阵中同行的各子块具有相同的行数,而同列的各子块具有相同的列数.

2.2.2 分块矩阵的运算

分块矩阵的运算与普通矩阵的运算类似,分别说明如下.

1. 加法

给定矩阵 $\boldsymbol{A}=(a_{ij})_{m\times n}$ 及 $\boldsymbol{B}=(b_{ij})_{m\times n}$,采用相同分块法后,得

$$\boldsymbol{A}=(\boldsymbol{A}_{ij})_{s\times r},\quad \boldsymbol{B}=(\boldsymbol{B}_{ij})_{s\times r}$$

其中:$\boldsymbol{A}_{ij}$ 与 $\boldsymbol{B}_{ij}$ 的行、列数分别相等,则

$$\boldsymbol{A}+\boldsymbol{B}=(\boldsymbol{A}_{ij}+\boldsymbol{B}_{ij})_{s\times r}$$

按照此定义,分块矩阵的加法实质上就是将矩阵 $\boldsymbol{A}$ 与 $\boldsymbol{B}$ 的各个元素相加,这与两个矩阵的一般加法是完全相同的,只不过在加法运算过程中,是先将对应位置矩阵 $\boldsymbol{A}$ 与 $\boldsymbol{B}$ 的子块中的元素相加而已.

2. 数乘

给定矩阵 $\boldsymbol{A}=(a_{ij})_{m\times n}$ 及数 λ,将 $\boldsymbol{A}$ 分块后得到

$$\boldsymbol{A}=(\boldsymbol{A}_{ij})_{s\times r}=\begin{pmatrix}\boldsymbol{A}_{11}&\cdots&\boldsymbol{A}_{1r}\\\vdots&&\vdots\\\boldsymbol{A}_{s1}&\cdots&\boldsymbol{A}_{sr}\end{pmatrix}$$

则

$$\lambda \boldsymbol{A}=(\lambda \boldsymbol{A}_{ij})_{s\times r}$$

按照此定义,先将数λ与各个子块相乘,再以数λ与各子块中的元素相乘,其实质仍是数λ与矩阵 $\boldsymbol{A}$ 的每个元素相乘.

3. 乘法

给定矩阵 $\boldsymbol{A}=(a_{ij})_{m\times l}$ 及 $\boldsymbol{B}=(b_{ij})_{l\times n}$,将 $\boldsymbol{A}$, $\boldsymbol{B}$ 分块为

$$\boldsymbol{A}=(\boldsymbol{A}_{ij})_{s\times t},\quad \boldsymbol{B}=(\boldsymbol{B}_{ij})_{t\times r}$$

其中:$\boldsymbol{A}_{i1}$, $\boldsymbol{A}_{i2}$, …, $\boldsymbol{A}_{it}$ 的列数分别等于 $\boldsymbol{B}_{1j}$, $\boldsymbol{B}_{2j}$, …, $\boldsymbol{B}_{tj}$ 的行数 ($i=1, 2, \cdots, s$; $j=1, 2, \cdots, r$),则

$$\boldsymbol{AB}=\begin{pmatrix} \boldsymbol{C}_{11} & \cdots & \boldsymbol{C}_{1r} \\ \vdots & & \vdots \\ \boldsymbol{C}_{s1} & \cdots & \boldsymbol{C}_{sr} \end{pmatrix}$$

其中

$$\boldsymbol{C}_{ij}=\sum_{k=1}^{t}\boldsymbol{A}_{ik}\boldsymbol{B}_{kj}\quad (i=1, 2, \cdots, s;\ j=1, 2, \cdots, r)$$

4. 转置

给定矩阵 $\boldsymbol{A}=(a_{ij})_{m\times n}$,将其分块为

$$\boldsymbol{A}=\begin{pmatrix} \boldsymbol{A}_{11} & \cdots & \boldsymbol{A}_{1r} \\ \boldsymbol{A}_{21} & \cdots & \boldsymbol{A}_{2r} \\ \vdots & & \vdots \\ \boldsymbol{A}_{s1} & \cdots & \boldsymbol{A}_{sr} \end{pmatrix}$$

则矩阵 $\boldsymbol{A}$ 的转置为

$$\boldsymbol{A}^{\mathrm{T}}=\begin{pmatrix} \boldsymbol{A}_{11}^{\mathrm{T}} & \boldsymbol{A}_{21}^{\mathrm{T}} & \cdots & \boldsymbol{A}_{s1}^{\mathrm{T}} \\ \vdots & \vdots & & \vdots \\ \boldsymbol{A}_{1r}^{\mathrm{T}} & \boldsymbol{A}_{2r}^{\mathrm{T}} & \cdots & \boldsymbol{A}_{sr}^{\mathrm{T}} \end{pmatrix}$$

此时,不但要把子块当成普通矩阵元素进行转置运算,而且每个子块本身也要作转置运算.

例 2.10 给定矩阵 $\boldsymbol{A}=\begin{pmatrix} 1 & 2 & 0 & 0 \\ 3 & 4 & 0 & 0 \\ 0 & 0 & 5 & 6 \\ 0 & 0 & 7 & 8 \end{pmatrix}$, $\boldsymbol{B}=\begin{pmatrix} -2 & 5 & 1 & 0 \\ 1 & 3 & 0 & 1 \\ 0 & 0 & 4 & -7 \\ 0 & 0 & 3 & 8 \end{pmatrix}$,求:

(1) $\boldsymbol{A}^{\mathrm{T}}+2\boldsymbol{B}$.

(2) $\boldsymbol{AB}$.

解 将矩阵 $\boldsymbol{A}$, $\boldsymbol{B}$ 分块,得到

$$\boldsymbol{A}=\left(\begin{array}{cc:cc}1 & 2 & 0 & 0\\ 3 & 4 & 0 & 0\\ \hdashline 0 & 0 & 5 & 6\\ 0 & 0 & 7 & 8\end{array}\right)=\begin{pmatrix}\boldsymbol{A}_{11} & \boldsymbol{O}\\ \boldsymbol{O} & \boldsymbol{A}_{22}\end{pmatrix}$$

$$\boldsymbol{B}=\left(\begin{array}{cc:cc}-2 & 5 & 1 & 0\\ 1 & 3 & 0 & 1\\ \hdashline 0 & 0 & 4 & -7\\ 0 & 0 & 3 & 8\end{array}\right)=\begin{pmatrix}\boldsymbol{B}_{11} & \boldsymbol{E}_2\\ \boldsymbol{O} & \boldsymbol{B}_{22}\end{pmatrix}$$

(1) $\boldsymbol{A}^{\mathrm{T}}+2\boldsymbol{B}=\begin{pmatrix}\boldsymbol{A}_{11} & \boldsymbol{O}\\ \boldsymbol{O} & \boldsymbol{A}_{22}\end{pmatrix}^{\mathrm{T}}+2\begin{pmatrix}\boldsymbol{B}_{11} & \boldsymbol{E}_2\\ \boldsymbol{O} & \boldsymbol{B}_{22}\end{pmatrix}$

$$=\left(\begin{array}{cc:cc}1 & 3 & 0 & 0\\ 2 & 4 & 0 & 0\\ \hdashline 0 & 0 & 5 & 7\\ 0 & 0 & 6 & 8\end{array}\right)+\left(\begin{array}{cc:cc}-4 & 10 & 2 & 0\\ 2 & 6 & 0 & 2\\ \hdashline 0 & 0 & 8 & -14\\ 0 & 0 & 6 & 16\end{array}\right)=\begin{pmatrix}-3 & 13 & 2 & 0\\ 4 & 10 & 0 & 2\\ 0 & 0 & 13 & -7\\ 0 & 0 & 12 & 24\end{pmatrix}$$

(2)
$$\boldsymbol{AB}=\begin{pmatrix}\boldsymbol{A}_{11} & \boldsymbol{O}\\ \boldsymbol{O} & \boldsymbol{A}_{22}\end{pmatrix}\begin{pmatrix}\boldsymbol{B}_{11} & \boldsymbol{E}_2\\ \boldsymbol{O} & \boldsymbol{B}_{22}\end{pmatrix}=\begin{pmatrix}\boldsymbol{A}_{11}\boldsymbol{B}_{11} & \boldsymbol{A}_{11}\\ \boldsymbol{O} & \boldsymbol{A}_{22}\boldsymbol{B}_{22}\end{pmatrix}$$

其中

$$\boldsymbol{A}_{11}\boldsymbol{B}_{11}=\begin{pmatrix}0 & 11\\ -2 & 27\end{pmatrix},\qquad \boldsymbol{A}_{22}\boldsymbol{B}_{22}=\begin{pmatrix}38 & 13\\ 52 & 15\end{pmatrix}$$

则

$$\boldsymbol{AB}=\begin{pmatrix}0 & 11 & 1 & 2\\ -2 & 27 & 3 & 4\\ 0 & 0 & 38 & 13\\ 0 & 0 & 52 & 15\end{pmatrix}$$

例 2.11 证明矩阵 $\boldsymbol{A}=\boldsymbol{O}$ 的充分必要条件是方阵 $\boldsymbol{A}^{\mathrm{T}}\boldsymbol{A}=\boldsymbol{O}$.

证 条件的必要性是显然的,下面证明条件的充分性. 设 $\boldsymbol{A}=(a_{ij})_{m\times n}$,把 $\boldsymbol{A}$ 按列分块为 $\boldsymbol{A}=(\boldsymbol{a}_1,\boldsymbol{a}_2,\cdots,\boldsymbol{a}_n)$,于是

$$\boldsymbol{A}^{\mathrm{T}}\boldsymbol{A}=\begin{pmatrix}\boldsymbol{a}_1^{\mathrm{T}}\\ \boldsymbol{a}_2^{\mathrm{T}}\\ \vdots\\ \boldsymbol{a}_n^{\mathrm{T}}\end{pmatrix}(\boldsymbol{a}_1,\boldsymbol{a}_2,\cdots,\boldsymbol{a}_n)=\begin{pmatrix}\boldsymbol{a}_1^{\mathrm{T}}\boldsymbol{a}_1 & \boldsymbol{a}_1^{\mathrm{T}}\boldsymbol{a}_2 & \cdots & \boldsymbol{a}_1^{\mathrm{T}}\boldsymbol{a}_n\\ \boldsymbol{a}_2^{\mathrm{T}}\boldsymbol{a}_1 & \boldsymbol{a}_2^{\mathrm{T}}\boldsymbol{a}_2 & \cdots & \boldsymbol{a}_2^{\mathrm{T}}\boldsymbol{a}_n\\ \vdots & \vdots & & \vdots\\ \boldsymbol{a}_n^{\mathrm{T}}\boldsymbol{a}_1 & \boldsymbol{a}_n^{\mathrm{T}}\boldsymbol{a}_2 & \cdots & \boldsymbol{a}_n^{\mathrm{T}}\boldsymbol{a}_n\end{pmatrix}=\boldsymbol{O}$$

那么,$\boldsymbol{a}_i^{\mathrm{T}}\boldsymbol{a}_j=0\ (i,j=1,2,\cdots,n)$,特殊地,有 $\boldsymbol{a}_j^{\mathrm{T}}\boldsymbol{a}_j=0\ (j=1,2,\cdots,n)$,而

$$\boldsymbol{a}_j^{\mathrm{T}}\boldsymbol{a}_j=(a_{1j},\ a_{2j},\ \cdots,a_{mj})\begin{pmatrix}a_{1j}\\a_{2j}\\\vdots\\a_{mj}\end{pmatrix}=a_{1j}^2+a_{2j}^2+\cdots+a_{mj}^2=0$$

故 $a_{1j}=a_{2j}=\cdots=a_{mj}=0$,即 $\boldsymbol{A}=\boldsymbol{O}$.

在 2.1 节中,依据矩阵的乘法将线性方程组

$$\begin{cases}a_{11}x_1+a_{12}x_2+\cdots+a_{1n}x_n=b_1\\a_{21}x_1+a_{22}x_2+\cdots+a_{2n}x_n=b_2\\\qquad\cdots\cdots\\a_{m1}x_1+a_{m2}x_2+\cdots+a_{mn}x_n=b_m\end{cases}$$

改写为矩阵形式式(2.2)及式(2.3),下面利用分块矩阵方法将该线性方程组改写为向量方程的形式.

将系数矩阵 $\boldsymbol{A}$ 按列分块得 $\boldsymbol{A}=(\boldsymbol{a}_1,\ \boldsymbol{a}_2,\ \cdots,\ \boldsymbol{a}_n)$,则

$$\boldsymbol{Ax}=(\boldsymbol{a}_1,\ \boldsymbol{a}_2,\ \cdots,\ \boldsymbol{a}_n)\begin{pmatrix}x_1\\x_2\\\vdots\\x_n\end{pmatrix}=\boldsymbol{b}$$

从而得到线性方程组的向量形式为

$$x_1\boldsymbol{a}_1+x_2\boldsymbol{a}_2+\cdots+x_n\boldsymbol{a}_n=\boldsymbol{b} \tag{2.4}$$

以后会经常利用该向量形式讨论问题.

2.3 向量组的线性相关性

在这一节我们研究向量之间的关系. 两个向量之间最简单的关系是成比例. 向量 $\boldsymbol{\alpha}$ 与 $\boldsymbol{\beta}$ 成比例就是指有一数 k 使 $\boldsymbol{\alpha}=k\boldsymbol{\beta}$. 在多个向量之间,成比例的关系表现为线性组合.

定义 2.5 若干个同维数的向量所组成的集合称为向量组.

定义 2.6 向量 $\boldsymbol{b}$ 称为向量组 $\boldsymbol{a}_1,\boldsymbol{a}_2,\cdots,\boldsymbol{a}_s$ 的一个线性组合,如果有数 $k_1,k_2,\cdots,k_s$,使

$$\boldsymbol{b}=k_1\boldsymbol{a}_1+k_2\boldsymbol{a}_2+\cdots+k_s\boldsymbol{a}_s$$

成立.

例如,任一个 n 维向量 $\boldsymbol{\alpha}=(a_1,a_2,\cdots,a_n)^{\mathrm{T}}$ 都是向量组

$$\boldsymbol{e}_1=\begin{pmatrix}1\\0\\\vdots\\0\end{pmatrix},\ \boldsymbol{e}_2=\begin{pmatrix}0\\1\\\vdots\\0\end{pmatrix},\ \cdots,\ \boldsymbol{e}_n=\begin{pmatrix}0\\0\\\vdots\\1\end{pmatrix}$$

的一个线性组合. 由于

$$\boldsymbol{\alpha}=a_1\boldsymbol{e}_1+a_2\boldsymbol{e}_2+\cdots+a_n\boldsymbol{e}_n$$

向量 $\boldsymbol{e}_1,\boldsymbol{e}_2,\cdots,\boldsymbol{e}_n$ 称为 n 维单位坐标向量.

由定义可以立即看出,零向量是任一向量组的线性组合(只要取系数全为 0 就行了).

当向量 $\boldsymbol{b}$ 是向量组 $\boldsymbol{a}_1,\boldsymbol{a}_2,\cdots,\boldsymbol{a}_s$ 的一个线性组合时,我们也说向量 $\boldsymbol{b}$ 能由向量组 $\boldsymbol{a}_1,\boldsymbol{a}_2,\cdots,\boldsymbol{a}_s$ 线性表示.

定义 2.7 如果向量组 $\boldsymbol{a}_1,\boldsymbol{a}_2,\cdots,\boldsymbol{a}_s$ 中每一个向量 $\boldsymbol{a}_i$ $(i=1,2,\cdots,s)$都可以由向量组 $\boldsymbol{b}_1,\boldsymbol{b}_2,\cdots,\boldsymbol{b}_t$ 线性表示,则称向量组 $\boldsymbol{a}_1,\boldsymbol{a}_2,\cdots,\boldsymbol{a}_s$ 能由向量组$\boldsymbol{b}_1,\boldsymbol{b}_2,\cdots,\boldsymbol{b}_t$ 线性表示. 如果两个向量组能互相线性表示,则称两向量组等价.

由定义不难证明,向量组之间的等价有以下性质:

(1) 反身性. 每一个向量组都与它自身等价.

(2) 对称性. 如果向量组 $\boldsymbol{\alpha}_1,\boldsymbol{\alpha}_2,\cdots,\boldsymbol{\alpha}_s$ 与向量组 $\boldsymbol{\beta}_1,\boldsymbol{\beta}_2,\cdots,\boldsymbol{\beta}_t$ 等价,那么向量组 $\boldsymbol{\beta}_1,\boldsymbol{\beta}_2,\cdots,\boldsymbol{\beta}_t$ 也与向量组 $\boldsymbol{\alpha}_1,\boldsymbol{\alpha}_2,\cdots,\boldsymbol{\alpha}_s$ 等价.

(3) 传递性. 如果向量组 $\boldsymbol{\alpha}_1,\boldsymbol{\alpha}_2,\cdots,\boldsymbol{\alpha}_s$ 与向量组 $\boldsymbol{\beta}_1,\boldsymbol{\beta}_2,\cdots,\boldsymbol{\beta}_t$ 等价,向量组 $\boldsymbol{\beta}_1,\boldsymbol{\beta}_2,\cdots,\boldsymbol{\beta}_t$ 与向量组 $\boldsymbol{\gamma}_1,\boldsymbol{\gamma}_2,\cdots,\boldsymbol{\gamma}_p$ 等价,那么向量组 $\boldsymbol{\alpha}_1,\boldsymbol{\alpha}_2,\cdots,\boldsymbol{\alpha}_s$ 与向量组 $\boldsymbol{\gamma}_1,\boldsymbol{\gamma}_2,\cdots,\boldsymbol{\gamma}_p$ 等价.

定义 2.8 如果向量组 $\boldsymbol{a}_1,\boldsymbol{a}_2,\cdots,\boldsymbol{a}_s$ $(s\geqslant2)$中有一个向量能由其余的向量线性表示,那么向量组 $\boldsymbol{a}_1,\boldsymbol{a}_2,\cdots,\boldsymbol{a}_s$ 称为线性相关的.

例如,向量组 $\boldsymbol{a}_1=\begin{pmatrix}1\\1\\1\end{pmatrix},\boldsymbol{a}_2=\begin{pmatrix}1\\0\\0\end{pmatrix},\boldsymbol{a}_3=\begin{pmatrix}0\\1\\0\end{pmatrix},\boldsymbol{a}_4=\begin{pmatrix}0\\0\\1\end{pmatrix}$是线性相关的,因为

$$\boldsymbol{a}_1=\boldsymbol{a}_2+\boldsymbol{a}_3+\boldsymbol{a}_4$$

显然,向量组 $\boldsymbol{a}_1,\boldsymbol{a}_2$ 线性相关就表示 $\boldsymbol{a}_1=k\boldsymbol{a}_2$ 或者 $\boldsymbol{a}_2=k\boldsymbol{a}_1$(这两个式子不一定能同时成立).

因为零向量可以由任一个向量组线性表示,所以任意一个包含零向量的向量组必线性相关.

向量组的线性相关有如下等价定义形式.

定义 2.9 向量组 $\boldsymbol{a}_1,\boldsymbol{a}_2,\cdots,\boldsymbol{a}_s$ $(s\geqslant1)$称为线性相关,如果存在不全为零的数 $k_1,k_2,\cdots,k_s$,使

$$k_1\boldsymbol{a}_1+k_2\boldsymbol{a}_2+\cdots+k_s\boldsymbol{a}_s=\boldsymbol{0}$$

成立.

这两个定义在 $s\geqslant2$ 的时候是一致的,证明如下.

如果向量组 $\boldsymbol{a}_1,\boldsymbol{a}_2,\cdots,\boldsymbol{a}_s$ 按定义 2.8 是线性相关的,那么其中有一个向量能由其余的向量线性表示,如

$$\boldsymbol{a}_s=k_1\boldsymbol{a}_1+k_2\boldsymbol{a}_2+\cdots+k_{s-1}\boldsymbol{a}_{s-1}$$

把它改写一下,就有

$$k_1\boldsymbol{a}_1+k_2\boldsymbol{a}_2+\cdots+k_{s-1}\boldsymbol{a}_{s-1}+(-1)\boldsymbol{a}_s=\boldsymbol{0}$$

因为数 $k_1,k_2,\cdots,k_{s-1},-1$ 不全为零(至少 $-1\neq0$),所以按定义 2.9,向量组 $\boldsymbol{a}_1,\boldsymbol{a}_2,\cdots,\boldsymbol{a}_s$

线性相关.

反过来,如果向量组 $\boldsymbol{a}_1,\boldsymbol{a}_2,\cdots,\boldsymbol{a}_s$ 按定义 2.9 线性相关,即有不全为零的数 $k_1,k_2,\cdots,k_s$,使

$$k_1\boldsymbol{a}_1+k_2\boldsymbol{a}_2+\cdots+k_s\boldsymbol{a}_s=\boldsymbol{0}$$

成立.

因为 $k_1,k_2,\cdots,k_s$ 不全为零,不妨设 $k_s\neq0$,于是上式可以改写为

$$\boldsymbol{a}_s=-\frac{k_1}{k_s}\boldsymbol{a}_1-\frac{k_2}{k_s}\boldsymbol{a}_2-\cdots-\frac{k_{s-1}}{k_s}\boldsymbol{a}_{s-1}$$

这就是说,向量 $\boldsymbol{a}_s$ 可以由其余的向量线性表示,所以向量组 $\boldsymbol{a}_1,\boldsymbol{a}_2,\cdots,\boldsymbol{a}_s$ 按定义 2.8 也线性相关.

定义 2.10 向量组 $\boldsymbol{a}_1,\boldsymbol{a}_2,\cdots,\boldsymbol{a}_s$ $(s\geqslant1)$不线性相关,即如果没有不全为零的数 $k_1,k_2,\cdots,k_s$,使

$$k_1\boldsymbol{a}_1+k_2\boldsymbol{a}_2+\cdots+k_s\boldsymbol{a}_s=\boldsymbol{0}$$

成立,就称为线性无关;或者说,向量组 $\boldsymbol{a}_1,\boldsymbol{a}_2,\cdots,\boldsymbol{a}_s$ $(s\geqslant1)$称为线性无关,如果由

$$k_1\boldsymbol{a}_1+k_2\boldsymbol{a}_2+\cdots+k_s\boldsymbol{a}_s=\boldsymbol{0}$$

可以推出 $k_1=0,k_2=0,\cdots,k_s=0$.

由定义立即得出,如果一个向量组的一部分线性相关,那么这个向量组就线性相关.设向量组 $\boldsymbol{a}_1,\boldsymbol{a}_2,\cdots,\boldsymbol{a}_s,\cdots,\boldsymbol{a}_r$ $(s\leqslant r)$的一部分,如 $\boldsymbol{a}_1,\boldsymbol{a}_2,\cdots,\boldsymbol{a}_s$ 线性相关,即有不全为零的数 $k_1,k_2,\cdots,k_s$,使

$$k_1\boldsymbol{a}_1+k_2\boldsymbol{a}_2+\cdots+k_s\boldsymbol{a}_s=\boldsymbol{0}$$

成立.

由上式显然有

$$k_1\boldsymbol{a}_1+k_2\boldsymbol{a}_2+\cdots+k_s\boldsymbol{a}_s+0\boldsymbol{a}_{s+1}+\cdots+0\boldsymbol{a}_r=\boldsymbol{0}$$

因为 $k_1,k_2,\cdots,k_s$ 不全为零,所以 $k_1,k_2,\cdots,k_s,0,\cdots,0$ 也不全为零,$\boldsymbol{a}_1,\boldsymbol{a}_2,\cdots,\boldsymbol{a}_r$ 线性相关.换个说法,如果一个向量组线性无关,那么它的任何非空的部分组也线性无关.

定义 2.9 包含了由一个向量构成的向量组的情形,按定义,向量组 $\boldsymbol{a}$ 线性相关就表示有 $k\neq0$(因为只有一个数,所以不全为零就是它不等于零)使 $k\boldsymbol{a}=\boldsymbol{0}$ 成立,于是 $\boldsymbol{a}=\boldsymbol{0}$,因此向量组 $\boldsymbol{a}$ 线性相关就表示 $\boldsymbol{a}=\boldsymbol{0}$.

不难看出,由 n 维单位坐标向量 $\boldsymbol{e}_1,\boldsymbol{e}_2,\cdots,\boldsymbol{e}_n$ 组成的向量组是线性无关的.事实上,由

$$k_1\boldsymbol{e}_1+k_2\boldsymbol{e}_2+\cdots+k_n\boldsymbol{e}_n=\boldsymbol{0}$$

也就是由

$$k_1\begin{pmatrix}1\\0\\\vdots\\0\end{pmatrix}+k_2\begin{pmatrix}0\\1\\\vdots\\0\end{pmatrix}+\cdots+k_n\begin{pmatrix}0\\0\\\vdots\\1\end{pmatrix}=\begin{pmatrix}0\\0\\\vdots\\0\end{pmatrix}$$

可以推出 $k_1=k_2=\cdots=k_n=0$.这就是说 $\boldsymbol{e}_1,\boldsymbol{e}_2,\cdots,\boldsymbol{e}_n$ 线性无关.

具体判断一个向量组

$$\boldsymbol{a}_i=(a_{1i},a_{2i},\cdots,a_{ni})^{\mathrm{T}}\quad(i=1,2,\cdots,s)\tag{2.5}$$

是线性相关还是线性无关的问题可以归结为解方程组的问题.根据定义 2.9,就是看方程 $x_1\boldsymbol{a}_1+x_2\boldsymbol{a}_2+\cdots+x_s\boldsymbol{a}_s=\mathbf{0}$ 有无非零解,按分量写出来就是

$$\begin{cases}a_{11}x_1+a_{12}x_2+\cdots+a_{1s}x_s=0\\a_{21}x_1+a_{22}x_2+\cdots+a_{2s}x_s=0\\\cdots\cdots\\a_{n1}x_1+a_{n2}x_2+\cdots+a_{ns}x_s=0\end{cases}\tag{2.6}$$

因此,向量组 $\boldsymbol{a}_1,\boldsymbol{a}_2,\cdots,\boldsymbol{a}_s$ 线性无关的充分必要条件是齐次线性方程组(2.6)只有零解.

从这里很容易看出,如果向量组(2.5)线性无关,那么在每一个向量上添一个分量所得到的 $n+1$ 维的向量组

$$\boldsymbol{b}_i=(a_{1i},a_{2i},\cdots,a_{ni},a_{n+1,i})^{\mathrm{T}}\quad(i=1,2,\cdots,s)\tag{2.7}$$

也线性无关.

事实上,与向量组(2.7)相对应的齐次线性方程组为

$$\begin{cases}a_{11}x_1+a_{12}x_2+\cdots+a_{1s}x_s=0\\a_{21}x_1+a_{22}x_2+\cdots+a_{2s}x_s=0\\\cdots\cdots\\a_{n1}x_1+a_{n2}x_2+\cdots+a_{ns}x_s=0\\a_{n+1,1}x_1+a_{n+1,2}x_2+\cdots+a_{n+1,s}x_s=0\end{cases}\tag{2.8}$$

显然,方程组(2.8)的解全是方程组(2.6)的解,因为向量组(2.5)线性无关,所以方程组(2.6)只有零解,那么方程组(2.8)也只有零解.

这个结果当然可以推广到添几个分量的情形.

例 2.12　判定向量组 $\boldsymbol{a}_1,\boldsymbol{a}_2,\boldsymbol{a}_3$ 的线性相关性,其中

$$\boldsymbol{a}_1=\begin{pmatrix}1\\2\\3\end{pmatrix},\quad\boldsymbol{a}_2=\begin{pmatrix}0\\5\\2\end{pmatrix},\quad\boldsymbol{a}_3=\begin{pmatrix}2\\-1\\4\end{pmatrix}$$

解　要判定向量组 $\boldsymbol{a}_1,\boldsymbol{a}_2,\boldsymbol{a}_3$ 的线性相关性,只需验证方程

$$x_1\boldsymbol{a}_1+x_2\boldsymbol{a}_2+x_3\boldsymbol{a}_3=\mathbf{0}$$

是否有非零解即可.

因为

$$(\boldsymbol{a}_1,\boldsymbol{a}_2,\boldsymbol{a}_3)=\begin{pmatrix}1&0&2\\2&5&-1\\3&2&4\end{pmatrix}\xrightarrow[r_3-3r_1]{r_2-2r_1}\begin{pmatrix}1&0&2\\0&5&-5\\0&2&-2\end{pmatrix}\xrightarrow[r_3-2r_2]{\frac{1}{5}r_2}\begin{pmatrix}1&0&2\\0&1&-1\\0&0&0\end{pmatrix}$$

故有 $R(\boldsymbol{a}_1,\boldsymbol{a}_2,\boldsymbol{a}_3)=2<3$,方程组有非零解,从而向量组 $\boldsymbol{a}_1,\boldsymbol{a}_2,\boldsymbol{a}_3$ 线性相关.

定理 2.1　设 $\boldsymbol{\alpha}_1,\boldsymbol{\alpha}_2,\cdots,\boldsymbol{\alpha}_r$ 与 $\boldsymbol{\beta}_1,\boldsymbol{\beta}_2,\cdots,\boldsymbol{\beta}_s$ 是两个向量组,如果

(1) 向量组 $\boldsymbol{\alpha}_1,\boldsymbol{\alpha}_2,\cdots,\boldsymbol{\alpha}_r$ 可以由 $\boldsymbol{\beta}_1,\boldsymbol{\beta}_2,\cdots,\boldsymbol{\beta}_s$ 线性表示.

(2) $r>s$,

那么向量组 $\boldsymbol{\alpha}_1,\boldsymbol{\alpha}_2,\cdots,\boldsymbol{\alpha}_r$ 必线性相关.

证 由(1),有

$$\boldsymbol{\alpha}_i=\sum_{j=1}^{s}t_{ji}\boldsymbol{\beta}_j\quad(i=1,2,\cdots,r)$$

为了证明 $\boldsymbol{\alpha}_1,\boldsymbol{\alpha}_2,\cdots,\boldsymbol{\alpha}_r$ 线性相关,只要证明可以找到不全为零的数 $k_1,k_2,\cdots,k_r$,使

$$k_1\boldsymbol{\alpha}_1+k_2\boldsymbol{\alpha}_2+\cdots+k_r\boldsymbol{\alpha}_r=\mathbf{0}$$

成立即可.

为此,我们作线性组合

$$x_1\boldsymbol{\alpha}_1+x_2\boldsymbol{\alpha}_2+\cdots+x_r\boldsymbol{\alpha}_r=\sum_{i=1}^{r}x_i\sum_{j=1}^{s}t_{ji}\boldsymbol{\beta}_j=\sum_{i=1}^{r}\sum_{j=1}^{s}t_{ji}x_i\boldsymbol{\beta}_j=\sum_{j=1}^{s}\left(\sum_{i=1}^{r}t_{ji}x_i\right)\boldsymbol{\beta}_j$$

如果我们能找到不全为零的数 $x_1,x_2,\cdots,x_r$,使 $\boldsymbol{\beta}_1,\boldsymbol{\beta}_2,\cdots,\boldsymbol{\beta}_s$ 的系数全为零,那就证明了 $\boldsymbol{\alpha}_1,\boldsymbol{\alpha}_2,\cdots,\boldsymbol{\alpha}_r$ 的线性相关性.这一点是能够做到的,因为已知(2),即 $r>s$,故齐次方程组

$$\begin{cases}t_{11}x_1+t_{12}x_2+\cdots+t_{1r}x_r=0\\ t_{21}x_1+t_{22}x_2+\cdots+t_{2r}x_r=0\\ \qquad\cdots\cdots\\ t_{s1}x_1+t_{s2}x_2+\cdots+t_{sr}x_r=0\end{cases}$$

中未知量的个数大于方程的个数,根据定理 1.2,它有非零解.

推论 2.1 如果向量组 $\boldsymbol{\alpha}_1,\boldsymbol{\alpha}_2,\cdots,\boldsymbol{\alpha}_r$ 可以由 $\boldsymbol{\beta}_1,\boldsymbol{\beta}_2,\cdots,\boldsymbol{\beta}_s$ 线性表示,且向量组 $\boldsymbol{\alpha}_1,\boldsymbol{\alpha}_2,\cdots,\boldsymbol{\alpha}_r$ 线性无关,那么 $r\leqslant s$.

推论 2.2 任意 $n+1$ 个 n 维向量组成的向量组必线性相关.

事实上,每个 n 维向量可以由 n 维单位坐标向量 $\boldsymbol{e}_1,\boldsymbol{e}_2,\cdots,\boldsymbol{e}_n$ 线性表示,且 $n+1>n$,因而必线性相关.

由推论 2.1,得如下推论.

推论 2.3 两个线性无关的等价向量组,必含有相同个数的向量.

定义 2.11 一个向量组的一个部分组称为一个极大线性无关组,如果这个部分组本身是线性无关的,并且从这个向量组中任意添一个向量(如果还有的话),所得的部分向量组都线性相关.

例如,在向量组 $\boldsymbol{\alpha}_1=(1,0)^{\mathrm{T}},\boldsymbol{\alpha}_2=(0,1)^{\mathrm{T}},\boldsymbol{\alpha}_3=(1,1)^{\mathrm{T}}$ 中,由 $\boldsymbol{\alpha}_1,\boldsymbol{\alpha}_2$ 组成的部分组就是一个极大线性无关组,首先 $\boldsymbol{\alpha}_1,\boldsymbol{\alpha}_2$ 显然线性无关,同时我们知道 $\boldsymbol{\alpha}_1,\boldsymbol{\alpha}_2,\boldsymbol{\alpha}_3$ 线性相关.不难看出,$\boldsymbol{\alpha}_1,\boldsymbol{\alpha}_3$ 也是一个极大线性无关组(请读者验证一下).

应该看到,一个线性无关向量组的极大线性无关组就是这个向量组自身.

极大线性无关组的一个基本性质是,任意一个极大线性无关组都与向量组本身等价.

事实上,设向量组为 $\boldsymbol{\alpha}_1,\boldsymbol{\alpha}_2,\cdots,\boldsymbol{\alpha}_s,\cdots,\boldsymbol{\alpha}_r$,而 $\boldsymbol{\alpha}_1,\boldsymbol{\alpha}_2,\cdots,\boldsymbol{\alpha}_s$ 是它的一个极大线性无关组.等价就是它们可以互相线性表示.因为 $\boldsymbol{\alpha}_1,\boldsymbol{\alpha}_2,\cdots,\boldsymbol{\alpha}_s$ 是 $\boldsymbol{\alpha}_1,\boldsymbol{\alpha}_2,\cdots,\boldsymbol{\alpha}_r$ 的一部分,当然可以由这个向量组线性表示,即

$$\boldsymbol{\alpha}_i=0\boldsymbol{\alpha}_1+\cdots+1\boldsymbol{\alpha}_i+0\boldsymbol{\alpha}_{i+1}+\cdots+0\boldsymbol{\alpha}_r\quad(i=1,2,\cdots,s)$$

所以,问题在于 $\boldsymbol{\alpha}_1,\boldsymbol{\alpha}_2,\cdots,\boldsymbol{\alpha}_s,\cdots,\boldsymbol{\alpha}_r$ 是否可以由 $\boldsymbol{\alpha}_1,\boldsymbol{\alpha}_2,\cdots,\boldsymbol{\alpha}_s$ 线性表示.$\boldsymbol{\alpha}_1,\boldsymbol{\alpha}_2,\cdots,\boldsymbol{\alpha}_s$ 中每

一个向量都可以由 $\boldsymbol{\alpha}_1,\boldsymbol{\alpha}_2,\cdots,\boldsymbol{\alpha}_s$ 线性表示是显然的. 现在来看$\boldsymbol{\alpha}_{s+1},\cdots,\boldsymbol{\alpha}_r$ 中的向量,设 $\boldsymbol{\alpha}_j$ 是这样一个向量. 由于极大线性无关组 $\boldsymbol{\alpha}_1,\boldsymbol{\alpha}_2,\cdots,\boldsymbol{\alpha}_s$ 的极大性,向量组 $\boldsymbol{\alpha}_1,\cdots,\boldsymbol{\alpha}_s,\boldsymbol{\alpha}_j$ 线性相关,也就是说,有不全为零的数 $k_1,\cdots,k_s,l$,使

$$k_1\boldsymbol{\alpha}_1+\cdots+k_s\boldsymbol{\alpha}_s+l\boldsymbol{\alpha}_j=\mathbf{0}$$

成立. 因为 $\boldsymbol{\alpha}_1,\boldsymbol{\alpha}_2,\cdots,\boldsymbol{\alpha}_s$ 是线性无关的,可证必有 $l\neq0$,否则,设 $l=0$,那么 $k_1,k_2,\cdots,k_s$ 就不全为零,于是 $\boldsymbol{\alpha}_1,\boldsymbol{\alpha}_2,\cdots,\boldsymbol{\alpha}_s$ 线性相关,这与假设矛盾. 由 $l\neq0$,上式可以改写为

$$\boldsymbol{\alpha}_j=-\frac{k_1}{l}\boldsymbol{\alpha}_1-\frac{k_2}{l}\boldsymbol{\alpha}_2-\cdots-\frac{k_s}{l}\boldsymbol{\alpha}_s\quad(s<j\leqslant r)$$

这就是说,$\boldsymbol{\alpha}_j$ $(s<j\leqslant r)$可以由 $\boldsymbol{\alpha}_1,\boldsymbol{\alpha}_2,\cdots,\boldsymbol{\alpha}_s$ 线性表示. 于是证明了向量组与它的极大线性无关组的等价性.

由上面的例子可以看到,向量组的极大线性无关组不是唯一的. 但是每一个极大线性无关组都与向量组本身等价,因而,一个向量组的任意两个极大线性无关组都是等价的. 虽然极大线性无关组可以有很多,但是由定理 2.1 的推论 2.3,立即得出定理 2.2.

定理 2.2　一个向量组的极大线性无关组都含有相同个数的向量.

定理 2.2 表明,极大线性无关组所含向量的个数与极大线性无关组的选择无关,它直接反映了向量组本身的性质. 因此,我们有如下定义:

定义 2.12　向量组的极大线性无关组所含向量的个数称为这个向量组的秩.

例如,向量组 $\boldsymbol{\alpha}_1=(1,0)^{\mathrm{T}},\boldsymbol{\alpha}_2=(0,1)^{\mathrm{T}},\boldsymbol{\alpha}_3=(1,1)^{\mathrm{T}}$ 的秩就是 2.

因为线性无关的向量组就是它自身的极大线性无关组,所以一个向量组线性无关的充分必要条件为它的秩与它所含向量的个数相同.

我们知道,每一个向量组都与它的极大线性无关组等价. 由等价的传递性可知,任意两个等价向量组的极大线性无关组也等价. 所以,等价的向量组必有相同的秩.

2.4 矩 阵 的 秩

在 2.3 节我们定义了向量组的秩,如果把矩阵的每一行看成一个向量,那么矩阵就可以认为是由这些行向量组成的. 同样,如果把每一列看成一个向量,那么矩阵就可以认为是由列向量组成的.

定义 2.13　矩阵的行秩就是指矩阵的行向量组的秩,矩阵的列秩就是矩阵的列向量组的秩.

例如,矩阵

$$\boldsymbol{A}=\begin{pmatrix}1&1&3&1\\0&2&-1&4\\0&0&0&5\\0&0&0&0\end{pmatrix}$$

的行向量组是

$$\boldsymbol{\alpha}_1^{\mathrm{T}}=(1,1,3,1),\qquad \boldsymbol{\alpha}_2^{\mathrm{T}}=(0,2,-1,4)$$
$$\boldsymbol{\alpha}_3^{\mathrm{T}}=(0,0,0,5),\qquad \boldsymbol{\alpha}_4^{\mathrm{T}}=(0,0,0,0)$$

可以证明 $\boldsymbol{\alpha}_1^{\mathrm{T}},\boldsymbol{\alpha}_2^{\mathrm{T}},\boldsymbol{\alpha}_3^{\mathrm{T}}$ 是向量组 $\boldsymbol{\alpha}_1^{\mathrm{T}},\boldsymbol{\alpha}_2^{\mathrm{T}},\boldsymbol{\alpha}_3^{\mathrm{T}},\boldsymbol{\alpha}_4^{\mathrm{T}}$ 的一个极大线性无关组. 事实上,由

$$k_1\boldsymbol{\alpha}_1^{\mathrm{T}}+k_2\boldsymbol{\alpha}_2^{\mathrm{T}}+k_3\boldsymbol{\alpha}_3^{\mathrm{T}}=\mathbf{0}$$

即

$$\begin{aligned}&k_1(1,1,3,1)+k_2(0,2,-1,4)+k_3(0,0,0,5)\\&=(k_1,k_2+2k_2,3k_1-k_2,k_1+4k_2+5k_3)=(0,0,0,0)\end{aligned}$$

可得 $k_1=k_2=k_3=0$,这就证明了 $\boldsymbol{\alpha}_1^{\mathrm{T}},\boldsymbol{\alpha}_2^{\mathrm{T}},\boldsymbol{\alpha}_3^{\mathrm{T}}$ 线性无关. 因为 $\boldsymbol{\alpha}_4^{\mathrm{T}}$ 是零向量,所以把 $\boldsymbol{\alpha}_4^{\mathrm{T}}$ 添进去就线性相关了. 因此,向量组 $\boldsymbol{\alpha}_1^{\mathrm{T}},\boldsymbol{\alpha}_2^{\mathrm{T}},\boldsymbol{\alpha}_3^{\mathrm{T}},\boldsymbol{\alpha}_4^{\mathrm{T}}$ 的秩为 3. 也就是说,矩阵 $\boldsymbol{A}$ 的行秩为 3. $\boldsymbol{A}$ 的列向量组是

$$\boldsymbol{\beta}_1=(1,0,0,0)^{\mathrm{T}},\qquad \boldsymbol{\beta}_2=(1,2,0,0)^{\mathrm{T}}$$
$$\boldsymbol{\beta}_3=(3,-1,0,0)^{\mathrm{T}},\qquad \boldsymbol{\beta}_4=(1,4,5,0)^{\mathrm{T}}$$

用同样的方法可证,$\boldsymbol{\beta}_1,\boldsymbol{\beta}_2,\boldsymbol{\beta}_4$ 线性无关,而 $\boldsymbol{\beta}_3=\frac{7}{2}\boldsymbol{\beta}_1-\frac{1}{2}\boldsymbol{\beta}_2$,所以把 $\boldsymbol{\beta}_3$ 添进去就线性相关了. 因此,$\boldsymbol{\beta}_1,\boldsymbol{\beta}_2,\boldsymbol{\beta}_4$ 是向量组 $\boldsymbol{\beta}_1,\boldsymbol{\beta}_2,\boldsymbol{\beta}_3,\boldsymbol{\beta}_4$ 的一个极大线性无关组,于是向量组 $\boldsymbol{\beta}_1,\boldsymbol{\beta}_2,\boldsymbol{\beta}_3,\boldsymbol{\beta}_4$ 的秩为 3. 换句话说,矩阵 $\boldsymbol{A}$ 的列秩也是 3.

矩阵 $\boldsymbol{A}$ 的行秩等于列秩,这一点不是偶然的,下面来一般地证明行秩与列秩是相等的.

引理 2.1 如果齐次线性方程组

$$\begin{cases}a_{11}x_1+a_{12}x_2+\cdots+a_{1n}x_n=0\\a_{21}x_1+a_{22}x_2+\cdots+a_{2n}x_n=0\\\quad\cdots\cdots\\a_{s1}x_1+a_{s2}x_2+\cdots+a_{sn}x_n=0\end{cases}\tag{2.9}$$

的系数矩阵

$$\boldsymbol{A}=\begin{pmatrix}a_{11}&a_{12}&\cdots&a_{1n}\\a_{21}&a_{22}&\cdots&a_{2n}\\\vdots&\vdots&&\vdots\\a_{s1}&a_{s2}&\cdots&a_{sn}\end{pmatrix}$$

的行秩 $r<n$,那么它有非零解.

证 以 $\boldsymbol{\alpha}_1^{\mathrm{T}},\boldsymbol{\alpha}_2^{\mathrm{T}},\cdots,\boldsymbol{\alpha}_s^{\mathrm{T}}$ 代表矩阵 $\boldsymbol{A}$ 的行向量组,因为它的秩为 r,所以极大线性无关组是由 r 个向量组成的,无妨设 $\boldsymbol{\alpha}_1^{\mathrm{T}},\boldsymbol{\alpha}_2^{\mathrm{T}},\cdots,\boldsymbol{\alpha}_r^{\mathrm{T}}$ 是一个极大线性无关组. 我们知道,向量组 $\boldsymbol{\alpha}_1^{\mathrm{T}},\boldsymbol{\alpha}_2^{\mathrm{T}},\cdots,\boldsymbol{\alpha}_r^{\mathrm{T}},\cdots,\boldsymbol{\alpha}_s^{\mathrm{T}}$ 与 $\boldsymbol{\alpha}_1^{\mathrm{T}},\boldsymbol{\alpha}_2^{\mathrm{T}},\cdots,\boldsymbol{\alpha}_r^{\mathrm{T}}$ 是等价的,也就是说,方程组(2.9)与方程组

$$\begin{cases}a_{11}x_1+a_{12}x_2+\cdots+a_{1n}x_n=0\\a_{21}x_1+a_{22}x_2+\cdots+a_{2n}x_n=0\\\quad\cdots\cdots\\a_{r1}x_1+a_{r2}x_2+\cdots+a_{rn}x_n=0\end{cases}\tag{2.10}$$

可以互相线性表示,因而方程组(2.9)与方程组(2.10)同解. 对于方程组(2.10),应用定理 1.2,即得所要的结论.

由此就可以证明:

定理 2.3 矩阵的行秩与列秩相等.

证 设所讨论的矩阵为

$$A=\begin{pmatrix} a_{11} & a_{12} & \cdots & a_{1n} \\ a_{21} & a_{22} & \cdots & a_{2n} \\ \vdots & \vdots & & \vdots \\ a_{s1} & a_{s2} & \cdots & a_{sn} \end{pmatrix}$$

而 $\boldsymbol{A}$ 的行秩为 r,列秩为 r_1. 为了证明 $r=r_1$,先来证 $r\leqslant r_1$.

以 $\boldsymbol{\alpha}_1^{\mathrm{T}},\boldsymbol{\alpha}_2^{\mathrm{T}},\cdots,\boldsymbol{\alpha}_s^{\mathrm{T}}$ 代表矩阵 $\boldsymbol{A}$ 的行向量组,无妨设 $\boldsymbol{\alpha}_1^{\mathrm{T}},\boldsymbol{\alpha}_2^{\mathrm{T}},\cdots,\boldsymbol{\alpha}_r^{\mathrm{T}}$ 是它的一个极大线性无关组. 因为 $\boldsymbol{\alpha}_1^{\mathrm{T}},\boldsymbol{\alpha}_2^{\mathrm{T}},\cdots,\boldsymbol{\alpha}_r^{\mathrm{T}}$ 是线性无关的,所以方程

$$x_1\boldsymbol{\alpha}_1^{\mathrm{T}}+x_2\boldsymbol{\alpha}_2^{\mathrm{T}}+\cdots+x_r\boldsymbol{\alpha}_r^{\mathrm{T}}=\boldsymbol{0}$$

只有零解,这也就是说,齐次线性方程组

$$\begin{cases} a_{11}x_1+a_{21}x_2+\cdots+a_{r1}x_r=0 \\ a_{12}x_1+a_{22}x_2+\cdots+a_{r2}x_r=0 \\ \cdots\cdots \\ a_{1n}x_1+a_{2n}x_2+\cdots+a_{rn}x_r=0 \end{cases}$$

只有零解. 由引理 2.1,这个方程组的系数矩阵

$$\begin{pmatrix} a_{11} & a_{21} & \cdots & a_{r1} \\ a_{12} & a_{22} & \cdots & a_{r2} \\ \vdots & \vdots & & \vdots \\ a_{1n} & a_{2n} & \cdots & a_{rn} \end{pmatrix}$$

的行秩$\geqslant r$. 因此在它的行向量中可以找到 r 个是线性无关的. 例如,向量组

$$(a_{11},a_{21},\cdots,a_{r1}),(a_{12},a_{22},\cdots,a_{r2}),\cdots,(a_{1r},a_{2r},\cdots,a_{rr})$$

线性无关. 根据 2.3 节的说明,在这些向量上添上几个分量后所得的向量组

$$(a_{11},a_{21},\cdots,a_{r1},\cdots,a_{s1}),(a_{12},a_{22},\cdots,a_{r2},\cdots,a_{s2}),\cdots,(a_{1r},a_{2r},\cdots,a_{rr},\cdots,a_{sr})$$

也线性无关. 它们正好是矩阵 $\boldsymbol{A}$ 的 r 个列向量的转置,由它们的线性无关性可知矩阵 $\boldsymbol{A}$ 的列秩 r_1 至少是 r,也就是说 $r_1\geqslant r$.

用同样的方法可证 $r\geqslant r_1$. 这样,就证明了行秩与列秩相等.

因为行秩等于列秩,所以下面就统称为矩阵的秩.

我们来看一下,怎样计算一个矩阵的秩. 在第 1 章,对矩阵作初等行变换,把矩阵化成行阶梯形矩阵,行阶梯形矩阵中非零行的行数定义为原来矩阵的秩. 实际上,这是计算矩阵的秩的一个重要方法.

首先,矩阵的初等行变换是把行向量组变成一个与之等价的向量组. 我们知道,等价的向量组有相同的秩,因此,初等行变换不改变矩阵的秩. 同样地,初等列变换也不改变矩阵的秩.

其次,行阶梯形矩阵的秩就等于其中非零行的行数. 为了证明这个结论,只要证明在行阶梯形矩阵中那些非零的行线性无关就行了. 设 $\boldsymbol{A}$ 是一个行阶梯形矩阵,不为零的行数是 r. 因为初等列变换不改变矩阵的秩,所以适当变换列的顺序,不妨设

$$\boldsymbol{A}=\begin{pmatrix} a_{11} & a_{12} & \cdots & a_{1r} & \cdots & a_{1n} \\ 0 & a_{22} & \cdots & a_{2r} & \cdots & a_{2n} \\ \vdots & \vdots & & \vdots & & \vdots \\ 0 & 0 & \cdots & a_{rr} & \cdots & a_{rn} \\ 0 & 0 & \cdots & 0 & \cdots & 0 \\ \vdots & \vdots & & \vdots & & \vdots \\ 0 & 0 & \cdots & 0 & \cdots & 0 \end{pmatrix}$$

其中:$a_{ii}\neq 0, i=1,2,\cdots,r$. 显然,向量组

$$(a_{11},a_{12},\cdots,a_{1r}),(0,a_{22},\cdots,a_{2r}),\cdots,(0,0,\cdots,a_{rr})$$

线性无关,因此在每一个向量上添 $n-r$ 个分量所得到的 n 维行向量组

$$(a_{11},a_{12},\cdots,a_{1r},\cdots,a_{1n}),(0,a_{22},\cdots,a_{2r},\cdots,a_{2n}),\cdots,(0,0,\cdots,a_{rr},\cdots,a_{rn})$$

也线性无关. 因此,$\boldsymbol{A}$ 的秩为 r.

例 2.13 设矩阵

$$\boldsymbol{A}=\begin{pmatrix} 1 & 2 & 0 & 0 & 1 \\ 0 & 6 & 2 & 4 & 10 \\ 1 & 11 & 3 & 6 & 16 \\ 1 & -19 & -7 & -14 & -34 \end{pmatrix}$$

求:

(1) $\boldsymbol{A}$ 的秩;

(2) $\boldsymbol{A}$ 的列向量组的一个极大线性无关组并把不属于极大线性无关组的列向量用极大线性无关组线性表示.

解 记矩阵 $\boldsymbol{A}$ 的列向量组为 $\boldsymbol{a}_1,\boldsymbol{a}_2,\cdots,\boldsymbol{a}_5$,要求 $\boldsymbol{A}$ 的秩,只需将矩阵 $\boldsymbol{A}$ 作初等行变换化为行阶梯形矩阵即可. 由于初等行变换不改变列向量组之间的线性关系,而且在行最简形矩阵中,列向量组之间的线性关系很容易看出. 因此,要求 $\boldsymbol{A}$ 的列向量组的一个极大线性无关组并把不属于极大线性无关组的列向量用极大线性无关组线性表示,只需将矩阵 $\boldsymbol{A}$ 作初等行变换化为行最简形矩阵.

$$\boldsymbol{A}=\begin{pmatrix} 1 & 2 & 0 & 0 & 1 \\ 0 & 6 & 2 & 4 & 10 \\ 1 & 11 & 3 & 6 & 16 \\ 1 & -19 & -7 & -14 & -34 \end{pmatrix}\xrightarrow{r}\begin{pmatrix} 1 & 2 & 0 & 0 & 1 \\ 0 & 6 & 2 & 4 & 10 \\ 0 & 9 & 3 & 6 & 15 \\ 0 & -21 & -7 & -14 & -35 \end{pmatrix}$$

$$\xrightarrow{r}\begin{pmatrix} 1 & 2 & 0 & 0 & 1 \\ 0 & 3 & 1 & 2 & 5 \\ 0 & 0 & 0 & 0 & 0 \\ 0 & 0 & 0 & 0 & 0 \end{pmatrix}\xrightarrow{r}\begin{pmatrix} 1 & 2 & 0 & 0 & 1 \\ 0 & 1 & 1/3 & 2/3 & 5/3 \\ 0 & 0 & 0 & 0 & 0 \\ 0 & 0 & 0 & 0 & 0 \end{pmatrix}$$

$$\xrightarrow{r}\begin{pmatrix} 1 & 0 & -2/3 & -4/3 & -7/3 \\ 0 & 1 & 1/3 & 2/3 & 5/3 \\ 0 & 0 & 0 & 0 & 0 \\ 0 & 0 & 0 & 0 & 0 \end{pmatrix}$$

即 $R(\boldsymbol{A})=2$,矩阵 $\boldsymbol{A}$ 的列向量组的秩为 2. 不难发现,行最简形矩阵的列向量组 $\boldsymbol{b}_1,\boldsymbol{b}_2,\cdots,\boldsymbol{b}_5$ 的一个极大线性无关组为 $\boldsymbol{b}_1,\boldsymbol{b}_2$,且

$$\boldsymbol{b}_3=-\frac{2}{3}\boldsymbol{b}_1+\frac{1}{3}\boldsymbol{b}_2,\quad \boldsymbol{b}_4=-\frac{4}{3}\boldsymbol{b}_1+\frac{2}{3}\boldsymbol{b}_2,\quad \boldsymbol{b}_5=-\frac{7}{3}\boldsymbol{b}_1+\frac{5}{3}\boldsymbol{b}_2$$

因此矩阵 $\boldsymbol{A}$ 的列向量组 $\boldsymbol{a}_1,\boldsymbol{a}_2,\cdots,\boldsymbol{a}_5$ 的一个极大线性无关组为 $\boldsymbol{a}_1,\boldsymbol{a}_2$,且

$$\boldsymbol{a}_3=-\frac{2}{3}\boldsymbol{a}_1+\frac{1}{3}\boldsymbol{a}_2,\quad \boldsymbol{a}_4=-\frac{4}{3}\boldsymbol{a}_1+\frac{2}{3}\boldsymbol{a}_2,\quad \boldsymbol{a}_5=-\frac{7}{3}\boldsymbol{a}_1+\frac{5}{3}\boldsymbol{a}_2$$

关于矩阵的秩,可以得到一些基本的性质:

(1) 若 $\boldsymbol{A}$ 为 $m\times n$ 矩阵,则 $0\leqslant R(\boldsymbol{A})\leqslant\min\{m,n\}$.

(2) $R(\boldsymbol{A}^{\mathrm{T}})=R(\boldsymbol{A})$.

(3) 若 $\boldsymbol{A}\sim\boldsymbol{B}$,则 $R(\boldsymbol{A})=R(\boldsymbol{B})$.

(4) 当 $\boldsymbol{b}$ 为非零向量时,有 $R(\boldsymbol{A})\leqslant R(\boldsymbol{A},\boldsymbol{b})\leqslant R(\boldsymbol{A})+1$.

证明略.

有了矩阵的秩的定义和性质,可以深入探讨向量组由向量组线性表示及向量组线性相关性的问题.

若向量 $\boldsymbol{b}$ 能由向量组 $\boldsymbol{a}_1,\boldsymbol{a}_2,\cdots,\boldsymbol{a}_s$ 线性表示,则非齐次线性方程组

$$x_1\boldsymbol{a}_1+x_2\boldsymbol{a}_2+\cdots+x_s\boldsymbol{a}_s=\boldsymbol{b}$$

有解. 因为按照定义 2.6 可知,常系数 $k_1,k_2,\cdots,k_s$ 就是该方程组的一组解. 结合定理 1.1,很自然地有如下的结论.

定理 2.4　向量 $\boldsymbol{b}$ 能由向量组 $\boldsymbol{a}_1,\boldsymbol{a}_2,\cdots,\boldsymbol{a}_s$ 线性表示的充分必要条件是矩阵 $\boldsymbol{A}$ 的秩等于矩阵 $(\boldsymbol{A},\boldsymbol{b})$ 的秩,其中 $\boldsymbol{A}=(\boldsymbol{a}_1,\boldsymbol{a}_2,\cdots,\boldsymbol{a}_s)$.

例 2.14　给定向量组 $\boldsymbol{a}_1,\boldsymbol{a}_2,\boldsymbol{a}_3$,其中 $\boldsymbol{a}_1=\begin{pmatrix}1\\2\\1\end{pmatrix}$,$\boldsymbol{a}_2=\begin{pmatrix}1\\2\\3\end{pmatrix}$,$\boldsymbol{a}_3=\begin{pmatrix}-1\\1\\2\end{pmatrix}$,且 $\boldsymbol{b}=\begin{pmatrix}3\\2\\5\end{pmatrix}$,试证明向量 $\boldsymbol{b}$ 能由向量组 $\boldsymbol{a}_1,\boldsymbol{a}_2,\boldsymbol{a}_3$ 线性表示,并写出表示式.

解　要证明向量 $\boldsymbol{b}$ 能由向量组 $\boldsymbol{a}_1,\boldsymbol{a}_2,\boldsymbol{a}_3$ 线性表示,根据定理 2.4 可知,只需证明矩阵 $\boldsymbol{A}=(\boldsymbol{a}_1,\boldsymbol{a}_2,\boldsymbol{a}_3)$ 与矩阵 $(\boldsymbol{A},\boldsymbol{b})=(\boldsymbol{a}_1,\boldsymbol{a}_2,\boldsymbol{a}_3,\boldsymbol{b})$ 的秩相等即可.

因为

$$(\boldsymbol{a}_1,\boldsymbol{a}_2,\boldsymbol{a}_3,\boldsymbol{b})=\begin{pmatrix}1&1&-1&3\\2&2&1&2\\1&3&2&5\end{pmatrix}\xrightarrow[\substack{r_3-r_1\\ r_2\leftrightarrow r_3}]{r_2-2r_1}\begin{pmatrix}1&1&-1&3\\0&2&3&2\\0&0&3&-4\end{pmatrix}\xrightarrow{r}\begin{pmatrix}1&0&0&-\frac{4}{3}\\0&1&0&3\\0&0&1&-\frac{4}{3}\end{pmatrix}$$

可见 $R(\boldsymbol{A})=R(\boldsymbol{A},\boldsymbol{b})$,则向量 $\boldsymbol{b}$ 能由向量组 $\boldsymbol{a}_1,\boldsymbol{a}_2,\boldsymbol{a}_3$ 线性表示.

由上述行最简形矩阵,可得方程 $(\boldsymbol{a}_1,\boldsymbol{a}_2,\boldsymbol{a}_3)\boldsymbol{x}=\boldsymbol{b}$ 的解为

$$\boldsymbol{x}=\begin{pmatrix}-\frac{4}{3}\\3\\-\frac{4}{3}\end{pmatrix}$$

即

$$\boldsymbol{b}=-\frac{4}{3}\boldsymbol{a}_1+3\boldsymbol{a}_2-\frac{4}{3}\boldsymbol{a}_3$$

若向量组 $\boldsymbol{b}_1,\boldsymbol{b}_2,\cdots,\boldsymbol{b}_l$ 能由向量组 $\boldsymbol{a}_1,\boldsymbol{a}_2,\cdots,\boldsymbol{a}_m$ 线性表示,即对 $\boldsymbol{b}_j\ (j=1,2,\cdots,l)$ 存在数 $k_{1j},k_{2j},\cdots,k_{mj}$,使

$$\boldsymbol{b}_j=k_{1j}\boldsymbol{a}_1+k_{2j}\boldsymbol{a}_2+\cdots+k_{mj}\boldsymbol{a}_m=(\boldsymbol{a}_1,\boldsymbol{a}_2,\cdots,\boldsymbol{a}_m)\begin{pmatrix}k_{1j}\\k_{2j}\\\vdots\\k_{mj}\end{pmatrix}$$

成立,从而

$$(\boldsymbol{b}_1,\boldsymbol{b}_2,\cdots,\boldsymbol{b}_l)=(\boldsymbol{a}_1,\boldsymbol{a}_2,\cdots,\boldsymbol{a}_m)\begin{pmatrix}k_{11}&k_{12}&\cdots&k_{1l}\\k_{21}&k_{22}&\cdots&k_{2l}\\\vdots&\vdots&&\vdots\\k_{m1}&k_{m2}&\cdots&k_{ml}\end{pmatrix}$$

记 $\boldsymbol{K}=(k_{ij})_{m\times l}$,则 $\boldsymbol{B}=\boldsymbol{AK}$,即矩阵方程

$$(\boldsymbol{a}_1,\boldsymbol{a}_2,\cdots,\boldsymbol{a}_m)\boldsymbol{X}=(\boldsymbol{b}_1,\boldsymbol{b}_2,\cdots,\boldsymbol{b}_l)$$

有解,其解为矩阵 $\boldsymbol{K}$. 于是有以下结论.

结论 向量组 $\boldsymbol{b}_1,\boldsymbol{b}_2,\cdots,\boldsymbol{b}_l$ 能由向量组 $\boldsymbol{a}_1,\boldsymbol{a}_2,\cdots,\boldsymbol{a}_m$ 线性表示

$\Leftrightarrow$有矩阵 $\boldsymbol{K}$,使 $\boldsymbol{B}=\boldsymbol{AK}$

$\Leftrightarrow$方程 $\boldsymbol{AX}=\boldsymbol{B}$ 有解.

定理 2.5 向量组 $\boldsymbol{b}_1,\boldsymbol{b}_2,\cdots,\boldsymbol{b}_l$ 能由向量组 $\boldsymbol{a}_1,\boldsymbol{a}_2,\cdots,\boldsymbol{a}_m$ 线性表示的充分必要条件是矩阵 $\boldsymbol{A}=(\boldsymbol{a}_1,\boldsymbol{a}_2,\cdots,\boldsymbol{a}_m)$ 的秩等于矩阵

$$(\boldsymbol{A},\boldsymbol{B})=(\boldsymbol{a}_1,\boldsymbol{a}_2,\cdots,\boldsymbol{a}_m,\boldsymbol{b}_1,\boldsymbol{b}_2,\cdots,\boldsymbol{b}_l)$$

的秩,即

$$R(\boldsymbol{A})=R(\boldsymbol{A},\boldsymbol{B})$$

证 先证充分性. 设 $R(\boldsymbol{A})=R(\boldsymbol{A},\boldsymbol{B})$,由于

$$R(\boldsymbol{A})\leqslant R(\boldsymbol{A},\boldsymbol{b}_j)\leqslant R(\boldsymbol{A},\boldsymbol{B})$$

故有

$$R(\boldsymbol{A})=R(\boldsymbol{A},\boldsymbol{b}_j)$$

从而知道 l 个方程 $\boldsymbol{Ax}_j=\boldsymbol{b}_j\ (j=1,2,\cdots,l)$ 都有解,于是矩阵方程

$$\boldsymbol{A}(\boldsymbol{x}_1,\boldsymbol{x}_2,\cdots,\boldsymbol{x}_l)=(\boldsymbol{b}_1,\boldsymbol{b}_2,\cdots,\boldsymbol{b}_l)$$

有解,即向量组 $\boldsymbol{b}_1,\boldsymbol{b}_2,\cdots,\boldsymbol{b}_l$ 能由向量组 $\boldsymbol{a}_1,\boldsymbol{a}_2,\cdots,\boldsymbol{a}_m$ 线性表示.

再证必要性. 设向量组 $\boldsymbol{b}_1,\boldsymbol{b}_2,\cdots,\boldsymbol{b}_l$ 能由向量组 $\boldsymbol{a}_1,\boldsymbol{a}_2,\cdots,\boldsymbol{a}_m$ 线性表示,则矩阵方程 $\boldsymbol{AX}=\boldsymbol{B}$ 有解,从而 l 个方程 $\boldsymbol{Ax}_j=\boldsymbol{b}_j\ (j=1,2,\cdots,l)$ 都有解,设解为

$$\boldsymbol{x}_j=\begin{pmatrix}k_{1j}\\k_{2j}\\\vdots\\k_{mj}\end{pmatrix}\quad(j=1,2,\cdots,l)$$

记 $\boldsymbol{A}=(\boldsymbol{a}_1,\boldsymbol{a}_2,\cdots,\boldsymbol{a}_m)$，即有

$$k_{1j}\boldsymbol{a}_1+k_{2j}\boldsymbol{a}_2+\cdots+k_{mj}\boldsymbol{a}_m=\boldsymbol{b}_j$$

对矩阵 $(\boldsymbol{A},\boldsymbol{B})=(\boldsymbol{a}_1,\boldsymbol{a}_2,\cdots,\boldsymbol{a}_m,\boldsymbol{b}_1,\boldsymbol{b}_2,\cdots,\boldsymbol{b}_l)$ 作初等列变换

$$c_{m+j}-k_{1j}c_1-k_{2j}c_2-\cdots-k_{mj}c_m \quad (j=1,2,\cdots,l)$$

便把 $(\boldsymbol{A},\boldsymbol{B})$ 的第 $m+1$ 列，…，第 $m+l$ 列都变为 $\boldsymbol{0}$，即

$$(\boldsymbol{A},\boldsymbol{B})\xrightarrow{c}(\boldsymbol{A},\boldsymbol{O})$$

因此

$$R(\boldsymbol{A},\boldsymbol{B})=R(\boldsymbol{A})$$

推论 2.4 向量组 $\boldsymbol{a}_1,\boldsymbol{a}_2,\cdots,\boldsymbol{a}_m$ 与向量组 $\boldsymbol{b}_1,\boldsymbol{b}_2,\cdots,\boldsymbol{b}_l$ 等价的充分必要条件是

$$R(\boldsymbol{A})=R(\boldsymbol{B})=R(\boldsymbol{A},\boldsymbol{B})$$

其中：$\boldsymbol{A}=(\boldsymbol{a}_1,\boldsymbol{a}_2,\cdots,\boldsymbol{a}_m)$，$\boldsymbol{B}=(\boldsymbol{b}_1,\boldsymbol{b}_2,\cdots,\boldsymbol{b}_l)$.

证 依据定理 2.5 知，两向量组等价的充分必要条件是

$$R(\boldsymbol{A})=R(\boldsymbol{A},\boldsymbol{B})$$

且

$$R(\boldsymbol{B})=R(\boldsymbol{B},\boldsymbol{A})$$

而 $R(\boldsymbol{A},\boldsymbol{B})=R(\boldsymbol{B},\boldsymbol{A})$，于是可得充分必要条件为

$$R(\boldsymbol{A})=R(\boldsymbol{B})=R(\boldsymbol{A},\boldsymbol{B})$$

例 2.15 设

$$\boldsymbol{a}_1=\begin{pmatrix}1\\-1\\1\\-1\end{pmatrix},\quad \boldsymbol{a}_2=\begin{pmatrix}3\\1\\1\\3\end{pmatrix},\quad \boldsymbol{b}_1=\begin{pmatrix}2\\0\\1\\1\end{pmatrix},\quad \boldsymbol{b}_2=\begin{pmatrix}1\\1\\0\\2\end{pmatrix},\quad \boldsymbol{b}_3=\begin{pmatrix}3\\-1\\2\\0\end{pmatrix}$$

证明向量组 $\boldsymbol{a}_1,\boldsymbol{a}_2$ 与向量组 $\boldsymbol{b}_1,\boldsymbol{b}_2,\boldsymbol{b}_3$ 等价.

证 记 $\boldsymbol{A}=(\boldsymbol{a}_1,\boldsymbol{a}_2)$，$\boldsymbol{B}=(\boldsymbol{b}_1,\boldsymbol{b}_2,\boldsymbol{b}_3)$. 根据推论 2.4，只要证

$$R(\boldsymbol{A})=R(\boldsymbol{B})=R(\boldsymbol{A},\boldsymbol{B})$$

为此把矩阵 $(\boldsymbol{A},\boldsymbol{B})$ 化为行阶梯形矩阵.

$$(\boldsymbol{A},\boldsymbol{B})=\begin{pmatrix}1&3&2&1&3\\-1&1&0&1&-1\\1&1&1&0&2\\-1&3&1&2&0\end{pmatrix}\xrightarrow{r}\begin{pmatrix}1&3&2&1&3\\0&4&2&2&2\\0&-2&-1&-1&-1\\0&6&3&3&3\end{pmatrix}$$

$$\xrightarrow{r}\begin{pmatrix}1&3&2&1&3\\0&2&1&1&1\\0&0&0&0&0\\0&0&0&0&0\end{pmatrix}$$

可见

$$R(\boldsymbol{A})=R(\boldsymbol{B})=R(\boldsymbol{A},\boldsymbol{B})$$

即向量组 $\boldsymbol{a}_1,\boldsymbol{a}_2$ 与向量组 $\boldsymbol{b}_1,\boldsymbol{b}_2,\boldsymbol{b}_3$ 等价.

定理 2.6 设向量组 $\boldsymbol{b}_1,\boldsymbol{b}_2,\cdots,\boldsymbol{b}_l$ 能由向量组 $\boldsymbol{a}_1,\boldsymbol{a}_2,\cdots,\boldsymbol{a}_m$ 线性表示,则

$$R(\boldsymbol{b}_1,\boldsymbol{b}_2,\cdots,\boldsymbol{b}_l)\leqslant R(\boldsymbol{a}_1,\boldsymbol{a}_2,\cdots,\boldsymbol{a}_m)$$

证 记 $\boldsymbol{A}=(\boldsymbol{a}_1,\boldsymbol{a}_2,\cdots,\boldsymbol{a}_m)$,$\boldsymbol{B}=(\boldsymbol{b}_1,\boldsymbol{b}_2,\cdots,\boldsymbol{b}_l)$.按定理的条件,根据定理 2.5 有 $R(\boldsymbol{A})=R(\boldsymbol{A},\boldsymbol{B})$,而 $R(\boldsymbol{B})\leqslant R(\boldsymbol{A},\boldsymbol{B})$,因此

$$R(\boldsymbol{B})\leqslant R(\boldsymbol{A})$$

例 2.16 设 n 维向量组 $\boldsymbol{a}_1,\boldsymbol{a}_2,\cdots,\boldsymbol{a}_m$ 构成 $n\times m$ 矩阵 $\boldsymbol{A}=(\boldsymbol{a}_1,\boldsymbol{a}_2,\cdots,\boldsymbol{a}_m)$.证明:$n$ 维单位坐标向量组 $\boldsymbol{e}_1,\boldsymbol{e}_2,\cdots,\boldsymbol{e}_n$ 能由向量组 $\boldsymbol{a}_1,\boldsymbol{a}_2,\cdots,\boldsymbol{a}_m$ 线性表示的充分必要条件是 $R(\boldsymbol{A})=n$.

证 根据定理 2.5,向量组 $\boldsymbol{e}_1,\boldsymbol{e}_2,\cdots,\boldsymbol{e}_n$ 能由向量组 $\boldsymbol{a}_1,\boldsymbol{a}_2,\cdots,\boldsymbol{a}_m$ 线性表示的充分必要条件是 $R(\boldsymbol{A})=R(\boldsymbol{A},\boldsymbol{E})$.而 $R(\boldsymbol{A},\boldsymbol{E})\geqslant R(\boldsymbol{E})=n$,又由矩阵 $(\boldsymbol{A},\boldsymbol{E})$ 含 n 行,知 $R(\boldsymbol{A},\boldsymbol{E})\leqslant n$,合起来有 $R(\boldsymbol{A},\boldsymbol{E})=n$.因此条件 $R(\boldsymbol{A})=R(\boldsymbol{A},\boldsymbol{E})$ 就是 $R(\boldsymbol{A})=n$.

本例用方程的语言可叙述如下:

方程 $\boldsymbol{A}_{n\times m}\boldsymbol{X}=\boldsymbol{E}_n$ 有解的充分必要条件是 $R(\boldsymbol{A})=n$.

本例用矩阵的语言可叙述如下:

对矩阵 $\boldsymbol{A}_{n\times m}$,存在矩阵 $\boldsymbol{Q}_{m\times n}$,使 $\boldsymbol{AQ}=\boldsymbol{E}_n$ 的充分必要条件是 $R(\boldsymbol{A})=n$;

对矩阵 $\boldsymbol{A}_{n\times m}$,存在矩阵 $\boldsymbol{P}_{m\times n}$,使 $\boldsymbol{PA}=\boldsymbol{E}_m$ 的充分必要条件是 $R(\boldsymbol{A})=m$.

定理 2.7 向量组 $\boldsymbol{a}_1,\boldsymbol{a}_2,\cdots,\boldsymbol{a}_m$ 线性相关的充分必要条件是它们所构成的矩阵的秩小于向量个数 m;向量组 $\boldsymbol{a}_1,\boldsymbol{a}_2,\cdots,\boldsymbol{a}_m$ 线性无关的充分必要条件是它们所构成的矩阵的秩等于向量个数 m.

证 设向量组 $\boldsymbol{a}_1,\boldsymbol{a}_2,\cdots,\boldsymbol{a}_m$ 构成矩阵 $\boldsymbol{A}=(\boldsymbol{a}_1,\boldsymbol{a}_2,\cdots,\boldsymbol{a}_m)$,向量组 $\boldsymbol{a}_1,\boldsymbol{a}_2,\cdots,\boldsymbol{a}_m$ 线性相关就是指齐次线性方程 $x_1\boldsymbol{a}_1+x_2\boldsymbol{a}_2+\cdots+x_m\boldsymbol{a}_m=\boldsymbol{0}$ 即 $\boldsymbol{Ax}=\boldsymbol{0}$ 有非零解,由定理 1.2 可知,$R(\boldsymbol{A})<m$.向量组 $\boldsymbol{a}_1,\boldsymbol{a}_2,\cdots,\boldsymbol{a}_m$ 线性无关,就是齐次线性方程 $x_1\boldsymbol{a}_1+x_2\boldsymbol{a}_2+\cdots+x_m\boldsymbol{a}_m=\boldsymbol{0}$ 只有零解,由定理 1.2 可知,$R(\boldsymbol{A})=m$.

2.5 逆矩阵及其性质

我们知道,对于非零实数 a,总有 $aa^{-1}=a^{-1}a=1$,此时称 a^{-1} 为 a 的逆.这启发我们,对 n 阶方阵 $\boldsymbol{A}$,能否寻找一个矩阵 $\boldsymbol{A}^{-1}$ 使 $\boldsymbol{AA}^{-1}=\boldsymbol{A}^{-1}\boldsymbol{A}=\boldsymbol{E}$ 成立,此时 $\boldsymbol{A}^{-1}$ 即为矩阵 $\boldsymbol{A}$ 的逆矩阵.

定义 2.14 给定 n 阶方阵 $\boldsymbol{A}$,若存在 n 阶方阵 $\boldsymbol{B}$,使 $\boldsymbol{AB}=\boldsymbol{BA}=\boldsymbol{E}$ 成立,则称矩阵 $\boldsymbol{A}$ 为可逆矩阵,称矩阵 $\boldsymbol{B}$ 为矩阵 $\boldsymbol{A}$ 的逆矩阵,记矩阵 $\boldsymbol{A}$ 的逆矩阵为 $\boldsymbol{A}^{-1}$,即

$$\boldsymbol{A}^{-1}=\boldsymbol{B}$$

例如,矩阵 $\boldsymbol{A}=\begin{pmatrix}1 & 2\\ 3 & 4\end{pmatrix}$是可逆的,因为可以找到一个矩阵

$$B=\begin{pmatrix}-2 & 1\\ \frac{3}{2} & -\frac{1}{2}\end{pmatrix}$$

使 $AB=BA=E$ 成立；而矩阵 $A=\begin{pmatrix}1 & 3\\ 3 & 9\end{pmatrix}$ 是不可逆的，因为无法找到一个矩阵 B 满足 $AB=BA=E$.

那么，一个矩阵应当满足什么条件它才是可逆矩阵呢？若矩阵 A 可逆，它的逆矩阵是否唯一？如何计算？下面就对上述问题进行讨论. 假定 n 阶方阵 A 是可逆矩阵，按照定义 2.14，其逆矩阵也是 n 阶方阵，记为 B，则 $AB=E$. 将矩阵 A 及 E 按列分块，则 $AB=E$ 可以改写为

$$(\boldsymbol{a}_1,\boldsymbol{a}_2,\cdots,\boldsymbol{a}_n)\begin{pmatrix}b_{11} \cdots b_{1j} \cdots b_{1n}\\ b_{21} \cdots b_{2j} \cdots b_{2n}\\ \vdots \quad \vdots \quad \vdots\\ b_{n1} \cdots b_{nj} \cdots b_{nn}\end{pmatrix}=(\boldsymbol{e}_1,\boldsymbol{e}_2,\cdots,\boldsymbol{e}_n)$$

即

$$b_{1j}\boldsymbol{a}_1+b_{2j}\boldsymbol{a}_2+\cdots+b_{nj}\boldsymbol{a}_n=\boldsymbol{e}_j \quad (j=1,2,\cdots,n)$$

结合例 2.16，可以得到方阵可逆的判定方法如下：

定理 2.8 n 阶方阵 A 可逆当且仅当 $R(A)=n$.

定理 2.9 若矩阵 A 可逆，则其逆矩阵必定唯一.

证 设 B, C 为矩阵 A 的两个不同的逆矩阵，则

$$B=BE=B(AC)=(BA)C=EC=C$$

若方阵 A 可逆，其逆矩阵具有如下一些性质：

(1) 若 A 可逆，则 A^{-1} 也可逆，且 $(A^{-1})^{-1}=A$.

(2) 若 A 可逆，实数 $\lambda\neq0$，则 λA 也可逆，且 $(\lambda A)^{-1}=\frac{1}{\lambda}A^{-1}$.

(3) 若方阵 A, B 为同阶可逆矩阵，则 AB 也可逆，且

$$(AB)^{-1}=B^{-1}A^{-1}$$

(4) 若 A 可逆，则 A^{T} 也可逆，且 $(A^{\mathrm{T}})^{-1}=(A^{-1})^{\mathrm{T}}$.

上述性质的证明，读者可以自行按照逆矩阵的定义写出，此处从略.

为了讨论逆矩阵的计算方法，在第 1 章关于矩阵初等变换的基础上介绍初等矩阵的概念，以便于介绍逆矩阵的初等变换求解方法.

定义 2.15 单位矩阵 E 经一次初等变换得到的矩阵称为初等矩阵.

因为矩阵的初等变换有三种，自然就对应有三种初等矩阵，即

(1) 对调 E 中第 i, j 两行(或第 i, j 两列)，得到初等矩阵 $E(i, j)$.

例如，对调 E_3 中第 1,3 两行得初等矩阵 $E_3(1, 3)=\begin{pmatrix}0 & 0 & 1\\ 0 & 1 & 0\\ 1 & 0 & 0\end{pmatrix}$. 可以验证，用 m 阶

初等矩阵

$$E_m(i,j)=\begin{pmatrix}1&&&&&&&&\\&\ddots&&&&&&&\\&&1&&&&&&\\&&&0&\cdots&1&&&\\&&&&1&&&&\\&&&\vdots&\ddots&\vdots&&&\\&&&&&1&&&\\&&&1&\cdots&0&&&\\&&&&&&1&&\\&&&&&&&\ddots&\\&&&&&&&&1\end{pmatrix}\begin{matrix}\\\\\\\leftarrow 第\ i\ 行\\\\\\\\\leftarrow 第\ j\ 行\\\\\\\\\end{matrix}$$

左乘矩阵 $\boldsymbol{A}=(a_{ij})_{m\times n}$,得

$$E_m(i,j)A=\begin{pmatrix}a_{11}&a_{12}\cdots&a_{1n}\\\vdots&\vdots&\vdots\\a_{j1}&a_{j2}\cdots&a_{jn}\\\vdots&\vdots&\vdots\\a_{i1}&a_{i2}\cdots&a_{in}\\\vdots&\vdots&\vdots\\a_{m1}&a_{m2}\cdots&a_{mn}\end{pmatrix}\begin{matrix}\\\\\leftarrow 第\ i\ 行\\\\\leftarrow 第\ j\ 行\\\\\\\end{matrix}$$

其结果相当于对矩阵 $\boldsymbol{A}$ 作行变换 $r_i\leftrightarrow r_j$. 类似地,用 n 阶初等矩阵 $\boldsymbol{E}_n(i,j)$ 右乘矩阵 $\boldsymbol{A}$,其结果相当于对矩阵 $\boldsymbol{A}$ 作列变换 $c_i\leftrightarrow c_j$.

(2) 以非零数 k 乘以 $\boldsymbol{E}$ 的第 i 行(或第 i 列),得到初等矩阵 $\boldsymbol{E}(i(k))$.

例如,以非零数 k 乘以 $\boldsymbol{E}_3$ 的第 2 行得初等矩阵

$$E_3(2(k))=\begin{pmatrix}1&0&0\\0&k&0\\0&0&1\end{pmatrix}$$

可以验证,用 $\boldsymbol{E}_m(i(k))$ 左乘矩阵 $\boldsymbol{A}$,其结果相当于对矩阵 $\boldsymbol{A}$ 作行变换 kr_i;用 $\boldsymbol{E}_n(i(k))$ 右乘矩阵 $\boldsymbol{A}$,其结果相当于对矩阵 $\boldsymbol{A}$ 作列变换 kc_i.

(3) 以数 k 乘以 $\boldsymbol{E}$ 的第 j 行加到第 i 行上(或以数 k 乘以 $\boldsymbol{E}$ 的第 i 列加到第 j 列上),得到初等矩阵 $\boldsymbol{E}(ij(k))$.

例如,以数 k 乘以 $\boldsymbol{E}_3$ 的第 3 行加到第 1 行上得初等矩阵

$$E_3(13(k))=\begin{pmatrix}1&0&k\\0&1&0\\0&0&1\end{pmatrix}$$

可以验证,用 $\boldsymbol{E}_m(ij(k))$ 左乘矩阵 $\boldsymbol{A}$,其结果相当于对矩阵 $\boldsymbol{A}$ 作行变换 r_i+kr_j;用 $\boldsymbol{E}_n(ij(k))$ 右乘矩阵 $\boldsymbol{A}$,其结果相当于对矩阵 $\boldsymbol{A}$ 作列变换 c_j+kc_i.

总结上述讨论可得如下性质:

性质 2.1 对矩阵 $\boldsymbol{A}$ 作一次初等行变换,相当于对 $\boldsymbol{A}$ 左乘相应的 m 阶初等矩阵;对矩阵 $\boldsymbol{A}$ 作一次初等列变换,相当于对 $\boldsymbol{A}$ 右乘相应的 n 阶初等矩阵.

显然，初等矩阵都是可逆的，且其逆矩阵是同一类型的初等矩阵.

性质 2.2 方阵 $\boldsymbol{A}$ 可逆的充分必要条件是存在有限个初等矩阵 $\boldsymbol{P}_1,\boldsymbol{P}_2,\cdots,\boldsymbol{P}_s$，使 $\boldsymbol{A}=\boldsymbol{P}_1\boldsymbol{P}_2\cdots\boldsymbol{P}_s$ 成立.

证 先证充分性. 设 $\boldsymbol{A}=\boldsymbol{P}_1\boldsymbol{P}_2\cdots\boldsymbol{P}_s$，因初等矩阵可逆，有限个可逆矩阵的乘积仍可逆，故 $\boldsymbol{A}$ 可逆.

再证必要性. 设 n 阶方阵 $\boldsymbol{A}$ 可逆，它经有限次初等行变换成为行最简形矩阵 $\boldsymbol{B}$. 由性质 2.1，知有初等矩阵 $\boldsymbol{Q}_1,\boldsymbol{Q}_2,\cdots,\boldsymbol{Q}_s$ 使 $\boldsymbol{Q}_s\cdots\boldsymbol{Q}_2\boldsymbol{Q}_1\boldsymbol{A}=\boldsymbol{B}$. 因 $\boldsymbol{A},\boldsymbol{Q}_1,\boldsymbol{Q}_2,\cdots,\boldsymbol{Q}_s$ 均可逆，故 $\boldsymbol{B}$ 也可逆，从而 $\boldsymbol{B}$ 的非零行数为 n，即 $\boldsymbol{B}$ 有 n 个首非零元 1，但 $\boldsymbol{B}$ 总共只有 n 个列，故 $\boldsymbol{B}=\boldsymbol{E}$. 于是

$$\boldsymbol{A}=\boldsymbol{Q}_1^{-1}\boldsymbol{Q}_2^{-1}\cdots\boldsymbol{Q}_s^{-1}\boldsymbol{B}=\boldsymbol{Q}_1^{-1}\boldsymbol{Q}_2^{-1}\cdots\boldsymbol{Q}_s^{-1}\boldsymbol{E}=\boldsymbol{Q}_1^{-1}\boldsymbol{Q}_2^{-1}\cdots\boldsymbol{Q}_s^{-1}$$

因 $\boldsymbol{Q}_i^{-1}$ 为初等矩阵，故 $\boldsymbol{A}$ 是若干个初等矩阵的乘积.

利用初等矩阵，我们可以得到矩阵初等变换的一个基本性质如下：

定理 2.10 设 $\boldsymbol{A}$ 与 $\boldsymbol{B}$ 为 $m\times n$ 矩阵，那么

(1) $\boldsymbol{A}\xrightarrow{r}\boldsymbol{B}\Leftrightarrow$存在 m 阶可逆矩阵 $\boldsymbol{P}$ 使 $\boldsymbol{PA}=\boldsymbol{B}$ 成立.

(2) $\boldsymbol{A}\xrightarrow{c}\boldsymbol{B}\Leftrightarrow$存在 n 阶可逆矩阵 $\boldsymbol{Q}$ 使 $\boldsymbol{AQ}=\boldsymbol{B}$ 成立.

(3) $\boldsymbol{A}\sim\boldsymbol{B}\Leftrightarrow$存在 m 阶可逆矩阵 $\boldsymbol{P}$ 及 n 阶可逆矩阵 $\boldsymbol{Q}$ 使 $\boldsymbol{PAQ}=\boldsymbol{B}$ 成立.

证 我们只给出结论(1)的证明，其他结论的证明请读者自己写出.

$\boldsymbol{A}\xrightarrow{r}\boldsymbol{B}\Leftrightarrow\boldsymbol{A}$ 经有限次初等行变换变成 $\boldsymbol{B}$

$\Leftrightarrow$ 存在有限个 m 阶初等矩阵 $\boldsymbol{P}_1,\boldsymbol{P}_2,\cdots,\boldsymbol{P}_s$ 使

$\boldsymbol{P}_1\boldsymbol{P}_2\cdots\boldsymbol{P}_s\boldsymbol{A}=\boldsymbol{B}$

$\Leftrightarrow$ 存在 m 阶可逆矩阵 $\boldsymbol{P}$ 使 $\boldsymbol{PA}=\boldsymbol{B}$ 成立

推论 2.5 对于 $m\times n$ 矩阵 $\boldsymbol{A}$，总可以经过初等变换(行变换和列变换)把它化为下列形式：

$$\begin{pmatrix}\boldsymbol{E}_r & \boldsymbol{O}\\ \boldsymbol{O} & \boldsymbol{O}\end{pmatrix}_{m\times n}$$

其中：$\boldsymbol{E}_r$ 为 r 阶单位矩阵，$r=R(\boldsymbol{A})$，其余元素全为 0，此分块矩阵称为 $\boldsymbol{A}$ 的标准形.

例 2.17 用初等变换化矩阵 $\boldsymbol{A}=\begin{pmatrix}0 & 3 & -6 & 2\\ 1 & -7 & 8 & -1\\ 1 & -9 & 12 & 1\end{pmatrix}$ 为标准形.

解

$$\boldsymbol{A}\xrightarrow{r_1\leftrightarrow r_3}\begin{pmatrix}1 & -9 & 12 & 1\\ 1 & -7 & 8 & -1\\ 0 & 3 & -6 & 2\end{pmatrix}\xrightarrow{r_2-r_1}\begin{pmatrix}1 & -9 & 12 & 1\\ 0 & 2 & -4 & -2\\ 0 & 3 & -6 & 2\end{pmatrix}$$

$$\xrightarrow{\frac{1}{2}r_2}\begin{pmatrix}1 & -9 & 12 & 1\\ 0 & 1 & -2 & -1\\ 0 & 3 & -6 & 2\end{pmatrix}\xrightarrow{r_3-3r_2}\begin{pmatrix}1 & -9 & 12 & 1\\ 0 & 1 & -2 & -1\\ 0 & 0 & 0 & 5\end{pmatrix}$$

$$\xrightarrow{\frac{1}{5}r_3}\begin{pmatrix}1&-9&12&1\\0&1&-2&-1\\0&0&0&1\end{pmatrix}\xrightarrow{r_1+9r_2}\begin{pmatrix}1&0&-6&-8\\0&1&-2&-1\\0&0&0&1\end{pmatrix}$$

$$\xrightarrow[r_1+8r_3]{r_2+r_3}\begin{pmatrix}1&0&-6&0\\0&1&-2&0\\0&0&0&1\end{pmatrix}\xrightarrow{c_3\leftrightarrow c_4}\begin{pmatrix}1&0&0&-6\\0&1&0&-2\\0&0&1&0\end{pmatrix}$$

$$\xrightarrow[c_4+2c_2]{c_4+6c_1}\begin{pmatrix}1&0&0&0\\0&1&0&0\\0&0&1&0\end{pmatrix}$$

推论 2.6 方阵 $\boldsymbol{A}$ 可逆当且仅当 $\boldsymbol{A}\xrightarrow{r}\boldsymbol{E}$.

证 方阵 $\boldsymbol{A}$ 可逆 $\Leftrightarrow$ 存在可逆矩阵 $\boldsymbol{P}$ 使 $\boldsymbol{PA}=\boldsymbol{E}$ 成立

$$\Leftrightarrow \boldsymbol{A}\xrightarrow{r}\boldsymbol{E}$$

定理 2.10 表明,如果 $\boldsymbol{A}\xrightarrow{r}\boldsymbol{B}$,即 $\boldsymbol{A}$ 经一系列初等行变换变为 $\boldsymbol{B}$,则有可逆矩阵 $\boldsymbol{P}$,使 $\boldsymbol{PA}=\boldsymbol{B}$. 那么如何求出这个可逆矩阵 $\boldsymbol{P}$?

由于

$$\boldsymbol{PA}=\boldsymbol{B}\Leftrightarrow\begin{cases}\boldsymbol{PA}=\boldsymbol{B}\\\boldsymbol{PE}=\boldsymbol{P}\end{cases}\Leftrightarrow\boldsymbol{P}(\boldsymbol{A},\boldsymbol{E})=(\boldsymbol{B},\boldsymbol{P})\Leftrightarrow(\boldsymbol{A},\boldsymbol{E})\xrightarrow{r}(\boldsymbol{B},\boldsymbol{P})$$

如果对矩阵 $(\boldsymbol{A},\boldsymbol{E})$ 作初等行变换,那么当把 $\boldsymbol{A}$ 变为 $\boldsymbol{B}$ 时,$\boldsymbol{E}$ 就变为 $\boldsymbol{P}$,于是就得到所求的可逆矩阵 $\boldsymbol{P}$.

例 2.18 求矩阵 $\boldsymbol{A}=\begin{pmatrix}1&1&-1\\2&1&0\\1&-1&0\end{pmatrix}$ 的逆矩阵.

解 因

$$(\boldsymbol{A},\boldsymbol{E})=\begin{pmatrix}1&1&-1&1&0&0\\2&1&0&0&1&0\\1&-1&0&0&0&1\end{pmatrix}\xrightarrow{r}\begin{pmatrix}1&1&-1&1&0&0\\0&-1&2&-2&1&0\\0&-2&1&-1&0&1\end{pmatrix}$$

$$\xrightarrow{r}\begin{pmatrix}1&0&0&0&\frac{1}{3}&\frac{1}{3}\\0&1&0&0&\frac{1}{3}&-\frac{2}{3}\\0&0&1&-1&\frac{2}{3}&-\frac{1}{3}\end{pmatrix}$$

故

$$\boldsymbol{A}^{-1}=\frac{1}{3}\begin{pmatrix}0&1&1\\0&1&-2\\-3&2&-1\end{pmatrix}$$

对矩阵方程 $\boldsymbol{AX}=\boldsymbol{B}$，如果 $\boldsymbol{A}$ 可逆，可以利用逆矩阵进行求解，即在方程两边同时左乘 $\boldsymbol{A}^{-1}$，得到方程的解为

$$\boldsymbol{X}=\boldsymbol{A}^{-1}\boldsymbol{AX}=\boldsymbol{A}^{-1}\boldsymbol{B}$$

或者利用矩阵的初等行变换进行求解，即

$$(\boldsymbol{A},\ \boldsymbol{B})\xrightarrow{r}(\boldsymbol{E},\ \boldsymbol{X})=(\boldsymbol{E},\ \boldsymbol{A}^{-1}\boldsymbol{B})$$

此时解为

$$\boldsymbol{X}=\boldsymbol{A}^{-1}\boldsymbol{B}$$

例 2.19 求解矩阵方程 $\begin{pmatrix}1 & -5\\ -1 & 4\end{pmatrix}\boldsymbol{X}=\begin{pmatrix}3 & 2\\ 1 & 4\end{pmatrix}$.

解 因

$$(\boldsymbol{A},\ \boldsymbol{B})=\begin{pmatrix}1 & -5 & 3 & 2\\ -1 & 4 & 1 & 4\end{pmatrix}\xrightarrow{r}\begin{pmatrix}1 & 0 & -17 & -28\\ 0 & 1 & -4 & -6\end{pmatrix}$$

故

$$\boldsymbol{X}=\begin{pmatrix}-17 & -28\\ -4 & -6\end{pmatrix}$$

例 2.20 若

$$\boldsymbol{A}=\begin{pmatrix}-1 & 0 & 0\\ 1 & -1 & 0\\ 1 & 1 & -1\end{pmatrix}$$

计算 $(\boldsymbol{A}+2\boldsymbol{E})^{-1}(\boldsymbol{A}^2-4\boldsymbol{E})$ 及 $(\boldsymbol{A}+2\boldsymbol{E})^{-1}(\boldsymbol{A}-2\boldsymbol{E})$.

解

$$\begin{aligned}(\boldsymbol{A}+2\boldsymbol{E})^{-1}(\boldsymbol{A}^2-4\boldsymbol{E})&=(\boldsymbol{A}+2\boldsymbol{E})^{-1}(\boldsymbol{A}+2\boldsymbol{E})(\boldsymbol{A}-2\boldsymbol{E})\\ &=\boldsymbol{A}-2\boldsymbol{E}=\begin{pmatrix}-3 & 0 & 0\\ 1 & -3 & 0\\ 1 & 1 & -3\end{pmatrix}\end{aligned}$$

因

$$\begin{aligned}(\boldsymbol{A}+2\boldsymbol{E},\boldsymbol{A}-2\boldsymbol{E})&=\begin{pmatrix}1 & 0 & 0 & -3 & 0 & 0\\ 1 & 1 & 0 & 1 & -3 & 0\\ 1 & 1 & 1 & 1 & 1 & -3\end{pmatrix}\\ &\xrightarrow{r}\begin{pmatrix}1 & 0 & 0 & -3 & 0 & 0\\ 0 & 1 & 0 & 4 & -3 & 0\\ 0 & 0 & 1 & 0 & 4 & -3\end{pmatrix}\end{aligned}$$

故

$$(\boldsymbol{A}+2\boldsymbol{E})^{-1}(\boldsymbol{A}-2\boldsymbol{E})=\begin{pmatrix}-3 & 0 & 0\\ 4 & -3 & 0\\ 0 & 4 & -3\end{pmatrix}$$

综合前面所学知识，有如下结论：

定理 2.11　对 n 阶方阵 $\boldsymbol{A}$,下列命题是等价的:

(1) 方阵 $\boldsymbol{A}$ 可逆.

(2) $R(\boldsymbol{A})=n$.

(3) $\boldsymbol{Ax}=\boldsymbol{0}$ 只有零解.

(4) 方阵 $\boldsymbol{A}$ 的列向量组线性无关.

(5) $\boldsymbol{Ax}=\boldsymbol{b}$ 有唯一解.

(6) 方阵 $\boldsymbol{A}$ 经过有限次初等行变换可化为单位矩阵 $\boldsymbol{E}$.

例 2.21　若向量组 $\boldsymbol{a}_1$, $\boldsymbol{a}_2$, $\boldsymbol{a}_3$ 线性无关,而向量 $\boldsymbol{b}_1=\boldsymbol{a}_1+\boldsymbol{a}_2$, $\boldsymbol{b}_2=\boldsymbol{a}_2+\boldsymbol{a}_3$, $\boldsymbol{b}_3=\boldsymbol{a}_3+\boldsymbol{a}_1$,试证明向量组 $\boldsymbol{b}_1$, $\boldsymbol{b}_2$, $\boldsymbol{b}_3$ 线性无关.

证　令 $\boldsymbol{A}=(\boldsymbol{a}_1,\boldsymbol{a}_2,\boldsymbol{a}_3)$,由已知条件可得,$R(\boldsymbol{A})=3$,且

$$(\boldsymbol{b}_1,\ \boldsymbol{b}_2,\ \boldsymbol{b}_3)=(\boldsymbol{a}_1,\ \boldsymbol{a}_2,\ \boldsymbol{a}_3)\begin{pmatrix}1&0&1\\1&1&0\\0&1&1\end{pmatrix}$$

记为 $\boldsymbol{B}=\boldsymbol{AK}$,即矩阵方程 $\boldsymbol{AX}=\boldsymbol{B}$ 有解,从而

$$R(\boldsymbol{A})=R(\boldsymbol{A},\ \boldsymbol{B})$$

又因 $\boldsymbol{K}\xrightarrow{r}\boldsymbol{E}$,故矩阵 $\boldsymbol{K}$ 可逆,于是有

$$\boldsymbol{BK}^{-1}=\boldsymbol{A}$$

从而

$$R(\boldsymbol{B})=R(\boldsymbol{B},\ \boldsymbol{A})=R(\boldsymbol{A},\ \boldsymbol{B})$$

因此

$$R(\boldsymbol{A})=R(\boldsymbol{B})=3$$

按定理 2.11 可知向量组 $\boldsymbol{b}_1$, $\boldsymbol{b}_2$, $\boldsymbol{b}_3$ 线性无关.

2.6　应用实例

2.6.1　病态矩阵

许多实际问题最后都归结为方程 $\boldsymbol{Ax}=\boldsymbol{b}$ 的求解,如果对于向量 $\boldsymbol{b}$ 的微小改变,会导致方程的解 $\boldsymbol{x}$ 发生较大的变化,则称该方程对应的系数矩阵 $\boldsymbol{A}$ 是一个病态矩阵,以希尔伯特(Hilbert)矩阵为例说明.

例 2.22　一个 n 阶希尔伯特矩阵就是指 n 阶方阵的第 i 行与第 j 列处的元素为 $\dfrac{1}{i+j-1}$,如一个三阶希尔伯特矩阵为

$$\begin{pmatrix}1&\frac{1}{2}&\frac{1}{3}\\\frac{1}{2}&\frac{1}{3}&\frac{1}{4}\\\frac{1}{3}&\frac{1}{4}&\frac{1}{5}\end{pmatrix}$$

令方程 $\boldsymbol{Ax}=\boldsymbol{b}$ 的系数矩阵为六阶希尔伯特矩阵,向量

$$\boldsymbol{b}=(1,2,1,1.414,1,2)^{\mathrm{T}},\quad \boldsymbol{b}+\Delta\boldsymbol{b}=(1,2,1,1.4142,1,2)^{\mathrm{T}}$$

这两个向量相比而言,仅第四个分量发生了微小的改变,但方程组的解却有较大变化.

对方程 $\boldsymbol{Ax}=\boldsymbol{b}$,其解为

$$\boldsymbol{x}_1=(-6538,185\,706,-1\,256\,237,3\,271\,363,-3\,616\,326,1\,427\,163)^{\mathrm{T}}$$

对方程 $\boldsymbol{Ax}=\boldsymbol{b}+\Delta\boldsymbol{b}$,其解为

$$\boldsymbol{x}_2=(-6539,185\,747,-1\,256\,519,3\,272\,089,-3\,617\,120,1\,427\,447)^{\mathrm{T}}$$

我们发现,虽然向量 $\boldsymbol{b}$ 与 $\boldsymbol{b}+\Delta\boldsymbol{b}$ 几乎相等,但两个解却发生了较大变化. 之所以这样,是因为由

$$\boldsymbol{Ax}_1=\boldsymbol{b},\quad \boldsymbol{Ax}_2=\boldsymbol{b}+\Delta\boldsymbol{b}$$

有

$$\boldsymbol{Ax}_2-\boldsymbol{Ax}_1=\boldsymbol{b}+\Delta\boldsymbol{b}-\boldsymbol{b}=\Delta\boldsymbol{b}$$

从而

$$\boldsymbol{A}(\boldsymbol{x}_2-\boldsymbol{x}_1)=\Delta\boldsymbol{b}$$

得

$$\boldsymbol{x}_2-\boldsymbol{x}_1=\boldsymbol{A}^{-1}\Delta\boldsymbol{b}$$

如果 $\boldsymbol{A}^{-1}$ 的元素很大,即使 $\Delta\boldsymbol{b}$ 很小,两个解的差 $\boldsymbol{x}_2-\boldsymbol{x}_1$ 仍然会很大. 例如,本例中

$$\boldsymbol{A}^{-1}=\begin{pmatrix} 36 & -630 & 3\,360 & -7\,560 & 7\,560 & -2\,772 \\ -630 & 14\,700 & -88\,200 & 211\,680 & -220\,500 & 83\,160 \\ 3\,360 & -88\,200 & 564\,480 & -1\,411\,200 & 1\,512\,000 & -582\,120 \\ -7\,560 & 211\,680 & -1\,411\,200 & 3\,628\,800 & -3\,969\,000 & 1\,552\,320 \\ 7\,560 & -220\,500 & 1\,512\,000 & -3\,969\,000 & 4\,410\,000 & -1\,746\,360 \\ -2\,772 & 83\,160 & -582\,120 & 1\,552\,320 & -1\,746\,360 & 698\,544 \end{pmatrix}$$

这正是两个解差别很大的原因.

2.6.2 用可逆矩阵进行保密编译码

在英文中有一种对消息进行保密的措施,就是把消息中的英文字母用一个整数来表示,然后传送这组整数. 例如,使用代码:将 26 个英文字母 a,b,…,y,z 依次对应数字 1,2,…,25,26. 若要发出信息 action,此信息的编码是 1,3,20,9,15,14. 用这种方法,在一个长消息中,根据数字出现的频率,容易估计它所代表的字母,易被破译. 因此,利用矩阵乘法来对这个消息进一步加密.

现选一个可逆的整数矩阵,如

$$A=\begin{pmatrix}1&2&3\\1&1&2\\0&1&2\end{pmatrix}$$

将传出信息的编码 1,3,20,9,15,14 写为两个传出信息向量

$$(1,3,20)^{T},\quad (9,15,14)^{T}$$

因为

$$\begin{pmatrix}1&2&3\\1&1&2\\0&1&2\end{pmatrix}\begin{pmatrix}1\\3\\20\end{pmatrix}=\begin{pmatrix}67\\44\\43\end{pmatrix},\quad \begin{pmatrix}1&2&3\\1&1&2\\0&1&2\end{pmatrix}\begin{pmatrix}9\\15\\14\end{pmatrix}=\begin{pmatrix}81\\52\\43\end{pmatrix}$$

所以将传出信息向量经过乘 A 编成“密码”后发出,收到信息为 67,44,43,81,52,43.

又因为

$$A^{-1}=\begin{pmatrix}0&1&-1\\2&-2&-1\\-1&1&1\end{pmatrix},\quad A^{-1}\begin{pmatrix}67\\44\\43\end{pmatrix}=\begin{pmatrix}1\\3\\20\end{pmatrix},\quad A^{-1}\begin{pmatrix}81\\52\\43\end{pmatrix}=\begin{pmatrix}9\\15\\14\end{pmatrix}$$

所以将收到信息写为两个信息向量后,经过乘 A^{-1} 给予解码为 1,3,20,9,15,14.

最后,利用使用的代码将密码恢复为明码,得到信息.

经过这样变换过的消息就难以按其出现的频率来破译了.

2.6.3 情报检索模型

因特网上数字图书馆的发展对情报的存储与检索提出了更高的要求,现代情报检索技术就是建立在矩阵理论基础上的.通常,数据库中收集了大量的文件、书籍,我们希望从中搜索出那些能与特定关键词相匹配的文件.文件的类型可以是杂志中的研究报告、因特网上的网页、图书馆中的书籍或胶片库中的影音资料等.

假如数据库中包含了 n 个文件,而搜索所用的关键词有 m 个,如果关键词按字母顺序排列,我们就可以把数据库表示为矩阵 $A_{m\times n}$,其中每个关键词占矩阵的一行,每个文件用矩阵的列表示.$A_{m\times n}$ 的第 j 列的第一个元素是一个数,它表示第一个关键词出现的相对频率;第二个元素表示第二个关键词出现的相对频率;依次类推.用于搜索的关键词清单用 $\mathbf{R}^m$ 空间的列向量 x 表示.如果关键词清单中第 i 个关键词在搜索列中出现,则 x 的第 i 个元素就赋值 1,否则就赋值 0.为了进行搜索,只需将 $A_{m\times n}^{T}$ 乘以 x.

假如数据库中包含以下书名:B1——应用线性代数;B2——初等线性代数;B3——初等线性代数及其应用;B4——线性代数及其应用;B5——线性代数及应用;B6——矩阵代数及应用;B7——矩阵理论.而搜索的六个关键词集合按以下的拼音字母顺序排列:初等、代数、矩阵、理论、线性、应用.因为这些关键词在书名中最多只出现一次,所以其相对频率数不是 0 就是 1.当第 i 个关键词出现在第 j 个书名上时,元素 $A(i, j)$ 等于 1,否则为 0.于是得到数据库矩阵表 2.1.

表 2.1

关键词	书名						
	B1	B2	B3	B4	B5	B6	B7
初　等	0	1	1	0	0	0	0
代　数	1	1	1	1	1	1	0
矩　阵	0	0	0	0	0	1	1
理　论	0	0	0	0	0	0	1
线　性	1	1	1	1	1	0	0
应　用	1	0	1	1	1	1	0

假如读者输入的关键词是“应用,线性,代数”,则数据库矩阵与搜索向量为

$$\boldsymbol{A}=\begin{pmatrix}0&1&1&0&0&0&0\\1&1&1&1&1&1&0\\0&0&0&0&0&1&1\\0&0&0&0&0&0&1\\1&1&1&1&1&0&0\\1&0&1&1&1&1&0\end{pmatrix},\quad \boldsymbol{x}=\begin{pmatrix}0\\1\\0\\0\\1\\1\end{pmatrix}$$

搜索结果表示为如下的乘积

$$\boldsymbol{y}=\boldsymbol{A}^{\mathrm{T}}\boldsymbol{x}=(3,\ 2,\ 3,\ 3,\ 3,\ 2,\ 0)^{\mathrm{T}}$$

$\boldsymbol{y}$ 的各个分量就表示各书名与搜索向量匹配的程度. $\boldsymbol{y}$ 的第 1,3,4,5 个分量相等,为 3,说明 B1, B3, B4, B5 这四本书包含所有的三个关键词. 这四本书被认为具有最高的匹配度,因而会在搜索的结果中将这四本书排在最前面.

习　题　2

A

1. 单项选择题.

(1) 设 $\boldsymbol{A},\boldsymbol{B}$ 均为 n 阶矩阵,$\boldsymbol{E}$ 为 n 阶单位矩阵,则下列命题中正确的是(　　).

A. $(\boldsymbol{A}+\boldsymbol{B})^2=\boldsymbol{A}^2+2\boldsymbol{AB}+\boldsymbol{B}^2$　　B. $(\boldsymbol{A}+\boldsymbol{E})(\boldsymbol{A}-\boldsymbol{E})=\boldsymbol{A}^2-\boldsymbol{E}$

C. 若 $\boldsymbol{A}^2=\boldsymbol{A}$,则 $\boldsymbol{A}=\boldsymbol{E}$ 或 $\boldsymbol{A}=\boldsymbol{O}$　　D. 若 $\boldsymbol{A}^2=\boldsymbol{O}$,则 $\boldsymbol{A}=\boldsymbol{O}$

(2) 设

$$\boldsymbol{A}=\begin{pmatrix}a_{11}&a_{12}&a_{13}\\a_{21}&a_{22}&a_{23}\\a_{31}&a_{32}&a_{33}\end{pmatrix},\quad \boldsymbol{B}=\begin{pmatrix}a_{11}&a_{12}&a_{13}\\a_{21}&a_{22}&a_{23}\\a_{31}+a_{11}&a_{32}+a_{12}&a_{33}+a_{13}\end{pmatrix},\quad \boldsymbol{P}=\begin{pmatrix}1&0&0\\0&1&0\\1&0&1\end{pmatrix}$$

则(　　).

A. $AP=B$　　B. $PA=B$　　C. $PB=A$　　D. $BP=A$

(3) 设 A 为三阶矩阵,将 A 的第 2 列加到第 3 列得到单位矩阵 E,则 $A=$(　　).

A. $\begin{pmatrix}1&0&0\\0&1&0\\0&-1&1\end{pmatrix}$　　B. $\begin{pmatrix}1&0&0\\0&1&0\\0&1&1\end{pmatrix}$　　C. $\begin{pmatrix}1&0&0\\0&1&1\\0&0&1\end{pmatrix}$　　D. $\begin{pmatrix}1&0&0\\0&1&-1\\0&0&1\end{pmatrix}$

(4) 设向量组 $\alpha_1,\alpha_2,\alpha_3,\alpha_4$ 线性无关,则下列命题中正确的是(　　).

A. $\alpha_1+\alpha_2,\alpha_2+\alpha_3,\alpha_3+\alpha_4,\alpha_4+\alpha_1$ 线性无关

B. $\alpha_1-\alpha_2,\alpha_2-\alpha_3,\alpha_3-\alpha_4,\alpha_4-\alpha_1$ 线性无关

C. $\alpha_1+\alpha_2,\alpha_3-\alpha_2,\alpha_4-\alpha_3,\alpha_4+\alpha_1$ 线性无关

D. $\alpha_1+\alpha_2,\alpha_2+\alpha_3,\alpha_3+\alpha_4,\alpha_4-\alpha_1$ 线性无关

(5) 设 n 阶矩阵 A,B,C 满足关系式 $ABC=E$,则(　　).

A. $ACB=E$　　B. $CBA=E$　　C. $BAC=E$　　D. $BCA=E$

(6) 设 A,B 均为可逆矩阵,$AB=BA$,则以下选项中错误的是(　　).

A. $AB^{-1}=B^{-1}A$　　B. $A^{-1}B=BA^{-1}$

C. $A^{-1}B=B^{-1}A$　　D. $A^{-1}B^{-1}=B^{-1}A^{-1}$

(7) 设 $A,B,A+B$ 均为 n 阶可逆矩阵,则 $(A^{-1}+B^{-1})^{-1}=$(　　).

A. $A^{-1}+B^{-1}$　　B. $A+B$

C. $A(A+B)^{-1}B$　　D. $(A+B)^{-1}$

2. 填空题.

(1) 设向量 $\alpha=(3,5,1,2)^T$,$\beta=(-1,2,3,0)^T$,并且 $2\alpha+\xi=3\beta$,则 $\xi=$________.

(2) 向量组 $\alpha_1=(1,2,3,4)^T$,$\alpha_2=(2,3,4,5)^T$,$\alpha_3=(3,4,5,6)^T$,$\alpha_4=(4,5,6,7)^T$ 的秩为________.

(3) 若向量组 $\alpha_1=(1,2,3)^T$,$\alpha_2=(2,1,0)^T$,$\alpha_3=(5,a,5)^T$ 的秩为 2,则 a 为________.

(4) 向量组 $\alpha_1=(13,11)^T$,$\alpha_2=(17,12)^T$,$\alpha_3=(28,35)^T$ 是线性________关的.

(5) 矩阵 $A=\begin{pmatrix}2&0&0&5\\0&1&0&4\\0&0&3&6\\0&0&0&0\end{pmatrix}$ 的列向量组的一个极大线性无关组为________.

(6) 设矩阵 $A=\begin{pmatrix}k&1&1&1\\1&k&1&1\\1&1&k&1\\1&1&1&k\end{pmatrix}$ 且 $R(A)=3$,则 $k=$________.

3. 某种物资由三个产地运往四个销地,两次调运方案分别为矩阵 A 与矩阵 B,且

$$A=\begin{pmatrix}3&5&7&2\\2&0&4&3\\0&1&2&3\end{pmatrix},\quad B=\begin{pmatrix}1&3&2&0\\2&1&5&7\\0&6&4&8\end{pmatrix}$$

试用矩阵表示各产地两次运往各销地的物资调运量.

4. 计算下列乘积.

(1) $\begin{pmatrix} 1 & -4 & 2 \\ -1 & 4 & -4 \end{pmatrix}\begin{pmatrix} 1 & 2 \\ -1 & 3 \\ 5 & -2 \end{pmatrix}$; (2) $\begin{pmatrix} 8 & 0 & -1 \\ 2 & 4 & 1 \\ -3 & -2 & 1 \end{pmatrix}\begin{pmatrix} 1 \\ -2 \\ 3 \end{pmatrix}$;

(3) $\begin{pmatrix} 4 & 1 & 1 \\ -4 & 2 & 0 \\ 1 & 2 & 1 \end{pmatrix}\begin{pmatrix} 1 & 2 & 1 \\ 2 & 1 & 2 \\ 1 & 2 & 3 \end{pmatrix}$; (4) $\begin{pmatrix} 4 \\ 3 \\ 2 \\ 1 \end{pmatrix}(1 \quad 2 \quad 3 \quad 4)$.

5. 设 $\boldsymbol{A}=\begin{pmatrix} 1 & 1 & 1 \\ 1 & 1 & -1 \\ 1 & -1 & 1 \end{pmatrix}$, $\boldsymbol{B}=\begin{pmatrix} 1 & 2 & 3 \\ -1 & -2 & 4 \\ 0 & 5 & 1 \end{pmatrix}$,求 $3\boldsymbol{AB}-2\boldsymbol{A}$ 与 $\boldsymbol{A}^{\mathrm{T}}\boldsymbol{B}$.

6. 某厂研究三种生产方法生产甲、乙、丙三种产品,每种生产方法的每种产品数量用如下矩阵表示:

$$\begin{array}{c} \quad\ \ 甲\ \ 乙\ \ 丙 \\ \boldsymbol{A}=\begin{pmatrix} 2 & 3 & 4 \\ 1 & 2 & 3 \\ 2 & 4 & 1 \end{pmatrix}\begin{array}{l}方法一\\方法二\\方法三\end{array}\end{array}$$

若甲、乙、丙各种产品每单位的利润分别为 10 元、8 元、7 元,试用矩阵的乘法求出以何种方法获利最多.

7. 设 $\boldsymbol{A}=\begin{pmatrix} 1 & 2 \\ 1 & 3 \end{pmatrix}$, $\boldsymbol{B}=\begin{pmatrix} 1 & 0 \\ 1 & 2 \end{pmatrix}$,问:

(1) $\boldsymbol{AB}=\boldsymbol{BA}$ 吗?

(2) $(\boldsymbol{A}+\boldsymbol{B})^2=\boldsymbol{A}^2+2\boldsymbol{AB}+\boldsymbol{B}^2$ 吗?

(3) $(\boldsymbol{A}+\boldsymbol{B})(\boldsymbol{A}-\boldsymbol{B})=\boldsymbol{A}^2-\boldsymbol{B}^2$ 吗?

8. 举反例说明下列命题是错误的.

(1) 若 $\boldsymbol{A}^2=\boldsymbol{O}$,则 $\boldsymbol{A}=\boldsymbol{O}$;

(2) 若 $\boldsymbol{A}^2=\boldsymbol{A}$,则 $\boldsymbol{A}=\boldsymbol{O}$ 或 $\boldsymbol{A}=\boldsymbol{E}$;

(3) 若 $\boldsymbol{AX}=\boldsymbol{AY}$,且 $\boldsymbol{A}\neq\boldsymbol{O}$,则 $\boldsymbol{X}=\boldsymbol{Y}$.

9. 设 $\boldsymbol{A}=\begin{pmatrix} 1 & 0 \\ \lambda & 1 \end{pmatrix}$,求 $\boldsymbol{A}^2,\boldsymbol{A}^3,\cdots,\boldsymbol{A}^k$.

10. 设 $\boldsymbol{A},\boldsymbol{B}$ 都是 n 阶对称矩阵,证明:$\boldsymbol{AB}$ 是对称矩阵的充分必要条件是 $\boldsymbol{AB}=\boldsymbol{BA}$.

11. 设

$$\boldsymbol{A}=\begin{pmatrix} -1 & 2 & 1 & 0 & 0 \\ 4 & 1 & 0 & 1 & 0 \\ 0 & 5 & 0 & 0 & 1 \\ 3 & 0 & 0 & 0 & 0 \\ 0 & 3 & 0 & 0 & 0 \end{pmatrix}, \quad \boldsymbol{B}=\begin{pmatrix} 0 & 0 & 0 & 2 \\ 0 & 0 & 0 & 3 \\ 2 & 1 & -3 & 0 \\ 1 & -2 & 1 & 0 \\ 0 & 1 & 4 & 0 \end{pmatrix}$$

对 $\boldsymbol{A},\boldsymbol{B}$ 作适当分块,计算 $\boldsymbol{AB}$.

12. 设 $\boldsymbol{A}=\begin{pmatrix}3&4&0&0\\4&-3&0&0\\0&0&2&0\\0&0&2&2\end{pmatrix}$,求 $\boldsymbol{A}^4$.

13. 证明:设 $\boldsymbol{A}$ 是 $m\times n$ 矩阵,$\boldsymbol{B}$ 是 $n\times t$ 矩阵,若将 $\boldsymbol{B}$ 按列分块,即 $\boldsymbol{B}=(\boldsymbol{\beta}_1,\boldsymbol{\beta}_2,\cdots,\boldsymbol{\beta}_t)$,则 $\boldsymbol{AB}=\boldsymbol{O}$ 的充要条件是 $\boldsymbol{A\beta}_i=\boldsymbol{0}\ (i=1,2,\cdots,t)$.

14. 判断下列向量组的线性相关性.

(1) $\boldsymbol{a}_1=\begin{pmatrix}1\\2\\-3\end{pmatrix},\boldsymbol{a}_2=\begin{pmatrix}-2\\1\\1\end{pmatrix},\boldsymbol{a}_3=\begin{pmatrix}1\\-1\\-2\end{pmatrix}$;

(2) $\boldsymbol{a}_1=\begin{pmatrix}1\\-1\\0\\0\end{pmatrix},\boldsymbol{a}_2=\begin{pmatrix}0\\1\\1\\-1\end{pmatrix},\boldsymbol{a}_3=\begin{pmatrix}-1\\3\\2\\1\end{pmatrix},\boldsymbol{a}_4=\begin{pmatrix}-2\\6\\4\\1\end{pmatrix}$.

15. 试确定 a 的值使向量组 $\boldsymbol{a}_1=\begin{pmatrix}1\\2\\3\end{pmatrix},\boldsymbol{a}_2=\begin{pmatrix}0\\1\\4\end{pmatrix},\boldsymbol{a}_3=\begin{pmatrix}2\\3\\a\end{pmatrix}$线性无关.

16. 已知 $\boldsymbol{a}_1=\begin{pmatrix}1\\0\end{pmatrix},\boldsymbol{a}_2=\begin{pmatrix}1\\1\end{pmatrix},\boldsymbol{a}_3=\begin{pmatrix}3\\a\end{pmatrix}$,试确定 a 的值使 $\boldsymbol{a}_3$ 能由 $\boldsymbol{a}_1$ 和 $\boldsymbol{a}_2$ 线性表示.

17. 已知 n 维向量组 $\boldsymbol{a}_1,\boldsymbol{a}_2,\boldsymbol{a}_3$ 线性无关,证明:向量组 $\boldsymbol{a}_1,\boldsymbol{a}_1+\boldsymbol{a}_2,\boldsymbol{a}_1+\boldsymbol{a}_2+\boldsymbol{a}_3$ 线性无关.

18. 求下列向量组的秩及极大线性无关组.

(1) $\boldsymbol{a}_1=\begin{pmatrix}1\\0\\0\end{pmatrix},\boldsymbol{a}_2=\begin{pmatrix}1\\2\\-1\end{pmatrix},\boldsymbol{a}_3=\begin{pmatrix}2\\1\\-3\end{pmatrix}$;

(2) $\boldsymbol{a}_1=\begin{pmatrix}1\\3\\-1\\2\end{pmatrix},\boldsymbol{a}_2=\begin{pmatrix}0\\-1\\2\\1\end{pmatrix},\boldsymbol{a}_3=\begin{pmatrix}-2\\1\\3\\2\end{pmatrix},\boldsymbol{a}_4=\begin{pmatrix}0\\8\\-1\\5\end{pmatrix}$.

19. 已知 $R(\boldsymbol{a}_1,\boldsymbol{a}_2,\boldsymbol{a}_3)=2,R(\boldsymbol{a}_2,\boldsymbol{a}_3,\boldsymbol{a}_4)=3$,证明:

(1) $\boldsymbol{a}_1$ 能由 $\boldsymbol{a}_2,\boldsymbol{a}_3$ 线性表示;

(2) $\boldsymbol{a}_4$ 不能由 $\boldsymbol{a}_1,\boldsymbol{a}_2,\boldsymbol{a}_3$ 线性表示.

20. 设向量组 $\begin{pmatrix}a\\3\\1\end{pmatrix},\begin{pmatrix}2\\b\\3\end{pmatrix},\begin{pmatrix}1\\2\\1\end{pmatrix},\begin{pmatrix}2\\3\\1\end{pmatrix}$的秩为 2,求 a,b.

21. 当 a 为何值时,矩阵 $\boldsymbol{A}=\begin{pmatrix}1&1&2\\0&2&1\\0&-1&a\end{pmatrix}$为可逆矩阵.

22. 设 $\boldsymbol{A}$ 是 n 阶矩阵，$\boldsymbol{e}_i$ 是 n 阶单位矩阵 $\boldsymbol{E}$ 的第 i 列，计算 $\boldsymbol{A}\boldsymbol{e}_i$ 及 $\boldsymbol{e}_i^{\mathrm{T}}\boldsymbol{A}$，并指出所得结果与 $\boldsymbol{A}$ 的关系.

23. 求下列矩阵的逆矩阵.

(1) $\begin{pmatrix}1&2\\2&5\end{pmatrix}$；　(2) $\begin{pmatrix}1&2&-1\\3&4&-2\\5&-4&1\end{pmatrix}$；

(3) $\begin{pmatrix}1&1&1\\2&-1&1\\1&2&0\end{pmatrix}$；　(4) $\begin{pmatrix}1&2&3&4\\0&1&2&3\\0&0&1&2\\0&0&0&1\end{pmatrix}$.

24. 解下列矩阵方程.

(1) $\begin{pmatrix}2&5\\1&3\end{pmatrix}\boldsymbol{X}=\begin{pmatrix}4&-6\\2&1\end{pmatrix}$；

(2) $\boldsymbol{X}\begin{pmatrix}2&1&-1\\2&1&0\\1&-1&1\end{pmatrix}=\begin{pmatrix}1&-1&3\\4&3&2\end{pmatrix}$；

(3) $\begin{pmatrix}0&1&0\\1&0&0\\0&0&1\end{pmatrix}\boldsymbol{X}\begin{pmatrix}1&0&0\\0&0&1\\0&1&0\end{pmatrix}=\begin{pmatrix}1&-4&3\\2&0&-1\\1&-2&0\end{pmatrix}$.

25. 设方阵 $\boldsymbol{A}$ 满足 $\boldsymbol{A}^2+2\boldsymbol{A}-5\boldsymbol{E}=\boldsymbol{O}$，证明：$\boldsymbol{A}+3\boldsymbol{E}$ 可逆，并求其逆矩阵.

26. 设 $\boldsymbol{A}=\begin{pmatrix}1&3&1\\0&2&0\\1&0&1\end{pmatrix}$，$\boldsymbol{AB}+\boldsymbol{E}=\boldsymbol{A}^2+\boldsymbol{B}$，求 $\boldsymbol{B}$.

27. 设三阶矩阵 $\boldsymbol{A},\boldsymbol{B}$ 满足关系：$\boldsymbol{A}^{-1}\boldsymbol{BA}=6\boldsymbol{A}+\boldsymbol{BA}$，且 $\boldsymbol{A}=\begin{pmatrix}\frac{1}{2}&0&0\\0&\frac{1}{4}&0\\0&0&\frac{1}{7}\end{pmatrix}$，求 $\boldsymbol{B}$.

28. 设 $\boldsymbol{A}=\begin{pmatrix}0&3&3\\1&1&0\\-1&2&3\end{pmatrix}$，$\boldsymbol{AX}=\boldsymbol{A}+2\boldsymbol{X}$，求 $\boldsymbol{X}$.

29. 已知 $\boldsymbol{AP}=\boldsymbol{PB}$，其中 $\boldsymbol{P}=\begin{pmatrix}1&0&0\\2&-1&0\\2&1&1\end{pmatrix}$，$\boldsymbol{B}=\begin{pmatrix}1&0&0\\0&0&0\\0&0&-1\end{pmatrix}$，求 $\boldsymbol{A}$ 及 $\boldsymbol{A}^5$.

30. 设矩阵 $\boldsymbol{A}$ 和 $\boldsymbol{B}$ 均可逆，求分块矩阵 $\begin{pmatrix}\boldsymbol{O}&\boldsymbol{A}\\\boldsymbol{B}&\boldsymbol{O}\end{pmatrix}$ 的逆矩阵，并利用所得结果求矩阵

$\begin{pmatrix} 0 & 0 & 5 & 2 \\ 0 & 0 & 2 & 1 \\ 8 & 3 & 0 & 0 \\ 5 & 2 & 0 & 0 \end{pmatrix}$的逆矩阵.

B

1. 单项选择题.

(1) 设 $\boldsymbol{\alpha}_1=\begin{pmatrix} 0 \\ 0 \\ c_1 \end{pmatrix}, \boldsymbol{\alpha}_2=\begin{pmatrix} 0 \\ 1 \\ c_2 \end{pmatrix}, \boldsymbol{\alpha}_3=\begin{pmatrix} 1 \\ -1 \\ c_3 \end{pmatrix}, \boldsymbol{\alpha}_4=\begin{pmatrix} -1 \\ 1 \\ c_4 \end{pmatrix}$,其中 c_1, c_2, c_3, c_4 为任意常数,则下列向量组线性相关的是(　　).

A. $\boldsymbol{\alpha}_1, \boldsymbol{\alpha}_2, \boldsymbol{\alpha}_3$　　B. $\boldsymbol{\alpha}_1, \boldsymbol{\alpha}_2, \boldsymbol{\alpha}_4$　　C. $\boldsymbol{\alpha}_1, \boldsymbol{\alpha}_3, \boldsymbol{\alpha}_4$　　D. $\boldsymbol{\alpha}_2, \boldsymbol{\alpha}_3, \boldsymbol{\alpha}_4$

(2) 设 $\boldsymbol{\alpha}_1, \boldsymbol{\alpha}_2, \boldsymbol{\alpha}_3$ 均为三维向量,则对任意常数 k, l,向量组 $\boldsymbol{\alpha}_1+k\boldsymbol{\alpha}_3, \boldsymbol{\alpha}_2+l\boldsymbol{\alpha}_3$ 线性无关是向量组 $\boldsymbol{\alpha}_1, \boldsymbol{\alpha}_2, \boldsymbol{\alpha}_3$ 线性无关的(　　).

A. 充分但不必要条件　　B. 既不充分也不必要条件

C. 充分必要条件　　D. 必要但不充分条件

(3) 设 $\boldsymbol{a}_1, \boldsymbol{a}_2, \cdots, \boldsymbol{a}_s$ 均为 n 维列向量,$\boldsymbol{A}$ 是 $m\times n$ 矩阵,下列选项正确的是(　　).

A. 若 $\boldsymbol{a}_1, \boldsymbol{a}_2, \cdots, \boldsymbol{a}_s$ 线性相关,则 $\boldsymbol{A}\boldsymbol{a}_1, \boldsymbol{A}\boldsymbol{a}_2, \cdots, \boldsymbol{A}\boldsymbol{a}_s$ 线性相关

B. 若 $\boldsymbol{a}_1, \boldsymbol{a}_2, \cdots, \boldsymbol{a}_s$ 线性相关,则 $\boldsymbol{A}\boldsymbol{a}_1, \boldsymbol{A}\boldsymbol{a}_2, \cdots, \boldsymbol{A}\boldsymbol{a}_s$ 线性无关

C. 若 $\boldsymbol{a}_1, \boldsymbol{a}_2, \cdots, \boldsymbol{a}_s$ 线性无关,则 $\boldsymbol{A}\boldsymbol{a}_1, \boldsymbol{A}\boldsymbol{a}_2, \cdots, \boldsymbol{A}\boldsymbol{a}_s$ 线性相关

D. 若 $\boldsymbol{a}_1, \boldsymbol{a}_2, \cdots, \boldsymbol{a}_s$ 线性无关,则 $\boldsymbol{A}\boldsymbol{a}_1, \boldsymbol{A}\boldsymbol{a}_2, \cdots, \boldsymbol{A}\boldsymbol{a}_s$ 线性无关

(4) 设 $\boldsymbol{A}$ 为三阶矩阵,将 $\boldsymbol{A}$ 的第 2 列加到第 1 列得到矩阵 $\boldsymbol{B}$,再交换 $\boldsymbol{B}$ 的第 2 行与第 3 行得到单位矩阵. 记 $\boldsymbol{P}_1=\begin{pmatrix} 1 & 0 & 0 \\ 1 & 1 & 0 \\ 0 & 0 & 1 \end{pmatrix}, \boldsymbol{P}_2=\begin{pmatrix} 1 & 0 & 0 \\ 0 & 0 & 1 \\ 0 & 1 & 0 \end{pmatrix}$,则 $\boldsymbol{A}=$(　　).

A. $\boldsymbol{P}_1\boldsymbol{P}_2$　　B. $\boldsymbol{P}_1^{-1}\boldsymbol{P}_2$　　C. $\boldsymbol{P}_2\boldsymbol{P}_1$　　D. $\boldsymbol{P}_2\boldsymbol{P}_1^{-1}$

(5) 设 $\boldsymbol{A}$ 为三阶矩阵,$\boldsymbol{P}$ 为三阶可逆矩阵且 $\boldsymbol{P}^{-1}\boldsymbol{A}\boldsymbol{P}=\begin{pmatrix} 1 & 0 & 0 \\ 0 & 1 & 0 \\ 0 & 0 & 2 \end{pmatrix}$. 若 $\boldsymbol{P}=(\boldsymbol{\alpha}_1, \boldsymbol{\alpha}_2, \boldsymbol{\alpha}_3)$, $\boldsymbol{Q}=(\boldsymbol{\alpha}_1+\boldsymbol{\alpha}_2, \boldsymbol{\alpha}_2, \boldsymbol{\alpha}_3)$,则 $\boldsymbol{Q}^{-1}\boldsymbol{A}\boldsymbol{Q}=$(　　).

A. $\begin{pmatrix} 1 & 0 & 0 \\ 0 & 2 & 0 \\ 0 & 0 & 1 \end{pmatrix}$　　B. $\begin{pmatrix} 1 & 0 & 0 \\ 0 & 1 & 0 \\ 0 & 0 & 2 \end{pmatrix}$　　C. $\begin{pmatrix} 2 & 0 & 0 \\ 0 & 1 & 0 \\ 0 & 0 & 2 \end{pmatrix}$　　D. $\begin{pmatrix} 2 & 0 & 0 \\ 0 & 2 & 0 \\ 0 & 0 & 1 \end{pmatrix}$

(6) 设 $\boldsymbol{A}, \boldsymbol{B}, \boldsymbol{C}$ 均为 n 阶矩阵,若 $\boldsymbol{A}\boldsymbol{B}=\boldsymbol{C}$ 且 $\boldsymbol{B}$ 可逆,则(　　).

A. 矩阵 $\boldsymbol{C}$ 的行向量组与 $\boldsymbol{A}$ 的行向量组等价

B. 矩阵 $\boldsymbol{C}$ 的列向量组与 $\boldsymbol{A}$ 的列向量组等价

C. 矩阵 $\boldsymbol{C}$ 的列向量组与 $\boldsymbol{B}$ 的列向量组等价

D. 矩阵 $\boldsymbol{C}$ 的行向量组与 $\boldsymbol{B}$ 的行向量组等价

(7) 设 $\boldsymbol{A}$, $\boldsymbol{B}$, $\boldsymbol{C}$ 均为 n 阶矩阵, $\boldsymbol{E}$ 为 n 阶单位矩阵, 若 $\boldsymbol{B}=\boldsymbol{E}+\boldsymbol{AB}$, $\boldsymbol{C}=\boldsymbol{A}+\boldsymbol{CA}$, 则 $\boldsymbol{B}-\boldsymbol{C}$ 为(　　).

A. $\boldsymbol{E}$　　B. $-\boldsymbol{E}$　　C. $\boldsymbol{A}$　　D. $-\boldsymbol{A}$

(8) 设 $\boldsymbol{A}$ 为 n 阶非零矩阵, $\boldsymbol{E}$ 为 n 阶单位矩阵. 若 $\boldsymbol{A}^3=\boldsymbol{O}$, 则(　　).

A. $\boldsymbol{E}-\boldsymbol{A}$ 不可逆, $\boldsymbol{E}+\boldsymbol{A}$ 不可逆　　B. $\boldsymbol{E}-\boldsymbol{A}$ 不可逆, $\boldsymbol{E}+\boldsymbol{A}$ 可逆

C. $\boldsymbol{E}-\boldsymbol{A}$ 可逆, $\boldsymbol{E}+\boldsymbol{A}$ 可逆　　D. $\boldsymbol{E}-\boldsymbol{A}$ 可逆, $\boldsymbol{E}+\boldsymbol{A}$ 不可逆

(9) 设 $\boldsymbol{A}$ 是三阶矩阵, $\boldsymbol{P}=(\boldsymbol{\alpha}_1,\boldsymbol{\alpha}_2,\boldsymbol{\alpha}_3)$ 是可逆矩阵, 使 $\boldsymbol{P}^{-1}\boldsymbol{AP}=\begin{pmatrix}0&0&0\\0&1&0\\0&0&2\end{pmatrix}$, 则 $\boldsymbol{A}(\boldsymbol{\alpha}_1+\boldsymbol{\alpha}_2+\boldsymbol{\alpha}_3)=($　　$)$.

A. $\boldsymbol{\alpha}_1+\boldsymbol{\alpha}_2$　　B. $\boldsymbol{\alpha}_2+2\boldsymbol{\alpha}_3$　　C. $\boldsymbol{\alpha}_2+\boldsymbol{\alpha}_3$　　D. $\boldsymbol{\alpha}_1+2\boldsymbol{\alpha}_2$

2. 填空题.

(1) 若对任意的三维列向量 $\boldsymbol{x}=(x_1,x_2,x_3)^{\mathrm{T}}$, $\boldsymbol{Ax}=\begin{pmatrix}x_1+x_2\\2x_1-x_3\end{pmatrix}$, 则 $\boldsymbol{A}=$________.

(2) 已知 $\boldsymbol{\alpha}=(1,2,3)^{\mathrm{T}}$, $\boldsymbol{\beta}=\left(1,\frac{1}{2},\frac{1}{3}\right)^{\mathrm{T}}$, $\boldsymbol{A}=\boldsymbol{\alpha\beta}^{\mathrm{T}}$, 则 $\boldsymbol{A}^n=$________.

(3) 设 $\boldsymbol{A}=\begin{pmatrix}2&1&0\\0&2&1\\0&0&2\end{pmatrix}$, $n\geqslant 2$ 为正整数, 则 $\boldsymbol{A}^n=$________.

(4) 设矩阵 $\boldsymbol{A}=\begin{pmatrix}1&2&-2\\-1&a&-4\\2&4&2a\end{pmatrix}$, 若存在非零矩阵 $\boldsymbol{B}_{3\times t}$ 使 $\boldsymbol{AB}=\boldsymbol{O}$ 成立, 则 $a=$________.

(5) 已知矩阵 $\boldsymbol{A}$ 满足 $\boldsymbol{A}^2+2\boldsymbol{A}-3\boldsymbol{E}=\boldsymbol{O}$, 则 $\boldsymbol{A}^{-1}=$________.

(6) 设矩阵 $\boldsymbol{A}=\begin{pmatrix}0&1&0&0\\0&0&1&0\\0&0&0&1\\0&0&0&0\end{pmatrix}$, 则 $\boldsymbol{A}^3$ 的秩为________.

3. 设 $\boldsymbol{A}=\begin{pmatrix}1&a\\1&0\end{pmatrix}$, $\boldsymbol{B}=\begin{pmatrix}0&1\\1&b\end{pmatrix}$, 当 a,b 为何值时, 存在矩阵 $\boldsymbol{C}$ 使 $\boldsymbol{AC}-\boldsymbol{CA}=\boldsymbol{B}$ 成立, 并求矩阵 $\boldsymbol{C}$.

4. 确定常数 a, 使向量组

$$\boldsymbol{\alpha}_1=(1,\ 1,\ a)^{\mathrm{T}},\quad \boldsymbol{\alpha}_2=(1,\ a,\ 1)^{\mathrm{T}},\quad \boldsymbol{\alpha}_3=(a,\ 1,\ 1)^{\mathrm{T}}$$

可由向量组

$$\boldsymbol{\beta}_1=(1,\ 1,\ a)^{\mathrm{T}},\quad \boldsymbol{\beta}_2=(-2,\ a,\ 4)^{\mathrm{T}},\quad \boldsymbol{\beta}_3=(-2,\ a,\ a)^{\mathrm{T}}$$

线性表示, 但向量组 $\boldsymbol{\beta}_1$, $\boldsymbol{\beta}_2$, $\boldsymbol{\beta}_3$ 不能由向量组 $\boldsymbol{\alpha}_1$, $\boldsymbol{\alpha}_2$, $\boldsymbol{\alpha}_3$ 线性表示.

5. 设向量组 $\boldsymbol{\alpha}_1=(1,0,1)^{\mathrm{T}}$, $\boldsymbol{\alpha}_2=(0,1,1)^{\mathrm{T}}$, $\boldsymbol{\alpha}_3=(1,3,5)^{\mathrm{T}}$ 不能由向量组 $\boldsymbol{\beta}_1=(1,1,1)^{\mathrm{T}}$, $\boldsymbol{\beta}_2=(1,2,3)^{\mathrm{T}}$, $\boldsymbol{\beta}_3=(3,4,a)^{\mathrm{T}}$ 线性表示.

(1) 求 a 的值;

(2) 将 $\boldsymbol{\beta}_1,\boldsymbol{\beta}_2,\boldsymbol{\beta}_3$ 用 $\boldsymbol{\alpha}_1,\boldsymbol{\alpha}_2,\boldsymbol{\alpha}_3$ 线性表示.

6. 设四维向量组

$$\boldsymbol{\alpha}_1=(1+a,1,1,1)^{\mathrm{T}},\qquad \boldsymbol{\alpha}_2=(2,2+a,2,2)^{\mathrm{T}}$$
$$\boldsymbol{\alpha}_3=(3,3,3+a,3)^{\mathrm{T}},\qquad \boldsymbol{\alpha}_4=(4,4,4,4+a)^{\mathrm{T}}$$

问 a 为何值时 $\boldsymbol{\alpha}_1,\boldsymbol{\alpha}_2,\boldsymbol{\alpha}_3,\boldsymbol{\alpha}_4$ 线性相关? 当 $\boldsymbol{\alpha}_1,\boldsymbol{\alpha}_2,\boldsymbol{\alpha}_3,\boldsymbol{\alpha}_4$ 线性相关时,求其一个极大线性无关组,并将其余向量用该极大线性无关组线性表示.

7. 设矩阵 $\boldsymbol{A}=\begin{pmatrix}1&-1&-1\\2&a&1\\-1&1&a\end{pmatrix}$,$\boldsymbol{B}=\begin{pmatrix}2&2\\1&a\\-a-1&-2\end{pmatrix}$,当 a 为何值时,方程 $\boldsymbol{AX}=\boldsymbol{B}$ 无解、有唯一解、有无穷多解? 在有解时,求此方程的解.

8. 已知 a 是常数且矩阵 $\boldsymbol{A}=\begin{pmatrix}1&2&a\\1&3&0\\2&7&-a\end{pmatrix}$ 可经初等变换化为矩阵 $\boldsymbol{B}=\begin{pmatrix}1&a&2\\0&1&1\\-1&1&1\end{pmatrix}$.

(1) 求 a;

(2) 求满足 $\boldsymbol{AP}=\boldsymbol{B}$ 的可逆矩阵 $\boldsymbol{P}$.

9. 设 $\boldsymbol{AB}=\boldsymbol{C}$,证明:$R(\boldsymbol{C})\leqslant\min\{R(\boldsymbol{A}),R(\boldsymbol{B})\}$.

10. 设 $\boldsymbol{A}$ 为 $m\times n$ 矩阵,证明:$R(\boldsymbol{A})=1$ 的充要条件是存在 $m\times 1$ 矩阵 $\boldsymbol{\alpha}\neq\boldsymbol{0}$ 与 $n\times 1$ 矩阵 $\boldsymbol{\beta}\neq\boldsymbol{0}$,使 $\boldsymbol{A}=\boldsymbol{\alpha\beta}^{\mathrm{T}}$ 成立.

11. 已知不同商店三种水果的价格、不同人员需要水果的数量及不同城镇不同人员的数目的矩阵:

$$\begin{array}{c}\\ 苹果\\ 橘子\\ 梨\end{array}\begin{array}{c}\begin{array}{cc}商店\ \mathrm{A} & 商店\ \mathrm{B}\end{array}\\ \begin{pmatrix}0.10&0.15\\0.15&0.20\\0.10&0.10\end{pmatrix}\end{array}\qquad \begin{array}{c}\\ 人员\ \mathrm{A}\\ 人员\ \mathrm{B}\end{array}\begin{array}{c}\begin{array}{ccc}苹果&橘子&梨\end{array}\\ \begin{pmatrix}5&10&3\\4&5&5\end{pmatrix}\end{array}\qquad \begin{array}{c}\\ 城镇\ 1\\ 城镇\ 2\end{array}\begin{array}{c}\begin{array}{cc}人员\ \mathrm{A}&人员\ \mathrm{B}\end{array}\\ \begin{pmatrix}1000&500\\2000&1000\end{pmatrix}\end{array}$$

第一个矩阵为 $\boldsymbol{A}$,第二个矩阵为 $\boldsymbol{B}$,而第三个矩阵为 $\boldsymbol{C}$.

(1) 求出一个矩阵,它能给出在每个商店每个人购买水果的费用是多少;

(2) 求出一个矩阵,它能确定在每个城镇每种水果的购买量是多少.

12. 某文具商店在一周内所售出的文具如表 2.2 所示,周末盘点结账,计算该店每天的售货收入及一周的售货总账.

表 2.2

文具	星期						单价/元
	一	二	三	四	五	六	
橡皮/个	15	8	5	1	12	20	0.3
直尺/把	15	20	18	16	8	25	0.5
胶水/瓶	20	0	12	15	4	3	1

13. 某工厂检验室有甲、乙两种不同的化学原料，甲种原料分别含锌与镁 10%和 20%，乙种原料分别含锌与镁 10%和 30%，现在要用这两种原料分别配制 A，B 两种试剂，A 试剂需分别含锌、镁 2 g、5 g，B 试剂需分别含锌、镁 1 g、2 g. 问配制 A，B 两种试剂分别需要甲、乙两种化学原料各多少克？

14. 某公司为了技术更新，计划对职工实行分批脱产轮训. 现有不脱产职工 8000 人，脱产轮训职工 2000 人. 若每年从不脱产职工中抽调 30%的人脱产轮训，同时又有 60%脱产轮训职工结业回到生产岗位. 若职工总数保持不变，一年后不脱产及脱产职工各有多少？两年后又怎样？试建立矩阵模型并求解.

15. 在军事通信中，需要将字符转化成数字，所以这就需要将字符与数字一一对应. 例如，

a	b	c	d	…	x	y	z
1	2	3	4	…	24	25	26

则 are 对应的矩阵为 $\boldsymbol{B}=(1,18,5)$，如果直接按这种方式传输，则很容易被敌人破译而造成巨大的损失，这就需要加密，通常的做法是用一个约定的加密矩阵 $\boldsymbol{A}$ 乘以原信号矩阵 $\boldsymbol{B}$，传输信号时，不是传输的矩阵 $\boldsymbol{B}$，而是传输的转换后的矩阵 $\boldsymbol{C}=\boldsymbol{A}\boldsymbol{B}^{\mathrm{T}}$，收到信号时，再将信号还原. 如果敌人不知道加密矩阵，他就很难弄明白传输的信号的含义. 设收到的信号为 $\boldsymbol{C}=(21,27,31)^{\mathrm{T}}$，并且已知加密矩阵是 $\boldsymbol{A}=\begin{pmatrix}-1 & 0 & 1\\ 0 & 1 & 1\\ 1 & 1 & 1\end{pmatrix}$，问原信号 $\boldsymbol{B}$ 是什么？

第 3 章　向量空间 $\mathbf{R}^n$

向量空间是线性代数中最基本的概念之一，它的理论和方法已经渗透到自然科学、工程技术的各个领域.

本章的主要结果是基于第 2 章中提出的线性无关这一概念. 从线性无关出发，给出了子空间的基和维数的定义，并且用向量空间的理论阐明线性方程组的结构.

3.1　向量空间 $\mathbf{R}^n$ 的性质

在工程技术和科学研究中，向量这一概念有着广泛的应用. 在数学上，用一条有向线段表示向量，其长度表示向量的大小，其方向表示向量的方向. 向量的大小称为向量的模. 模等于 1 的向量称为单位向量，模等于 0 的向量称为零向量.

设 $\boldsymbol{v}$ 是平面中的向量，可用以原点 O 为起点、P 为终点的向径 $\overrightarrow{OP}$ 来表示，$\boldsymbol{v}=\overrightarrow{OP}$. 设点 P 的坐标为 (a, b)，则 $\boldsymbol{v}$ 可以表示为

$$\boldsymbol{x}=\begin{pmatrix} a \\ b \end{pmatrix}$$

同理，设 $\boldsymbol{v}$ 是空间中的向量，终点 P 的坐标为 (a, b, c)，则 $\boldsymbol{v}$ 可以表示为

$$\boldsymbol{x}=\begin{pmatrix} a \\ b \\ c \end{pmatrix}$$

如图 3.1 所示.

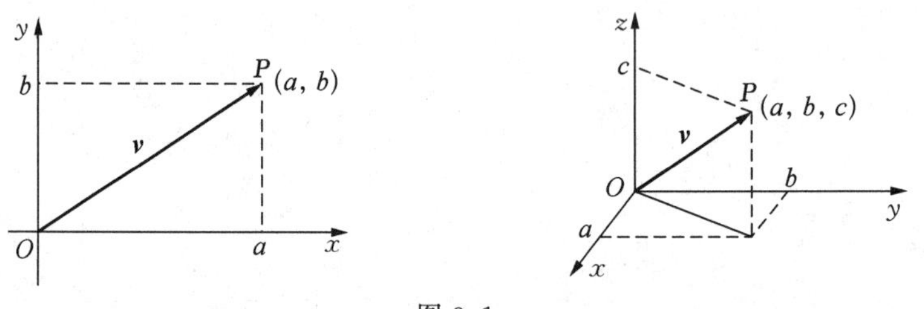

图 3.1

通过上述变换，将向量 $\boldsymbol{v}\to\boldsymbol{x}$，则向量间的几何加法转换成二维或三维空间中的代数加法运算. 同理，标量与向量的乘法也转换成二维或三维空间中的数乘运算. 因此，对向量的几何性质的研究就转化成二维空间 $\mathbf{R}^2$ 或三维空间 $\mathbf{R}^3$ 的代数性质的研究. 由于 n 维空间 $(n\geqslant 4)$ 中的向量没有几何表示，可从代数的角度来研究 n 维空间中的向量.

向量的运算来源于力学的研究. 在数学上，用平行四边形法则定义两个向量的和. 向

量的加法和数乘运算法则可以用图 3.2 来表示.

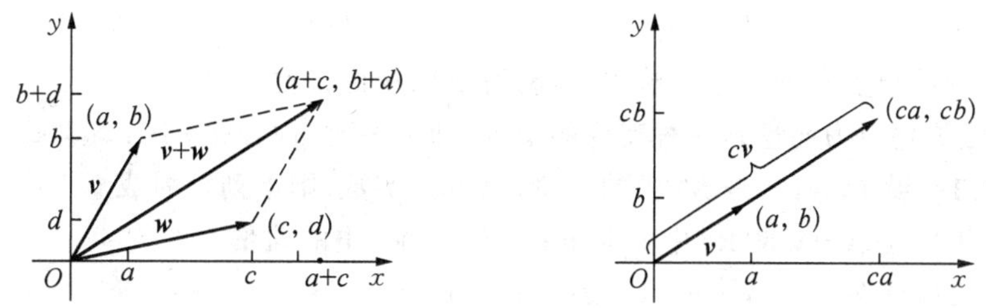

图 3.2

例 3.1 设 W 是 $\mathbf{R}^2$ 的子集,且

$$W=\left\{\boldsymbol{x}:\ \boldsymbol{x}=\begin{pmatrix}x_1\\x_2\end{pmatrix},\ x_1+x_2=2\right\}$$

给出 W 的几何表示.

解 W 表示平面上的直线 $x_1+x_2=2$,如图 3.3 所示.

例 3.2 设 W 是 $\mathbf{R}^3$ 的子集,且

$$W=\left\{\boldsymbol{x}:\ \boldsymbol{x}=\begin{pmatrix}x_1\\x_2\\1\end{pmatrix},\ x_1 \text{ 和 } x_2 \text{ 是实数}\right\}$$

给出 W 的几何表示.

解 W 表示三维空间中的平面 $z=1$,如图 3.4 所示.

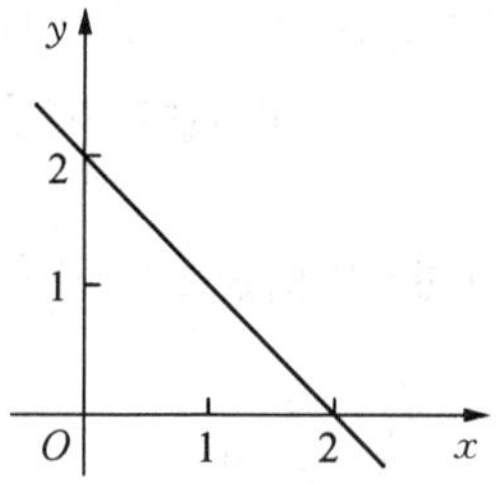

图 3.3

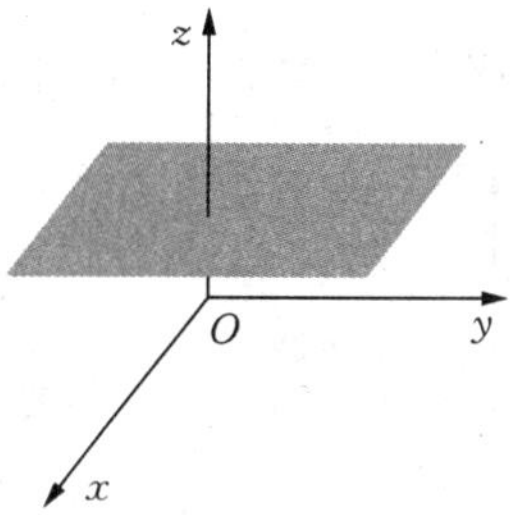

图 3.4

设 $\mathbf{R}^n$ 是分量为实数的所有 n 维向量构成的集合,即

$$\mathbf{R}^n=\{\boldsymbol{x}:\ \boldsymbol{x}=(x_1,\ x_2,\ \cdots,\ x_n)^{\mathrm{T}},\ x_1,\ x_2,\ \cdots,\ x_n \text{ 是实数}\}$$

设 $\boldsymbol{x}$, $\boldsymbol{y}$ 是 $\mathbf{R}^n$ 中的向量,且

$$\boldsymbol{x}=(x_1,\ x_2,\ \cdots,\ x_n)^{\mathrm{T}},\quad \boldsymbol{y}=(y_1,\ y_2,\ \cdots,\ y_n)^{\mathrm{T}}$$

则向量的和 $\boldsymbol{x}+\boldsymbol{y}$ 定义为

$$\boldsymbol{x}+\boldsymbol{y}=(x_1+y_1,\ x_2+y_2,\ \cdots,\ x_n+y_n)^{\mathrm{T}}$$

设 a 是实数,则向量的数乘 $a\boldsymbol{x}$ 定义为

$$a\boldsymbol{x}=(ax_1,\ ax_2,\ \cdots,\ ax_n)^{\mathrm{T}}$$

第 2 章中给出了矩阵的运算法则,容易看出向量的加法和数乘运算与矩阵的相应运算完全一致.这是因为向量是一种特殊的矩阵,即 $\mathbf{R}^n$ 中的向量是 $n\times 1$ 矩阵.

定理 3.1 设 $\boldsymbol{x}, \boldsymbol{y}, \boldsymbol{z}$ 是 $\mathbf{R}^n$ 中的向量,a, b 是实数,则下列性质成立.

(1) 封闭性.①$\boldsymbol{x}+\boldsymbol{y}$ 是 $\mathbf{R}^n$ 中的向量;②$a\boldsymbol{x}$ 是 $\mathbf{R}^n$ 中的向量.

(2) 加法运算性质.①$\boldsymbol{x}+\boldsymbol{y}=\boldsymbol{y}+\boldsymbol{x}$;②$\boldsymbol{x}+(\boldsymbol{y}+\boldsymbol{z})=(\boldsymbol{x}+\boldsymbol{y})+\boldsymbol{z}$;③$\mathbf{R}^n$ 中包含零向量 $\mathbf{0}$,且对 $\forall\, \boldsymbol{x}\in\mathbf{R}^n$,有 $\boldsymbol{x}+\mathbf{0}=\boldsymbol{x}$;④ $\forall\, \boldsymbol{x}\in\mathbf{R}^n$, $\exists\, -\boldsymbol{x}\in\mathbf{R}^n$,使 $\boldsymbol{x}+(-\boldsymbol{x})=\mathbf{0}$.

(3) 数乘运算性质.①$a(b\boldsymbol{x})=(ab)\boldsymbol{x}$;②$a(\boldsymbol{x}+\boldsymbol{y})=a\boldsymbol{x}+a\boldsymbol{y}$;③$(a+b)\boldsymbol{x}=a\boldsymbol{x}+b\boldsymbol{x}$;④ $\forall\, \boldsymbol{x}\in\mathbf{R}^n$, $1\boldsymbol{x}=\boldsymbol{x}$.

定义 3.1 以分量为实数的 n 维向量的全体 $\mathbf{R}^n$,同时考虑定义在它们上面的加法和数乘运算,称为实数域 $\mathbf{R}$ 上的 n 维向量空间,仍记为 $\mathbf{R}^n$.

当 $n=3$ 时,三维实向量空间可以认为是几何空间中全体向量所构成的空间.

3.2 $\mathbf{R}^n$ 的子空间

在本章中,我们感兴趣的是 $\mathbf{R}^n$ 的子空间.设 W 是 $\mathbf{R}^n$ 的非空子集,并且满足定理 3.1 中的 10 条性质(将 $\mathbf{R}^n$ 替换成 W),则称 W 是 $\mathbf{R}^n$ 的子空间.例如,设 W 是 $\mathbf{R}^3$ 的子集,且

$$W=\left\{\boldsymbol{x}:\ \boldsymbol{x}=\begin{pmatrix}x_1\\x_2\\0\end{pmatrix},\ x_1\ \text{和}\ x_2\ \text{是实数}\right\}$$

从几何角度看,W 表示 xOy 平面,因此可以表示成 $\mathbf{R}^2$.显然 W 是 $\mathbf{R}^3$ 的子空间,如图 3.5 所示.

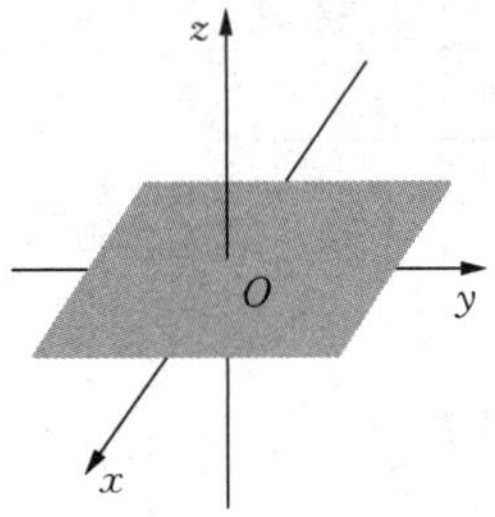

图 3.5

下面的定理给出了 $\mathbf{R}^n$ 的子集 W 构成 $\mathbf{R}^n$ 的子空间的判定条件.

定理 3.2 $\mathbf{R}^n$ 中非空子集 W 构成 $\mathbf{R}^n$ 的子空间的充分必要条件是:

(1) 对任意 $\boldsymbol{x}, \boldsymbol{y}\in W$,有 $\boldsymbol{x}+\boldsymbol{y}\in W$.

(2) 对任意 $\boldsymbol{x}\in W$, a 是任意实数,则 $a\boldsymbol{x}\in W$.

证 充分性.设 W 是 $\mathbf{R}^n$ 的子集并且满足条件(1)和(2).要证明 W 构成 $\mathbf{R}^n$ 的子空间,则需验证 W 满足定理 3.1中的 10 条性质.由条件(1)和(2)知,子集 W 显然满足定理 3.1 中的性质(1),$\mathbf{R}^n$ 中任意子集均满足性质(2)中①和②及(3),因此只需验证 W 满足定理 3.1 中的性质(2)中的③和④即可.容易看出 $0\boldsymbol{x}=\mathbf{0}$, $-\boldsymbol{x}=(-1)\boldsymbol{x}$,由性质(1)、(2),$\forall\, \boldsymbol{x}\in W$,$\boldsymbol{x}+\mathbf{0}=\boldsymbol{x}$,$(-1)\boldsymbol{x}\in W$,故 W 满足性质(2)中的③和④.因此充分性成立.

必要性.设 W 是 $\mathbf{R}^n$ 的子空间,则 W 满足定理 3.1 中的 10 条性质.由性质(1)知,W 显然满足条件(1)和(2).

例 3.3 设 W 是 $\mathbf{R}^3$ 的子集,且

$$W=\left\{\boldsymbol{x}:\ \boldsymbol{x}=\begin{pmatrix}x_1\\x_2\\x_3\end{pmatrix},\ x_1=x_2-x_3,\ x_2\text{ 和 }x_3\text{ 是实数}\right\}$$

容易验证 W 非空且满足定理 3.2 中的条件(1)、(2),因此 W 构成 $\mathbf{R}^3$ 的子空间.

从几何上看,W 是满足方程 $x-y+z=0$ 的平面,如图 3.6 所示.

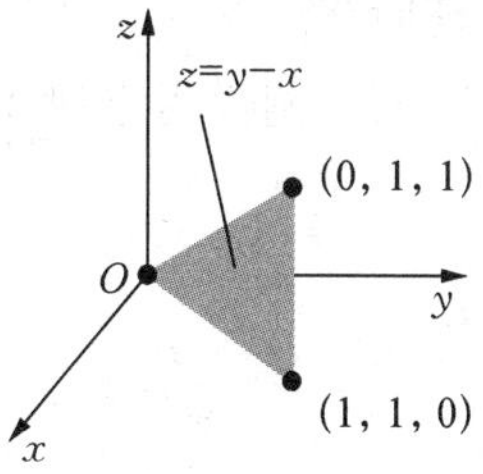

图 3.6

例 3.4 设 W 是 $\mathbf{R}^3$ 的子集,且

$$W=\left\{\boldsymbol{x}:\ \boldsymbol{x}=\begin{pmatrix}x_1\\x_2\\1\end{pmatrix},\ x_1\text{ 和 }x_2\text{ 是实数}\right\}$$

任取实数 $a\ (a\neq1)$,$\forall\,\boldsymbol{x}\in W$,$a\boldsymbol{x}=\begin{pmatrix}ax_1\\ax_2\\a\end{pmatrix}\notin W$,$W$ 不满足定理 3.2 中的条件(2),因此 W 不构成 $\mathbf{R}^3$ 的子空间.

例 3.5 生成子空间. 设 $\boldsymbol{v}_1,\ \boldsymbol{v}_2,\ \cdots,\ \boldsymbol{v}_r$ 是 $\mathbf{R}^n$ 中的向量,若存在实数 $a_1,\ a_2,\ \cdots,\ a_r$,使

$$\boldsymbol{y}=a_1\boldsymbol{v}_1+a_2\boldsymbol{v}_2+\cdots+a_r\boldsymbol{v}_r$$

成立,则称 $\boldsymbol{y}$ 是 $\boldsymbol{v}_1,\ \boldsymbol{v}_2,\ \cdots,\ \boldsymbol{v}_r$ 的一个线性组合. 由定理 3.2 容易验证 $\boldsymbol{v}_1,\ \boldsymbol{v}_2,\ \cdots,\ \boldsymbol{v}_r$ 的一切线性组合构成 $\mathbf{R}^n$ 的子空间,称为由 $\boldsymbol{v}_1,\ \boldsymbol{v}_2,\ \cdots,\ \boldsymbol{v}_r$ 生成的子空间,记为 W. 记

$$S=\{\boldsymbol{v}_1,\ \boldsymbol{v}_2,\ \cdots,\ \boldsymbol{v}_r\}$$

也称 W 为由 S 生成的子空间,即

$$W=\mathrm{Sp}(S),\quad W=\mathrm{Sp}\{\boldsymbol{v}_1,\ \boldsymbol{v}_2,\ \cdots,\ \boldsymbol{v}_r\}$$

例如,设 $\boldsymbol{u},\ \boldsymbol{v}$ 是不共线的几何向量,则由 $\boldsymbol{u},\ \boldsymbol{v}$ 生成的子空间

$$\mathrm{Sp}\{\boldsymbol{u},\ \boldsymbol{v}\}=\{a\boldsymbol{u}+b\boldsymbol{v},\ a,\ b\text{ 是任意实数}\}$$

是包含 $\boldsymbol{u},\ \boldsymbol{v}$ 的平面,如图 3.7 所示.

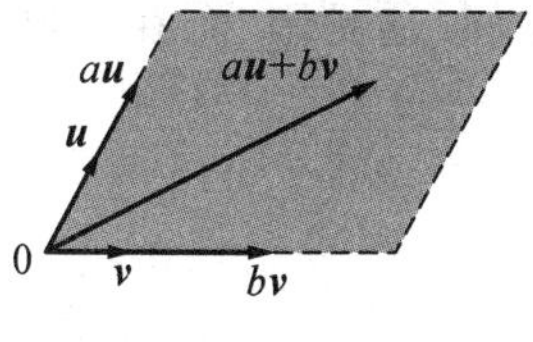

图 3.7

例 3.6 矩阵 $\boldsymbol{A}$ 的列空间和行空间. 对 $m\times n$ 矩阵 $\boldsymbol{A}$ 按列分块,即

$$\boldsymbol{A}=(\boldsymbol{a}_1,\ \boldsymbol{a}_2,\ \cdots,\ \boldsymbol{a}_n)$$

则由 $\boldsymbol{A}$ 的全体列向量所生成的空间

$$\mathrm{Sp}\{\boldsymbol{a}_1,\ \boldsymbol{a}_2,\ \cdots,\ \boldsymbol{a}_n\}$$

称为矩阵 $\boldsymbol{A}$ 的列空间.

类似地,对矩阵 $\boldsymbol{A}$ 按行分块,则由全体行向量 $\boldsymbol{a}_1^{\mathrm{T}}, \boldsymbol{a}_2^{\mathrm{T}}, \cdots, \boldsymbol{a}_m^{\mathrm{T}}$ 所生成的子空间

$$\mathrm{Sp}\{\boldsymbol{a}_1^{\mathrm{T}}, \boldsymbol{a}_2^{\mathrm{T}}, \cdots, \boldsymbol{a}_m^{\mathrm{T}}\}$$

称为 $\boldsymbol{A}$ 的行空间.

定理 3.3 设 $\boldsymbol{A}$ 是 $m\times n$ 矩阵,经过有限次初等行变换后得到 $m\times n$ 矩阵 $\boldsymbol{B}$,则 $\boldsymbol{A}$ 和 $\boldsymbol{B}$ 具有相同的行空间.

证明略.

下面举例说明定理 3.3 的应用.设 $\boldsymbol{A}$ 是 3×3 矩阵

$$\boldsymbol{A}=\begin{pmatrix}1 & -1 & 1\\ 2 & -1 & 4\\ 1 & 1 & 5\end{pmatrix}$$

经过初等行变换化为矩阵 $\boldsymbol{B}$,即

$$\boldsymbol{B}=\begin{pmatrix}1 & 0 & 3\\ 0 & 1 & 2\\ 0 & 0 & 0\end{pmatrix}$$

则矩阵 $\boldsymbol{A}$ 的行空间为 $\mathrm{Sp}\{\boldsymbol{a}_1^{\mathrm{T}}, \boldsymbol{a}_2^{\mathrm{T}}, \boldsymbol{a}_3^{\mathrm{T}}\}$,其中

$$\boldsymbol{a}_1^{\mathrm{T}}=(1, -1, 1), \quad \boldsymbol{a}_2^{\mathrm{T}}=(2, -1, 4), \quad \boldsymbol{a}_3^{\mathrm{T}}=(1, 1, 5)$$

矩阵 $\boldsymbol{B}$ 的行空间为 $\mathrm{Sp}\{\boldsymbol{\beta}_1^{\mathrm{T}}, \boldsymbol{\beta}_2^{\mathrm{T}}\}$,其中

$$\boldsymbol{\beta}_1^{\mathrm{T}}=(1, 0, 3), \quad \boldsymbol{\beta}_2^{\mathrm{T}}=(0, 1, 2)$$

根据定理 3.3,$\boldsymbol{A}$ 和 $\boldsymbol{B}$ 有相同的行空间,因此

$$\mathrm{Sp}\{\boldsymbol{a}_1^{\mathrm{T}}, \boldsymbol{a}_2^{\mathrm{T}}, \boldsymbol{a}_3^{\mathrm{T}}\}=\mathrm{Sp}\{\boldsymbol{\beta}_1^{\mathrm{T}}, \boldsymbol{\beta}_2^{\mathrm{T}}\}$$

例 3.7 矩阵 $\boldsymbol{A}$ 的零空间.设 $\boldsymbol{A}$ 是 $m\times n$ 矩阵,令

$$\boldsymbol{N}(\boldsymbol{A})=\{\boldsymbol{x}: \boldsymbol{A}\boldsymbol{x}=\boldsymbol{0}, \boldsymbol{x}\in\mathbf{R}^n\}$$

容易验证 $\boldsymbol{N}(\boldsymbol{A})$ 非空且满足定理 3.2 中的两个条件,因此构成 $\mathbf{R}^n$ 的子空间,称为矩阵 $\boldsymbol{A}$ 的零空间,或称为齐次线性方程组 $\boldsymbol{A}\boldsymbol{x}=\boldsymbol{0}$ 的解空间.

例如,在三维空间中任意通过原点的平面构成 $\mathbf{R}^3$ 的子空间.这是因为,在三维空间中任意通过原点的平面可以表示为

$$ax+by+cz=0$$

其中:a, b, c 是不全为 0 的实数.上述表达式可以写成

$$\boldsymbol{A}\boldsymbol{x}=\boldsymbol{0}$$

这里 $\boldsymbol{A}$ 是一个 1×3 矩阵,$\boldsymbol{x}$ 是 $\mathbf{R}^3$ 中的向量,即

$$\mathbf{A}=(a,\ b,\ c),\quad \mathbf{x}=\begin{pmatrix}x\\y\\z\end{pmatrix}$$

显然,$\mathbf{x}$ 是平面 $ax+by+cz=0$ 上的向量当且仅当 $\mathbf{x}\in\mathbf{N}(\mathbf{A})$. 因为 $\mathbf{N}(\mathbf{A})$构成 $\mathbf{R}^3$ 的子空间,所以通过原点的平面 $ax+by+cz=0$ 构成 $\mathbf{R}^3$ 的子空间.

例 3.8 矩阵 $\mathbf{A}$ 的值域空间. 设 $\mathbf{A}$ 是 $m\times n$ 矩阵,则称

$$\mathbf{C}(\mathbf{A})=\{\mathbf{y}:\mathbf{A}\mathbf{x}=\mathbf{y},\ \exists\,\mathbf{x}\in\mathbf{R}^n\}$$

为矩阵 $\mathbf{A}$ 的值域.

简言之,$\mathbf{y}\in\mathbf{C}(\mathbf{A})$的充要条件是线性方程组 $\mathbf{A}\mathbf{x}=\mathbf{y}$ 有解.

将 $m\times n$ 矩阵$\mathbf{A}$ 按列分块成$(\mathbf{a}_1,\ \mathbf{a}_2,\ \cdots,\ \mathbf{a}_n)$, 设

$$\mathbf{x}=\begin{pmatrix}x_1\\x_2\\\vdots\\x_n\end{pmatrix}$$

则由矩阵的运算法则,矩阵方程

$$\mathbf{A}\mathbf{x}=\mathbf{y}$$

等价于向量方程

$$x_1\mathbf{a}_1+x_2\mathbf{a}_2+\cdots+x_n\mathbf{a}_n=\mathbf{y}$$

因此

$$\mathbf{C}(\mathbf{A})=\mathrm{Sp}\{\mathbf{a}_1,\ \mathbf{a}_2,\ \cdots,\ \mathbf{a}_n\}$$

因为 $\mathrm{Sp}\{\mathbf{a}_1,\ \mathbf{a}_2,\ \cdots,\ \mathbf{a}_n\}$构成 $\mathbf{R}^m$ 的子空间,所以 $\mathbf{C}(\mathbf{A})$构成 $\mathbf{R}^m$ 的子空间,称为矩阵 $\mathbf{A}$ 的值域空间.

3.3 子空间的基与维数

下面给出生成集的定义.

定义 3.2 设 W 是 $\mathbf{R}^n$ 的子空间,$S=\{\mathbf{w}_1,\ \mathbf{w}_2,\ \cdots,\ \mathbf{w}_m\}$是 W 的子集. 若 W 中任意向量 $\mathbf{w}$ 都可以写成集合 S 中向量的线性组合形式,即

$$\mathbf{w}=a_1\mathbf{w}_1+a_2\mathbf{w}_2+\cdots+a_m\mathbf{w}_m$$

则称 S 是 W 的生成集.

定义 3.2 的另一种表述是 W 是由 S 生成的子空间,即 $W=\mathrm{Sp}(S)$.

例 3.9 在 $\mathbf{R}^3$ 中,设 $S=\{\mathbf{u}_1,\ \mathbf{u}_2,\ \mathbf{u}_3\}$,其中

$$\mathbf{u}_1=\begin{pmatrix}1\\-1\\0\end{pmatrix},\quad \mathbf{u}_2=\begin{pmatrix}-2\\3\\1\end{pmatrix},\quad \mathbf{u}_3=\begin{pmatrix}1\\2\\4\end{pmatrix}$$

试判断 S 是否为 $\mathbf{R}^3$ 的生成集.

解 任取向量 $\boldsymbol{v}\in\mathbf{R}^3$,根据生成集的定义,只需判断 $\boldsymbol{v}$ 能否表示成 $\boldsymbol{u}_1, \boldsymbol{u}_2, \boldsymbol{u}_3$ 的线性组合,即判断向量方程

$$x_1\boldsymbol{u}_1+x_2\boldsymbol{u}_2+x_3\boldsymbol{u}_3=\boldsymbol{v}$$

是否有解.向量方程等价于线性方程组

$$\boldsymbol{A}\boldsymbol{x}=\boldsymbol{v}$$

其中:$\boldsymbol{v}=(a, b, c)^{\mathrm{T}}$,$\boldsymbol{A}=(\boldsymbol{u}_1, \boldsymbol{u}_2, \boldsymbol{u}_3)$.其增广矩阵为

$$(\boldsymbol{A},\boldsymbol{v})=\begin{pmatrix} 1 & -2 & 1 & a \\ -1 & 3 & 2 & b \\ 0 & 1 & 4 & c \end{pmatrix}$$

经过初等行变换,可将其化为

$$\begin{pmatrix} 1 & 0 & 0 & 10a+9b-7c \\ 0 & 1 & 0 & 4a+4b-3c \\ 0 & 0 & 1 & -a-b+c \end{pmatrix}$$

即线性方程组的解为

$$\begin{cases} x_1=10a+9b-7c \\ x_2=4a+4b-3c \\ x_3=-a-b+c \end{cases}$$

因此线性方程组 $\boldsymbol{A}\boldsymbol{x}=\boldsymbol{v}$ 总是有解,故 S 是 $\mathbf{R}^3$ 的生成集.

在某些情况下,生成集中的一些向量是可去的.例如,$S=\{\boldsymbol{e}_1, \boldsymbol{e}_2, \boldsymbol{u}\}$是空间 $\mathbf{R}^2$ 的生成集,这里

$$\boldsymbol{e}_1=\begin{pmatrix}1\\0\end{pmatrix},\quad \boldsymbol{e}_2=\begin{pmatrix}0\\1\end{pmatrix},\quad \boldsymbol{u}=\begin{pmatrix}1\\2\end{pmatrix}$$

这是因为,任取 $\mathbf{R}^2$ 中的向量

$$\boldsymbol{v}=\begin{pmatrix}a\\b\end{pmatrix}$$

则

$$\boldsymbol{v}=(a-c)\boldsymbol{e}_1+(b-2c)\boldsymbol{e}_2+c\boldsymbol{u}$$

其中:c 是任意实数,即 $\boldsymbol{v}$ 可以表示成 S 中向量的线性组合形式.但是显然,有

$$\mathrm{Sp}\{\boldsymbol{e}_1, \boldsymbol{e}_2\}=\mathbf{R}^2$$

因此

$$\mathrm{Sp}\{\boldsymbol{e}_1, \boldsymbol{e}_2, \boldsymbol{u}\}=\mathrm{Sp}\{\boldsymbol{e}_1, \boldsymbol{e}_2\}$$

容易看出

$$\boldsymbol{u}=\boldsymbol{e}_1+2\boldsymbol{e}_2$$

即向量组 $\boldsymbol{e}_1,\boldsymbol{e}_2,\boldsymbol{u}$ 是线性相关的，因此 S 中有可去向量 $\boldsymbol{u}$. 另外，向量组 $\boldsymbol{e}_1,\boldsymbol{e}_2$ 线性无关，则其中的向量都是不可去的，否则不能生成空间 $\mathbf{R}^2$. 在这个意义下，对子空间而言，线性无关的生成集是其最小生成集. 由此，我们给出基和维数的定义：

定义 3.3 设 W 是 $\mathbf{R}^n$ 的非零子空间，如果 m 个向量 $\boldsymbol{w}_1,\boldsymbol{w}_2,\cdots,\boldsymbol{w}_m\in W$ 且满足：

（1） $\boldsymbol{w}_1,\boldsymbol{w}_2,\cdots,\boldsymbol{w}_m$ 线性无关；

（2） W 中任一向量都可由 $\boldsymbol{w}_1,\boldsymbol{w}_2,\cdots,\boldsymbol{w}_m$ 线性表示.

那么，向量组 $\boldsymbol{w}_1,\boldsymbol{w}_2,\cdots,\boldsymbol{w}_m$ 就称为子空间 W 的一组基，m 称为子空间 W 的维数，并称 W 为 m 维子空间.

对零子空间 W 定义基是没有意义的. 这是因为零子空间只包含零向量 $\mathbf{0}$，尽管集合$\{\mathbf{0}\}$是 W 的生成集，但 $\mathbf{0}$ 是线性相关的，所以零子空间 W 不存在基.

在以后的讨论中，我们约定零子空间$\{\mathbf{0}\}$的维数为 0.

设 W 是 $\mathbf{R}^n$ 的子空间，$\boldsymbol{w}_1,\boldsymbol{w}_2,\cdots,\boldsymbol{w}_m$ 是 W 的一组基，则 W 中任意向量 $\boldsymbol{w}$ 都可以写成 $\boldsymbol{w}_1,\boldsymbol{w}_2,\cdots,\boldsymbol{w}_m$ 的线性组合形式，即存在一组数 $a_1,a_2,\cdots,a_m$，使

$$\boldsymbol{w}=a_1\boldsymbol{w}_1+a_2\boldsymbol{w}_2+\cdots+a_m\boldsymbol{w}_m$$

下面证明，$\boldsymbol{w}$ 在基 $\boldsymbol{w}_1,\boldsymbol{w}_2,\cdots,\boldsymbol{w}_m$ 下的表示方法是唯一的. 事实上，若 $\boldsymbol{w}$ 还有一种表示方法

$$\boldsymbol{w}=b_1\boldsymbol{w}_1+b_2\boldsymbol{w}_2+\cdots+b_m\boldsymbol{w}_m$$

则两式相减，有

$$\mathbf{0}=(a_1-b_1)\boldsymbol{w}_1+(a_2-b_2)\boldsymbol{w}_2+\cdots+(a_m-b_m)\boldsymbol{w}_m$$

由于向量组 $\boldsymbol{w}_1,\boldsymbol{w}_2,\cdots,\boldsymbol{w}_m$ 是线性无关的，则

$$a_1-b_1=0,\ a_2-b_2=0,\ \cdots,\ a_m-b_m=0$$

这说明 $\boldsymbol{w}$ 的表示方法是唯一的.

定义 3.4 设 W 是 $\mathbf{R}^n$ 的子空间，$\boldsymbol{w}_1,\boldsymbol{w}_2,\cdots,\boldsymbol{w}_m$ 是 W 的一组基，则 W 中任意向量 $\boldsymbol{w}$ 都可由基 $\boldsymbol{w}_1,\boldsymbol{w}_2,\cdots,\boldsymbol{w}_m$ 唯一表示为

$$\boldsymbol{w}=a_1\boldsymbol{w}_1+a_2\boldsymbol{w}_2+\cdots+a_m\boldsymbol{w}_m$$

称数组 $a_1,a_2,\cdots,a_m$ 为向量 $\boldsymbol{w}$ 在基 $\boldsymbol{w}_1,\boldsymbol{w}_2,\cdots,\boldsymbol{w}_m$ 下的坐标，记为$(a_1,a_2,\cdots,a_m)^{\mathrm{T}}$.

下面给出由子空间的生成集构造基的方法.

例 3.10 设 W 是由集合 S 生成的 $\mathbf{R}^4$ 的子空间，$S=\{\boldsymbol{v}_1,\boldsymbol{v}_2,\boldsymbol{v}_3,\boldsymbol{v}_4,\boldsymbol{v}_5\}$，其中

$$\boldsymbol{v}_1=\begin{pmatrix}1\\1\\2\\-1\end{pmatrix},\quad \boldsymbol{v}_2=\begin{pmatrix}1\\2\\1\\1\end{pmatrix},\quad \boldsymbol{v}_3=\begin{pmatrix}1\\4\\-1\\5\end{pmatrix},\quad \boldsymbol{v}_4=\begin{pmatrix}1\\0\\4\\-1\end{pmatrix},\quad \boldsymbol{v}_5=\begin{pmatrix}2\\5\\0\\2\end{pmatrix}$$

试由 S 构造 W 的一组基.

解 由定义 3.3 知，集合 S 的一个极大线性无关组即 W 的一组基. 要找到 S 的一个极大线性无关组，不妨设

$$x_1\boldsymbol{v}_1+x_2\boldsymbol{v}_2+x_3\boldsymbol{v}_3+x_4\boldsymbol{v}_4+x_5\boldsymbol{v}_5=\boldsymbol{0}$$

然后判断哪个向量 $\boldsymbol{v}_j$ 是可去的. 设 $\boldsymbol{V}$ 是 4×5 矩阵

$$\boldsymbol{V}=(\boldsymbol{v}_1,\ \boldsymbol{v}_2,\ \boldsymbol{v}_3,\ \boldsymbol{v}_4,\ \boldsymbol{v}_5)$$

对 $\boldsymbol{V}$ 进行初等行变换,化为行最简形矩阵

$$\begin{pmatrix}1&0&-2&0&1\\0&1&3&0&2\\0&0&0&1&-1\\0&0&0&0&0\end{pmatrix}$$

由此得

$$\begin{cases}x_1=2x_3-x_5\\x_2=-3x_3-2x_5\\x_4=x_5\end{cases}$$

这里 x_3 和 x_5 是自由未知量.

由于初等行变换不改变列向量组的线性组合关系,从行最简形矩阵的结果易得

$$\boldsymbol{v}_3=-2\boldsymbol{v}_1+3\boldsymbol{v}_2$$

$$\boldsymbol{v}_5=\boldsymbol{v}_1+2\boldsymbol{v}_2-\boldsymbol{v}_4$$

所以 $\boldsymbol{v}_3,\ \boldsymbol{v}_5\in \mathrm{Sp}\{\boldsymbol{v}_1,\ \boldsymbol{v}_2,\ \boldsymbol{v}_4\}$,集合 $\{\boldsymbol{v}_1,\ \boldsymbol{v}_2,\ \boldsymbol{v}_4\}$ 生成子空间 W.

下面证明 $\boldsymbol{v}_1,\ \boldsymbol{v}_2,\ \boldsymbol{v}_4$ 是线性无关的. 设

$$x_1\boldsymbol{v}_1+x_2\boldsymbol{v}_2+x_4\boldsymbol{v}_4=\boldsymbol{0}$$

将系数矩阵 $(\boldsymbol{v}_1,\ \boldsymbol{v}_2,\ \boldsymbol{v}_4)$ 通过初等行变换可化为

$$\begin{pmatrix}1&0&0\\0&1&0\\0&0&1\\0&0&0\end{pmatrix}$$

这表明线性方程组 $x_1\boldsymbol{v}_1+x_2\boldsymbol{v}_2+x_4\boldsymbol{v}_4=\boldsymbol{0}$ 只有零解,$\boldsymbol{v}_1,\ \boldsymbol{v}_2,\ \boldsymbol{v}_4$ 线性无关. 因此,$\boldsymbol{v}_1,\ \boldsymbol{v}_2,\ \boldsymbol{v}_4$ 是 W 的一组基.

例 3.10 给出了构造子空间的基的一般步骤:

(1) 给出子空间 W 的生成集 $S=\{\boldsymbol{v}_1,\ \boldsymbol{v}_2,\ \cdots,\ \boldsymbol{v}_m\}$.

(2) 解向量方程

$$x_1\boldsymbol{v}_1+x_2\boldsymbol{v}_2+\cdots+x_m\boldsymbol{v}_m=\boldsymbol{0}$$

(3) 若向量方程只有零解,则向量组 $\boldsymbol{v}_1,\ \boldsymbol{v}_2,\ \cdots,\ \boldsymbol{v}_m$ 线性无关,构成子空间 W 的一组基.

(4) 若向量方程有非零解,则存在自由未知量. 设 x_j 是自由未知量,则去掉对应的向量 $\boldsymbol{v}_j$,剩余的向量组构成子空间 W 的一组基.

下面的定理给出了构造子空间的基的另一种方法.

定理 3.4 设 $\boldsymbol{A}$ 是非零矩阵,经过初等行变换得到行阶梯形矩阵 $\boldsymbol{B}$,则 $\boldsymbol{B}$ 的非零行向量构成 $\boldsymbol{A}$ 的行空间的一组基.

证 由定理 3.3 知,$\boldsymbol{A}$ 和 $\boldsymbol{B}$ 具有相同的行空间,因此 $\boldsymbol{B}$ 的非零行向量组是 $\boldsymbol{A}$ 的行空间的生成集.又因为行阶梯形矩阵的非零行向量组是线性无关的,所以 $\boldsymbol{B}$ 的非零行向量构成 $\boldsymbol{A}$ 的行空间的一组基.

例 3.11 用定理 3.4 的方法构造例 3.10 中子空间 W 的一组基.

解 如例 3.10 所示,设 $\mathbf{V}$ 是 4×5 矩阵

$$\mathbf{V}=(\boldsymbol{v}_1,\ \boldsymbol{v}_2,\ \boldsymbol{v}_3,\ \boldsymbol{v}_4,\ \boldsymbol{v}_5)$$

则 W 可以视为矩阵 $\mathbf{V}^{\mathrm{T}}$ 的行空间,其中

$$\mathbf{V}^{\mathrm{T}}=\begin{pmatrix}1&1&2&-1\\1&2&1&1\\1&4&-1&5\\1&0&4&-1\\2&5&0&2\end{pmatrix}$$

对 $\mathbf{V}^{\mathrm{T}}$ 进行初等行变换,得到行阶梯形矩阵 $\boldsymbol{B}^{\mathrm{T}}$:

$$\boldsymbol{B}^{\mathrm{T}}=\begin{pmatrix}1&0&0&-9\\0&1&0&4\\0&0&1&2\\0&0&0&0\\0&0&0&0\end{pmatrix}$$

从而

$$\boldsymbol{B}=\begin{pmatrix}1&0&0&0&0\\0&1&0&0&0\\0&0&1&0&0\\-9&4&2&0&0\end{pmatrix}$$

由定理 3.4 知,$\boldsymbol{B}^{\mathrm{T}}$ 的非零行构成 $\mathbf{V}^{\mathrm{T}}$ 的行空间的一组基.由此,$\boldsymbol{B}$ 的非零列构成 W 的一组基,即 $\{\boldsymbol{u}_1,\ \boldsymbol{u}_2,\ \boldsymbol{u}_3\}$ 是 W 的一组基,其中

$$\boldsymbol{u}_1=\begin{pmatrix}1\\0\\0\\-9\end{pmatrix},\quad \boldsymbol{u}_2=\begin{pmatrix}0\\1\\0\\4\end{pmatrix},\quad \boldsymbol{u}_3=\begin{pmatrix}0\\0\\1\\2\end{pmatrix}$$

从例 3.11 看出,构造子空间 W 的基的步骤如下:

(1) 给出子空间 W 的生成集 $S=\{\boldsymbol{v}_1,\ \boldsymbol{v}_2,\ \cdots,\ \boldsymbol{v}_m\}$.

(2) 设 $\mathbf{V}$ 是 $n\times m$ 矩阵 $\mathbf{V}=(\boldsymbol{v}_1,\ \boldsymbol{v}_2,\ \cdots,\ \boldsymbol{v}_m)$,对 $\mathbf{V}^{\mathrm{T}}$ 作初等行变换,将其化为行阶梯形

矩阵 $\boldsymbol{B}^{\mathrm{T}}$.

(3) 矩阵 $\boldsymbol{B}$ 的非零列向量组构成子空间 W 的一组基.

从前面的讨论可以看出,一个向量空间可以有不同的基,下面给出不同基之间的过渡矩阵的概念.

设 $\boldsymbol{u}_1, \boldsymbol{u}_2, \cdots, \boldsymbol{u}_s$ 和 $\boldsymbol{w}_1, \boldsymbol{w}_2, \cdots, \boldsymbol{w}_s$ 是向量空间 W 的两组基,它们可以互相线性表示,若

$$\begin{cases} \boldsymbol{w}_1 = c_{11}\boldsymbol{u}_1 + c_{21}\boldsymbol{u}_2 + \cdots + c_{s1}\boldsymbol{u}_s \\ \boldsymbol{w}_2 = c_{12}\boldsymbol{u}_1 + c_{22}\boldsymbol{u}_2 + \cdots + c_{s2}\boldsymbol{u}_s \\ \cdots\cdots \\ \boldsymbol{w}_s = c_{1s}\boldsymbol{u}_1 + c_{2s}\boldsymbol{u}_2 + \cdots + c_{ss}\boldsymbol{u}_s \end{cases}$$

则称矩阵

$$\boldsymbol{C} = \begin{pmatrix} c_{11} & c_{12} & \cdots & c_{1s} \\ c_{21} & c_{22} & \cdots & c_{2s} \\ \vdots & \vdots & & \vdots \\ c_{s1} & c_{s2} & \cdots & c_{ss} \end{pmatrix}$$

为从基 $\boldsymbol{u}_1, \boldsymbol{u}_2, \cdots, \boldsymbol{u}_s$ 到基 $\boldsymbol{w}_1, \boldsymbol{w}_2, \cdots, \boldsymbol{w}_s$ 的过渡矩阵.

对于例 3.10 与例 3.11 中 W 的两组不同的基 $\boldsymbol{v}_1, \boldsymbol{v}_2, \boldsymbol{v}_4$ 和 $\boldsymbol{u}_1, \boldsymbol{u}_2, \boldsymbol{u}_3$,有

$$(\boldsymbol{v}_1, \boldsymbol{v}_2, \boldsymbol{v}_4) = (\boldsymbol{u}_1, \boldsymbol{u}_2, \boldsymbol{u}_3)\begin{pmatrix} 1 & 1 & 1 \\ 1 & 2 & 0 \\ 2 & 1 & 4 \end{pmatrix}$$

则从 $\boldsymbol{u}_1, \boldsymbol{u}_2, \boldsymbol{u}_3$ 到 $\boldsymbol{v}_1, \boldsymbol{v}_2, \boldsymbol{v}_4$ 的过渡矩阵为 $\begin{pmatrix} 1 & 1 & 1 \\ 1 & 2 & 0 \\ 2 & 1 & 4 \end{pmatrix}$.

定理 3.5 设 $\mathbf{R}^n$ 中的向量 $\boldsymbol{\xi}$ 在基 $\boldsymbol{\varepsilon}_1, \boldsymbol{\varepsilon}_2, \cdots, \boldsymbol{\varepsilon}_n$ 下的坐标为 $(x_1, x_2, \cdots, x_n)^{\mathrm{T}}$,在基 $\boldsymbol{\varepsilon}_1', \boldsymbol{\varepsilon}_2', \cdots, \boldsymbol{\varepsilon}_n'$ 下的坐标为 $(x_1', x_2', \cdots, x_n')^{\mathrm{T}}$. 若从基 $\boldsymbol{\varepsilon}_1, \boldsymbol{\varepsilon}_2, \cdots, \boldsymbol{\varepsilon}_n$ 到基 $\boldsymbol{\varepsilon}_1', \boldsymbol{\varepsilon}_2', \cdots, \boldsymbol{\varepsilon}_n'$ 的过渡矩阵为 $\boldsymbol{C}$,则有坐标变换公式

$$\begin{pmatrix} x_1 \\ x_2 \\ \vdots \\ x_n \end{pmatrix} = \boldsymbol{C}\begin{pmatrix} x_1' \\ x_2' \\ \vdots \\ x_n' \end{pmatrix}, \quad \begin{pmatrix} x_1' \\ x_2' \\ \vdots \\ x_n' \end{pmatrix} = \boldsymbol{C}^{-1}\begin{pmatrix} x_1 \\ x_2 \\ \vdots \\ x_n \end{pmatrix}$$

证 因

$$(\boldsymbol{\varepsilon}_1, \boldsymbol{\varepsilon}_2, \cdots, \boldsymbol{\varepsilon}_n)\begin{pmatrix} x_1 \\ x_2 \\ \vdots \\ x_n \end{pmatrix} = \boldsymbol{\xi} = (\boldsymbol{\varepsilon}_1', \boldsymbol{\varepsilon}_2', \cdots, \boldsymbol{\varepsilon}_n')\begin{pmatrix} x_1' \\ x_2' \\ \vdots \\ x_n' \end{pmatrix}$$

$$=(\boldsymbol{\varepsilon}_1,\boldsymbol{\varepsilon}_2,\cdots,\boldsymbol{\varepsilon}_n)\boldsymbol{C}\begin{pmatrix}x_1'\\x_2'\\\vdots\\x_n'\end{pmatrix}$$

故 $\boldsymbol{\varepsilon}_1,\boldsymbol{\varepsilon}_2,\cdots,\boldsymbol{\varepsilon}_n$ 线性无关,则有关系式:

$$\begin{pmatrix}x_1\\x_2\\\vdots\\x_n\end{pmatrix}=\boldsymbol{C}\begin{pmatrix}x_1'\\x_2'\\\vdots\\x_n'\end{pmatrix}$$

例 3.12 在 $\mathbf{R}^4$ 中,求由基 $\boldsymbol{\varepsilon}_1,\boldsymbol{\varepsilon}_2,\boldsymbol{\varepsilon}_3,\boldsymbol{\varepsilon}_4$ 到基 $\boldsymbol{\eta}_1,\boldsymbol{\eta}_2,\boldsymbol{\eta}_3,\boldsymbol{\eta}_4$ 的过渡矩阵,并求向量 $\boldsymbol{\xi}$ 在基 $\boldsymbol{\eta}_1,\boldsymbol{\eta}_2,\boldsymbol{\eta}_3,\boldsymbol{\eta}_4$ 下的坐标.设

$$\begin{cases}\boldsymbol{\varepsilon}_1=(1,2,2,-1)^{\mathrm{T}}\\\boldsymbol{\varepsilon}_2=(1,1,-3,3)^{\mathrm{T}}\\\boldsymbol{\varepsilon}_3=(1,1,-1,2)^{\mathrm{T}}\\\boldsymbol{\varepsilon}_4=(3,2,0,-1)^{\mathrm{T}}\end{cases}$$

$$\begin{cases}\boldsymbol{\eta}_1=(1,1,-2,0)^{\mathrm{T}}\\\boldsymbol{\eta}_2=(2,1,3,-1)^{\mathrm{T}}\\\boldsymbol{\eta}_3=(-2,2,1,-1)^{\mathrm{T}}\\\boldsymbol{\eta}_4=(1,3,1,2)^{\mathrm{T}}\end{cases}$$

$$\boldsymbol{\xi}=(3,-1,2,4)^{\mathrm{T}}$$

解 要求由基 $\boldsymbol{\varepsilon}_1,\boldsymbol{\varepsilon}_2,\boldsymbol{\varepsilon}_3,\boldsymbol{\varepsilon}_4$ 到基 $\boldsymbol{\eta}_1,\boldsymbol{\eta}_2,\boldsymbol{\eta}_3,\boldsymbol{\eta}_4$ 的过渡矩阵,设过渡矩阵为 $\boldsymbol{C}$,则

$$(\boldsymbol{\eta}_1,\boldsymbol{\eta}_2,\boldsymbol{\eta}_3,\boldsymbol{\eta}_4)=(\boldsymbol{\varepsilon}_1,\boldsymbol{\varepsilon}_2,\boldsymbol{\varepsilon}_3,\boldsymbol{\varepsilon}_4)\boldsymbol{C}$$

令 $\boldsymbol{A}=(\boldsymbol{\varepsilon}_1,\boldsymbol{\varepsilon}_2,\boldsymbol{\varepsilon}_3,\boldsymbol{\varepsilon}_4)$,$\boldsymbol{B}=(\boldsymbol{\eta}_1,\boldsymbol{\eta}_2,\boldsymbol{\eta}_3,\boldsymbol{\eta}_4)$,于是有

$$\boldsymbol{B}=\boldsymbol{AC}$$

解之得

$$\boldsymbol{C}=\boldsymbol{A}^{-1}\boldsymbol{B}$$

用矩阵的初等行变换求 $\boldsymbol{A}^{-1}\boldsymbol{B}$.

$$(\boldsymbol{A},\boldsymbol{B})=\begin{pmatrix}1&1&1&3&1&2&-2&1\\2&1&1&2&1&1&2&3\\2&-3&-1&0&-2&3&1&1\\-1&3&2&-1&0&-1&-1&2\end{pmatrix}$$

$$\xrightarrow{r}\begin{pmatrix}1&0&0&0&\frac{5}{14}&-\frac{3}{7}&\frac{39}{14}&\frac{10}{7}\\0&1&0&0&\frac{11}{7}&-\frac{16}{7}&\frac{20}{7}&\frac{2}{7}\\0&0&1&0&-2&3&-4&1\\0&0&0&1&\frac{5}{14}&\frac{4}{7}&-\frac{17}{14}&-\frac{4}{7}\end{pmatrix}$$

即得

$$C=A^{-1}B=\frac{1}{14}\begin{pmatrix}5&-6&39&20\\22&-32&40&4\\-28&42&-56&14\\5&8&-17&-8\end{pmatrix}$$

求向量 ξ 在基 $\eta_1,\eta_2,\eta_3,\eta_4$ 下的坐标,可用矩阵的初等行变换来求解:先构造矩阵

$$M=(\eta_1,\eta_2,\eta_3,\eta_4,\xi)$$

再对矩阵 M 实施初等行变换,使之成为行最简形矩阵,即得

$$M=\begin{pmatrix}1&2&-2&1&3\\1&1&2&3&-1\\-2&3&1&1&2\\0&-1&-1&2&4\end{pmatrix}\xrightarrow{r}\begin{pmatrix}1&0&0&0&-\frac{109}{85}\\0&1&0&0&-\frac{4}{85}\\0&0&1&0&-\frac{8}{5}\\0&0&0&1&\frac{20}{17}\end{pmatrix}$$

所以,向量 ξ 在基 $\eta_1,\eta_2,\eta_3,\eta_4$ 下的坐标为

$$\left(-\frac{109}{85},-\frac{4}{85},-\frac{8}{5},\frac{20}{17}\right)^{\mathrm{T}}$$

3.4 子空间的正交基

在前面,我们用基的概念刻画了子空间的性质.对于给定的子空间 W,有多种方法构造 W 的基.本节,我们讨论一种特殊的基——正交基.

在空间解析几何中,向量 $x=(x_1, x_2, x_3)$ 和 $y=(y_1, y_2, y_3)$ 的长度与夹角的度量性质可以通过两个向量的数量积

$$x\cdot y=|x||y|\cos\theta \quad (\theta \text{ 为向量 } x \text{ 与 } y \text{ 的夹角})$$

来表示,且在直角坐标系中,有

$$x\cdot y=x_1y_1+x_2y_2+x_3y_3,\quad |x|=\sqrt{x_1^2+x_2^2+x_3^2}$$

下面定义 n 维空间中的内积概念.

定义 3.5 设有 n 维向量

$$x=\begin{pmatrix}x_1\\x_2\\\vdots\\x_n\end{pmatrix},\qquad y=\begin{pmatrix}y_1\\y_2\\\vdots\\y_n\end{pmatrix}$$

令

$$\langle \boldsymbol{x},\ \boldsymbol{y}\rangle = x_1y_1 + x_2y_2 + \cdots + x_ny_n$$

则称$\langle \boldsymbol{x},\ \boldsymbol{y}\rangle$为$\boldsymbol{x}$与$\boldsymbol{y}$的内积.

内积是两个向量之间的一种运算，其结果是一个实数，按矩阵的记法可以表示为

$$\langle \boldsymbol{x},\ \boldsymbol{y}\rangle = \boldsymbol{x}^{\mathrm{T}}\boldsymbol{y} = (x_1,\ x_2,\ \cdots,\ x_n)\begin{pmatrix} y_1 \\ y_2 \\ \vdots \\ y_n \end{pmatrix}$$

内积运算的性质($\boldsymbol{x},\ \boldsymbol{y},\ \boldsymbol{z}$为$n$维向量,$\lambda \in \mathbf{R}$)：

(1) $\langle \boldsymbol{x},\ \boldsymbol{y}\rangle = \langle \boldsymbol{y},\ \boldsymbol{x}\rangle$.

(2) $\langle \lambda\boldsymbol{x},\ \boldsymbol{y}\rangle = \lambda\langle \boldsymbol{x},\ \boldsymbol{y}\rangle$.

(3) $\langle \boldsymbol{x}+\boldsymbol{y},\ \boldsymbol{z}\rangle = \langle \boldsymbol{x},\ \boldsymbol{z}\rangle + \langle \boldsymbol{y},\ \boldsymbol{z}\rangle$.

(4) $\langle \boldsymbol{x},\ \boldsymbol{x}\rangle \geqslant 0$，当且仅当$\boldsymbol{x}=\boldsymbol{0}$时，$\langle \boldsymbol{x},\ \boldsymbol{x}\rangle = 0$.

定义 3.6 非负实数$\sqrt{\langle \boldsymbol{x},\boldsymbol{x}\rangle}$称为向量$\boldsymbol{x}$的长度，记为$\|\boldsymbol{x}\|$.

显然，向量的长度一般是正数，只有零向量的长度才是零，这样定义的长度符合熟知的性质

$$\|\lambda\boldsymbol{x}\| = |\lambda|\ \|\boldsymbol{x}\|$$

其中:$\lambda \in \mathbf{R}$,$\boldsymbol{x}$为n维向量.

长度为1的向量称为单位向量.如果$\boldsymbol{x}\neq\boldsymbol{0}$，向量$\dfrac{1}{\|\boldsymbol{x}\|}\boldsymbol{x}$就是一个单位向量.用向量$\boldsymbol{x}$的长度去除向量$\boldsymbol{x}$，得到一个与$\boldsymbol{x}$成比例的单位向量，通常称为把$\boldsymbol{x}$单位化.

设$\boldsymbol{u}$和$\boldsymbol{v}$是$\mathbf{R}^2$或$\mathbf{R}^3$中的向量，则$\boldsymbol{u}$和$\boldsymbol{v}$相互垂直当且仅当$\langle \boldsymbol{u},\boldsymbol{v}\rangle = 0$.例如，设

$$\boldsymbol{u} = \begin{pmatrix} 1 \\ -2 \end{pmatrix},\qquad \boldsymbol{v} = \begin{pmatrix} 6 \\ 3 \end{pmatrix}$$

显然$\boldsymbol{u}^{\mathrm{T}}\boldsymbol{v} = 0$.从几何角度看，$\boldsymbol{u}$和$\boldsymbol{v}$相互垂直，如图3.8所示.

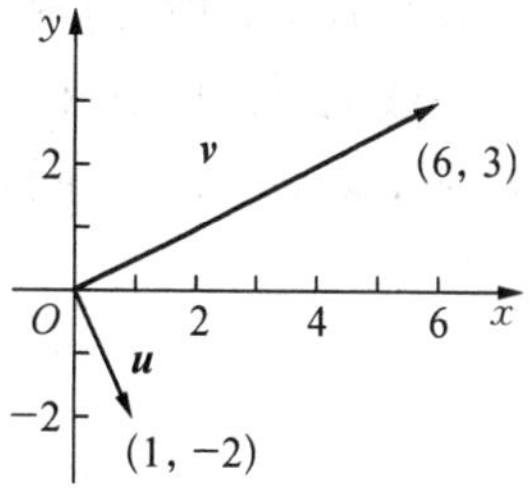

图 3.8

将垂直这一概念推广到n维空间.

定义 3.7 设$\boldsymbol{u}$和$\boldsymbol{v}$是$\mathbf{R}^n$中的向量，若$\langle \boldsymbol{u},\boldsymbol{v}\rangle = 0$，则称$\boldsymbol{u}$和$\boldsymbol{v}$正交.

定理 3.6 设$\boldsymbol{u}_1,\ \boldsymbol{u}_2,\ \cdots,\ \boldsymbol{u}_p$是$\mathbf{R}^n$中的非零向量，若$\boldsymbol{u}_1,\boldsymbol{u}_2,\cdots,\boldsymbol{u}_p$两两正交，即$\langle \boldsymbol{u}_i,\boldsymbol{u}_j\rangle = 0\ (\forall\, i\neq j)$，则向量组$\boldsymbol{u}_1,\ \boldsymbol{u}_2,\ \cdots,\ \boldsymbol{u}_p$线性无关.

证 设存在常数$c_1,\ c_2,\ \cdots,\ c_p$，使

$$c_1\boldsymbol{u}_1 + c_2\boldsymbol{u}_2 + \cdots + c_p\boldsymbol{u}_p = \boldsymbol{0}$$

于是有

$$\boldsymbol{u}_1^{\mathrm{T}}(c_1\boldsymbol{u}_1 + c_2\boldsymbol{u}_2 + \cdots + c_p\boldsymbol{u}_p) = \boldsymbol{u}_1^{\mathrm{T}}\boldsymbol{0}$$

将上式展开,得

$$c_1(\boldsymbol{u}_1^{\mathrm{T}}\boldsymbol{u}_1)+c_2(\boldsymbol{u}_1^{\mathrm{T}}\boldsymbol{u}_2)+\cdots+c_p(\boldsymbol{u}_1^{\mathrm{T}}\boldsymbol{u}_p)=0$$

因 $\boldsymbol{u}_1,\boldsymbol{u}_2,\cdots,\boldsymbol{u}_p$ 两两正交,故 $\forall\, 2\leqslant j\leqslant p$, $\boldsymbol{u}_1^{\mathrm{T}}\boldsymbol{u}_j=0$,于是上述展开式可化简为

$$c_1(\boldsymbol{u}_1^{\mathrm{T}}\boldsymbol{u}_1)=0$$

又因 $\boldsymbol{u}_1$ 是非零向量,故 $\boldsymbol{u}_1^{\mathrm{T}}\boldsymbol{u}_1>0$,由此推得 $c_1=0$. 同理可得,$c_j=0$ ($\forall\, j\leqslant p$). 因此,$\boldsymbol{u}_1$, $\boldsymbol{u}_2$, $\cdots$, $\boldsymbol{u}_p$ 是线性无关的向量组.

定义 3.8 设 W 是 $\mathbf{R}^n$ 的子空间,$\boldsymbol{u}_1$, $\boldsymbol{u}_2$, $\cdots$, $\boldsymbol{u}_m$ 是 W 中的一组基. 若 $\boldsymbol{u}_1,\boldsymbol{u}_2,\cdots,\boldsymbol{u}_m$ 两两正交,则称 $\boldsymbol{u}_1,\boldsymbol{u}_2,\cdots,\boldsymbol{u}_m$ 是 W 的一组正交基. 特别地,若 $\forall\, 1\leqslant j\leqslant m$, $\|\boldsymbol{u}_j\|=1$,则称 $\boldsymbol{u}_1,\boldsymbol{u}_2,\cdots,\boldsymbol{u}_m$ 是 W 的一组标准正交基.

由定理 3.6 和定义 3.7,可以得到下面的推论:

推论 3.1 设 W 是 $\mathbf{R}^n$ 的 m 维子空间,若 $\boldsymbol{u}_1,\boldsymbol{u}_2,\cdots,\boldsymbol{u}_m$ 是 W 中 m 个非零向量且两两正交,则 $\boldsymbol{u}_1,\boldsymbol{u}_2,\cdots,\boldsymbol{u}_m$ 是 W 的一组正交基.

取 $\mathbf{R}^3$ 的一组正交基 $\boldsymbol{w}_1$, $\boldsymbol{w}_2$, $\boldsymbol{w}_3$,设 $\boldsymbol{u}$ 在基 $\boldsymbol{w}_1$, $\boldsymbol{w}_2$, $\boldsymbol{w}_3$ 下的坐标为$(b_1, b_2, b_3)^{\mathrm{T}}$,即

$$\boldsymbol{u}=b_1\boldsymbol{w}_1+b_2\boldsymbol{w}_2+b_3\boldsymbol{w}_3$$

上式两边左乘向量 $\boldsymbol{w}_1^{\mathrm{T}}$,得

$$\boldsymbol{w}_1^{\mathrm{T}}\boldsymbol{u}=\boldsymbol{w}_1^{\mathrm{T}}(b_1\boldsymbol{w}_1+b_2\boldsymbol{w}_2+b_3\boldsymbol{w}_3)=b_1(\boldsymbol{w}_1^{\mathrm{T}}\boldsymbol{w}_1)$$

这是因为 $\boldsymbol{w}_1^{\mathrm{T}}\boldsymbol{w}_2=0$,$\boldsymbol{w}_1^{\mathrm{T}}\boldsymbol{w}_3=0$. 于是可以求得

$$b_1=\frac{\boldsymbol{w}_1^{\mathrm{T}}\boldsymbol{u}}{\boldsymbol{w}_1^{\mathrm{T}}\boldsymbol{w}_1}$$

同理可得

$$b_2=\frac{\boldsymbol{w}_2^{\mathrm{T}}\boldsymbol{u}}{\boldsymbol{w}_2^{\mathrm{T}}\boldsymbol{w}_2},\qquad b_3=\frac{\boldsymbol{w}_3^{\mathrm{T}}\boldsymbol{u}}{\boldsymbol{w}_3^{\mathrm{T}}\boldsymbol{w}_3}$$

容易看出,计算向量在正交基下的坐标比计算其在一般基下的坐标要简便得多.

一般地,设 W 是 $\mathbf{R}^n$ 的子空间,$\boldsymbol{w}_1$, $\boldsymbol{w}_2$, $\cdots$, $\boldsymbol{w}_m$ 是 W 中的一组正交基. $\forall\, \boldsymbol{w}\in W$,设 $\boldsymbol{w}$ 在基 $\boldsymbol{w}_1$, $\boldsymbol{w}_2$, $\cdots$, $\boldsymbol{w}_m$ 下的坐标为$(a_1, a_2, \cdots, a_m)^{\mathrm{T}}$,即

$$\boldsymbol{w}=a_1\boldsymbol{w}_1+a_2\boldsymbol{w}_2+\cdots+a_m\boldsymbol{w}_m$$

则

$$a_i=\frac{\boldsymbol{w}_i^{\mathrm{T}}\boldsymbol{w}}{\boldsymbol{w}_i^{\mathrm{T}}\boldsymbol{w}_i}\quad(1\leqslant i\leqslant m)$$

进一步,若 $\boldsymbol{w}_1,\boldsymbol{w}_2,\cdots,\boldsymbol{w}_m$ 为 W 中一组标准正交基,则

$$a_i=\boldsymbol{w}_i^{\mathrm{T}}\boldsymbol{w}\quad(1\leqslant i\leqslant m)$$

现在研究把一组基改造成正交基的方法,这就是所谓的施密特(Schmidt)正交化方法.

定理 3.7 设W是$\mathbf{R}^n$的子空间,$\boldsymbol{u}_1, \boldsymbol{u}_2, \cdots, \boldsymbol{u}_m$是$W$中的一组基,则$\boldsymbol{w}_1, \boldsymbol{w}_2, \cdots, \boldsymbol{w}_m$是$W$的一组与$\boldsymbol{u}_1, \boldsymbol{u}_2, \cdots, \boldsymbol{u}_m$等价的正交基,其中

$$\boldsymbol{w}_1 = \boldsymbol{u}_1$$

$$\boldsymbol{w}_2 = \boldsymbol{u}_2 - \frac{\boldsymbol{w}_1^{\mathrm{T}}\boldsymbol{u}_2}{\boldsymbol{w}_1^{\mathrm{T}}\boldsymbol{w}_1}\boldsymbol{w}_1$$

$$\boldsymbol{w}_3 = \boldsymbol{u}_3 - \frac{\boldsymbol{w}_1^{\mathrm{T}}\boldsymbol{u}_3}{\boldsymbol{w}_1^{\mathrm{T}}\boldsymbol{w}_1}\boldsymbol{w}_1 - \frac{\boldsymbol{w}_2^{\mathrm{T}}\boldsymbol{u}_3}{\boldsymbol{w}_2^{\mathrm{T}}\boldsymbol{w}_2}\boldsymbol{w}_2$$

一般地,

$$\boldsymbol{w}_i = \boldsymbol{u}_i - \sum_{k=1}^{i-1}\frac{\boldsymbol{w}_k^{\mathrm{T}}\boldsymbol{u}_i}{\boldsymbol{w}_k^{\mathrm{T}}\boldsymbol{w}_k}\boldsymbol{w}_k$$

定理的证明与推导向量在正交基下的坐标的过程类似,可以采用数学归纳法.

在正交基$\boldsymbol{w}_1, \boldsymbol{w}_2, \cdots, \boldsymbol{w}_m$基础上,若要得到一组标准正交基,只需将$\boldsymbol{w}_1, \boldsymbol{w}_2, \cdots, \boldsymbol{w}_m$单位化即可.

下面举例说明施密特正交化方法的应用.

例 3.13 设$W=\mathrm{Sp}\{\boldsymbol{w}_1, \boldsymbol{w}_2, \boldsymbol{w}_3\}$,其中

$$\boldsymbol{w}_1 = \begin{pmatrix}0\\1\\2\\1\end{pmatrix}, \quad \boldsymbol{w}_2 = \begin{pmatrix}0\\1\\3\\1\end{pmatrix}, \quad \boldsymbol{w}_3 = \begin{pmatrix}1\\1\\1\\0\end{pmatrix}$$

试用施密特正交化方法求W的一组标准正交基.

解 通过计算容易验证向量组$\boldsymbol{w}_1, \boldsymbol{w}_2, \boldsymbol{w}_3$线性无关. 根据定理 3.7,令

$$\boldsymbol{v}_1 = \boldsymbol{w}_1$$

$$\boldsymbol{v}_2 = \boldsymbol{w}_2 - \frac{\boldsymbol{v}_1^{\mathrm{T}}\boldsymbol{w}_2}{\boldsymbol{v}_1^{\mathrm{T}}\boldsymbol{v}_1}\boldsymbol{v}_1$$

$$\boldsymbol{v}_3 = \boldsymbol{w}_3 - \frac{\boldsymbol{v}_1^{\mathrm{T}}\boldsymbol{w}_3}{\boldsymbol{v}_1^{\mathrm{T}}\boldsymbol{v}_1}\boldsymbol{v}_1 - \frac{\boldsymbol{v}_2^{\mathrm{T}}\boldsymbol{w}_3}{\boldsymbol{v}_2^{\mathrm{T}}\boldsymbol{v}_2}\boldsymbol{v}_2$$

即

$$\boldsymbol{v}_2 = \boldsymbol{w}_2 - \frac{4}{3}\boldsymbol{v}_1 = \left(0, -\frac{1}{3}, \frac{1}{3}, -\frac{1}{3}\right)^{\mathrm{T}}$$

$$\boldsymbol{v}_3 = \boldsymbol{w}_3 - \frac{1}{2}\boldsymbol{v}_1 - 0\boldsymbol{v}_2 = \left(1, \frac{1}{2}, 0, -\frac{1}{2}\right)^{\mathrm{T}}$$

将$\boldsymbol{v}_1, \boldsymbol{v}_2$和$\boldsymbol{v}_3$除以各自的长度,可得到$W$的一组标准正交基$\boldsymbol{u}_1, \boldsymbol{u}_2, \boldsymbol{u}_3$,其中

$$\boldsymbol{u}_1 = \frac{\sqrt{6}}{6}\begin{pmatrix}0\\1\\2\\1\end{pmatrix}, \quad \boldsymbol{u}_2 = \frac{\sqrt{3}}{3}\begin{pmatrix}0\\-1\\1\\-1\end{pmatrix}, \quad \boldsymbol{u}_3 = \frac{\sqrt{6}}{6}\begin{pmatrix}2\\1\\0\\-1\end{pmatrix}$$

3.5 线性方程组解的结构

本节主要研究向量空间在线性方程组求解中的应用.

在前面的讨论中已经看到齐次线性方程组

$$\boldsymbol{A}\boldsymbol{x}=\boldsymbol{0},\quad \boldsymbol{A}=(a_{ij})_{m\times n},\quad \boldsymbol{x}=(x_1,x_2,\cdots,x_n)^{\mathrm{T}}$$

的解集 $\boldsymbol{N}(\boldsymbol{A})$ 构成一个向量空间.下面给出基础解系的概念.

定义 3.9 设 $\boldsymbol{\xi}_1,\boldsymbol{\xi}_2,\cdots,\boldsymbol{\xi}_t$ 是齐次线性方程组 $\boldsymbol{A}\boldsymbol{x}=\boldsymbol{0}$ 的解向量,如果满足

(1) $\boldsymbol{\xi}_1,\boldsymbol{\xi}_2,\cdots,\boldsymbol{\xi}_t$ 线性无关.

(2) $\boldsymbol{A}\boldsymbol{x}=\boldsymbol{0}$ 的任一解向量可由 $\boldsymbol{\xi}_1,\boldsymbol{\xi}_2,\cdots,\boldsymbol{\xi}_t$ 线性表示,则称 $\boldsymbol{\xi}_1,\boldsymbol{\xi}_2,\cdots,\boldsymbol{\xi}_t$ 是 $\boldsymbol{A}\boldsymbol{x}=\boldsymbol{0}$ 的一个基础解系.

由向量对加法和数乘运算的线性性质,当 $\boldsymbol{\xi}_1,\boldsymbol{\xi}_2,\cdots,\boldsymbol{\xi}_t$ 是 $\boldsymbol{A}\boldsymbol{x}=\boldsymbol{0}$ 的一个基础解系时,有

$$\boldsymbol{\xi}=c_1\boldsymbol{\xi}_1+c_2\boldsymbol{\xi}_2+\cdots+c_t\boldsymbol{\xi}_t$$

也是 $\boldsymbol{A}\boldsymbol{x}=\boldsymbol{0}$ 的解,其中 $c_1,c_2,\cdots,c_t$ 为任意常数.

从定义 3.9 知齐次线性方程组 $\boldsymbol{A}\boldsymbol{x}=\boldsymbol{0}$ 的基础解系就是其解空间 $\boldsymbol{N}(\boldsymbol{A})$ 的一组基.事实上,基础解系是线性无关的,而且生成 $\boldsymbol{N}(\boldsymbol{A})$.这样也就不难理解,齐次线性方程组的基础解系不是唯一的,但任意基础解系中所含解向量的个数是确定的,即为解空间 $\boldsymbol{N}(\boldsymbol{A})$ 的维数 $\dim\boldsymbol{N}(\boldsymbol{A})$.由定理 1.2 知,$\dim\boldsymbol{N}(\boldsymbol{A})$ 就是齐次线性方程组 $\boldsymbol{A}\boldsymbol{x}=\boldsymbol{0}$ 中自由未知量的个数,也是通解中所含任意常数的个数 $n-R(\boldsymbol{A})$,即

$$\dim\boldsymbol{N}(\boldsymbol{A})+R(\boldsymbol{A})=n$$

因此,齐次线性方程组 $\boldsymbol{A}\boldsymbol{x}=\boldsymbol{0}$ 的基础解系是满足以下条件的一组向量:

(1) 其中的每一个向量都是齐次线性方程组的解.

(2) 这组向量共有 $n-R(\boldsymbol{A})$ 个.

(3) 这组向量是线性无关的.

下面结合算例具体说明.

例 3.14 试求齐次线性方程组

$$\begin{cases}5x_1+2x_2+3x_3-4x_4=0\\2x_1+x_2+2x_4=0\\-3x_1-x_2-3x_3+6x_4=0\end{cases}$$

的基础解系.

解 对系数矩阵 $\boldsymbol{A}$ 施行初等行变换.

$$\boldsymbol{A}=\begin{pmatrix}5&2&3&-4\\2&1&0&2\\-3&-1&-3&6\end{pmatrix}\xrightarrow{r_1-2r_2}\begin{pmatrix}1&0&3&-8\\2&1&0&2\\-3&-1&-3&6\end{pmatrix}$$

$$\xrightarrow[r_3+3r_1]{r_2-2r_1}\begin{pmatrix}1&0&3&-8\\0&1&-6&18\\0&-1&6&-18\end{pmatrix}\xrightarrow{r_3+r_2}\begin{pmatrix}1&0&3&-8\\0&1&-6&18\\0&0&0&0\end{pmatrix}$$

与原方程组同解的方程组为

$$\begin{cases}x_1 \quad +3x_3-\ 8x_4=0\\ \quad x_2-6x_3+18x_4=0\end{cases}$$

取 x_3，x_4 为自由未知量，并令 $x_3=c_1$，$x_4=c_2$，解得

$$\begin{pmatrix}x_1\\x_2\\x_3\\x_4\end{pmatrix}=c_3\begin{pmatrix}-3\\6\\1\\0\end{pmatrix}+c_4\begin{pmatrix}8\\-18\\0\\1\end{pmatrix}$$

则方程组的通解可以写为

$$\boldsymbol{x}=c_3\boldsymbol{\alpha}_1+c_4\boldsymbol{\alpha}_2$$

其中

$$\boldsymbol{\alpha}_1=\begin{pmatrix}-3\\6\\1\\0\end{pmatrix},\qquad \boldsymbol{\alpha}_2=\begin{pmatrix}8\\-18\\0\\1\end{pmatrix}$$

容易验证 $\boldsymbol{\alpha}_1$ 和 $\boldsymbol{\alpha}_2$ 线性无关. 这样，该齐次线性方程组的一个基础解系为 $\boldsymbol{\alpha}_1$，$\boldsymbol{\alpha}_2$.

根据通解的表达式，立即看出 $\mathbf{N}(\mathbf{A})=\mathrm{Sp}(\boldsymbol{\alpha}_1,\ \boldsymbol{\alpha}_2)$，$\boldsymbol{\alpha}_1$，$\boldsymbol{\alpha}_2$ 就是 $\mathbf{N}(\mathbf{A})$的一组基，通解中两个任意常数也有“几何”意义，即为任一解向量对基 $\boldsymbol{\alpha}_1$，$\boldsymbol{\alpha}_2$ 的坐标.

如果对系数矩阵 $\mathbf{A}$ 进行如下变形：

$$\mathbf{A}=\begin{pmatrix}5&2&3&-4\\2&1&0&2\\-3&-1&-3&6\end{pmatrix}\xrightarrow{r}\begin{pmatrix}3&\frac{4}{3}&1&0\\1&\frac{1}{2}&0&1\\0&0&0&0\end{pmatrix}$$

此时，也可将 x_1，x_2 视为自由变量，令 $x_1=c_1$，$x_2=c_2$，则

$$\boldsymbol{x}=c_1\begin{pmatrix}1\\0\\-3\\-1\end{pmatrix}+c_2\begin{pmatrix}0\\1\\-\frac{4}{3}\\-\frac{1}{2}\end{pmatrix}=c_1\boldsymbol{\beta}_1+c_2\boldsymbol{\beta}_2$$

其中

$$\boldsymbol{\beta}_1=\begin{pmatrix}1\\0\\-3\\-1\end{pmatrix},\qquad \boldsymbol{\beta}_2=\begin{pmatrix}0\\1\\-\frac{4}{3}\\-\frac{1}{2}\end{pmatrix}$$

现在的一个基础解系是 $\boldsymbol{\beta}_1,\ \boldsymbol{\beta}_2$. 重复上面对 $\boldsymbol{\alpha}_1,\ \boldsymbol{\alpha}_2$ 的说明,可知 $\boldsymbol{\beta}_1,\ \boldsymbol{\beta}_2$ 是 $\boldsymbol{N}(\boldsymbol{A})$的另一组基,由于基向量的个数必等于空间的维数,这也就"直观地"解释了一个齐次方程组的不同基础解系中包含的解向量的个数是确定的. 而对方程组就不同的自由变量求解,只相当于在 $\boldsymbol{N}(\boldsymbol{A})$中另取一组基而已.

下面由向量空间理论来讨论非齐次线性方程组的解.

对非齐次线性方程组 $\boldsymbol{Ax}=\boldsymbol{b}$,记 $\boldsymbol{A}=(\boldsymbol{a}_1,\boldsymbol{a}_2,\cdots,\boldsymbol{a}_n)$,其向量形式为

$$x_1\boldsymbol{a}_1+x_2\boldsymbol{a}_2+\cdots+x_n\boldsymbol{a}_n=\boldsymbol{b}$$

由定理 1.1,方程组有解的充分必要条件是

$$R(\boldsymbol{A})=R(\boldsymbol{A},\ \boldsymbol{b})$$

事实上,若 $R(\boldsymbol{A})\neq R(\boldsymbol{A},\ \boldsymbol{b})$,则必有 $R(\boldsymbol{A})<R(\boldsymbol{A},\ \boldsymbol{b})$,此时 $\boldsymbol{b}$ 不能由 $\boldsymbol{a}_1,\ \boldsymbol{a}_2,\ \cdots,\ \boldsymbol{a}_n$ 线性表示,故方程组无解.

当 $R(\boldsymbol{A})=R(\boldsymbol{A},\ \boldsymbol{b})$时,$\boldsymbol{b}$ 必能由 $\boldsymbol{a}_1,\ \boldsymbol{a}_2,\ \cdots,\ \boldsymbol{a}_n$ 线性表示,在此前提下,若

$$R(\boldsymbol{A})=R(\boldsymbol{A},\ \boldsymbol{b})=n$$

则说明向量组 $\boldsymbol{a}_1,\ \boldsymbol{a}_2,\ \cdots,\ \boldsymbol{a}_n$ 线性无关,故它们必为 $\boldsymbol{A}$ 的列空间

$$\boldsymbol{C}(\boldsymbol{A})=\mathrm{Sp}\{\boldsymbol{a}_1,\ \boldsymbol{a}_2,\ \cdots,\ \boldsymbol{a}_n\}$$

的一组基,因为向量 $\boldsymbol{b}$ 对一组基的坐标是唯一确定的,所以此时方程组有唯一解.

若

$$R(\boldsymbol{A})=R(\boldsymbol{A},\ \boldsymbol{b})=r<n$$

则说明生成 $\boldsymbol{C}(\boldsymbol{A})$的 n 个向量 $\boldsymbol{a}_1,\ \boldsymbol{a}_2,\ \cdots,\ \boldsymbol{a}_n$ 是线性相关的,而极大线性无关组含 r 个向量. 为叙述方便可不失一般地就假定极大线性无关组是 $\boldsymbol{a}_{n-r+1},\ \cdots,\ \boldsymbol{a}_n$,这就是 $\boldsymbol{C}(\boldsymbol{A})$的一组基. 因 $\boldsymbol{b},\ \boldsymbol{a}_1,\ \cdots,\ \boldsymbol{a}_{n-r}$均在 $\boldsymbol{C}(\boldsymbol{A})$中,故它们的线性组合也必在$\boldsymbol{C}(\boldsymbol{A})$中,所以对 $n-r$ 个任意常数值 $t_1,\ t_2,\ \cdots,\ t_{n-r}$,向量

$$\boldsymbol{b}+t_1\boldsymbol{a}_1+\cdots+t_{n-r}\boldsymbol{a}_{n-r}$$

对这组基必有唯一的坐标,设为 $c_1,\ c_2,\ \cdots,\ c_r$,这就有

$$\boldsymbol{b}+t_1\boldsymbol{a}_1+\cdots+t_{n-r}\boldsymbol{a}_{n-r}=c_1\boldsymbol{a}_{n-r+1}+\cdots+c_r\boldsymbol{a}_n$$

从此式可以看出,$(-t_1,-t_2,\cdots,-t_{n-r},\ c_1,\ \cdots,\ c_r)^{\mathrm{T}}$ 是 $\boldsymbol{Ax}=\boldsymbol{b}$ 的解. 由于 $t_1,\ t_2,\ \cdots,\ t_{n-r}$可任意取值,故 $\boldsymbol{Ax}=\boldsymbol{b}$ 的通解中含 $n-r$ 个任意常数.

为研究非齐次线性方程组 $\boldsymbol{Ax}=\boldsymbol{b}$ 的通解的结构式,给出非齐次线性方程组$\boldsymbol{Ax}=\boldsymbol{b}$ 的解与其对应的齐次线性方程组 $\boldsymbol{Ax}=\boldsymbol{0}$ 的解的关系.

定理 3.8 设非齐次线性方程组 $\boldsymbol{Ax}=\boldsymbol{b}$ 的解集为 S,对应的齐次线性方程组$\boldsymbol{Ax}=\boldsymbol{0}$ 的解空间为 $\boldsymbol{N}(\boldsymbol{A})$. 若已知 $\boldsymbol{x}_1,\ \boldsymbol{x}_2\in S$,则有

(1) $\boldsymbol{A}(\boldsymbol{x}_1-\boldsymbol{x}_2)=\boldsymbol{0}$,即 $\boldsymbol{x}_1-\boldsymbol{x}_2\in \boldsymbol{N}(\boldsymbol{A})$.

(2) 对任意 $\boldsymbol{x}_h\in \boldsymbol{N}(\boldsymbol{A})$,必有 $\boldsymbol{x}_1+\boldsymbol{x}_h\in S$.

定理 3.8 的结论(1)说明若求得非齐次线性方程组 $\boldsymbol{Ax}=\boldsymbol{b}$ 的一个解 $\boldsymbol{\eta}^*$,则 $\boldsymbol{Ax}=\boldsymbol{b}$ 的任一解总可表示为 $\boldsymbol{x}=\boldsymbol{\xi}+\boldsymbol{\eta}^*$,其中 $\boldsymbol{x}=\boldsymbol{\xi}$ 为对应的齐次线性方程组 $\boldsymbol{Ax}=\boldsymbol{0}$ 的解,又若 $\boldsymbol{Ax}=\boldsymbol{0}$ 的通解为

$$\boldsymbol{x}=c_1\boldsymbol{\xi}_1+c_2\boldsymbol{\xi}_2+\cdots+c_{n-r}\boldsymbol{\xi}_{n-r}$$

则 $\boldsymbol{Ax}=\boldsymbol{b}$ 的任一解总可表示为

$$\boldsymbol{x}=c_1\boldsymbol{\xi}_1+c_2\boldsymbol{\xi}_2+\cdots+c_{n-r}\boldsymbol{\xi}_{n-r}+\boldsymbol{\eta}^*$$

而由定理 3.8(2)可知,对任何实数 $c_1,c_2,\cdots,c_{n-r}$,上式总是 $\boldsymbol{Ax}=\boldsymbol{b}$ 的解. 于是$\boldsymbol{Ax}=\boldsymbol{b}$ 的通解为

$$\boldsymbol{x}=c_1\boldsymbol{\xi}_1+c_2\boldsymbol{\xi}_2+\cdots+c_{n-r}\boldsymbol{\xi}_{n-r}+\boldsymbol{\eta}^*$$

其中:$c_1,c_2,\cdots,c_{n-r}$为任意实数;$\boldsymbol{\xi}_1,\boldsymbol{\xi}_2,\cdots,\boldsymbol{\xi}_{n-r}$为对应的齐次线性方程组 $\boldsymbol{Ax}=\boldsymbol{0}$ 的一个基础解系.

例 3.15　求方程组

$$\begin{cases}x_1-x_2-x_3+x_4=0\\x_1-x_2+x_3-3x_4=1\\x_1-x_2-2x_3+3x_4=-\dfrac{1}{2}\end{cases}$$

的通解.

解　对增广矩阵 $\overline{\boldsymbol{A}}$ 施行初等行变换.

$$\overline{\boldsymbol{A}}=\begin{pmatrix}1&-1&-1&1&0\\1&-1&1&-3&1\\1&-1&-2&3&-\dfrac{1}{2}\end{pmatrix}\xrightarrow[r_3-r_1]{r_2-r_1}\begin{pmatrix}1&-1&-1&1&0\\0&0&2&-4&1\\0&0&-1&2&-\dfrac{1}{2}\end{pmatrix}$$

$$\xrightarrow[r_3+r_2]{\substack{r_1-r_3\\ \frac{1}{2}r_2}}\begin{pmatrix}1&-1&0&-1&\dfrac{1}{2}\\0&0&1&-2&\dfrac{1}{2}\\0&0&0&0&0\end{pmatrix}$$

可见 $R(\boldsymbol{A})=R(\overline{\boldsymbol{A}})=2<4$,故方程组有无穷多解,则有

$$\begin{cases}x_1=x_2+x_4+\dfrac{1}{2}\\x_3=2x_4+\dfrac{1}{2}\end{cases}$$

取 $x_2=x_4=0$,则 $x_1=x_3=\dfrac{1}{2}$,即得方程组的一个解为

$$\boldsymbol{\eta}^*=\left(\frac{1}{2},\ 0,\ \frac{1}{2},\ 0\right)^{\mathrm{T}}$$

在对应的齐次线性方程组

$$\begin{cases} x_1 = x_2 + x_4 \\ x_3 = 2x_4 \end{cases}$$

中,取$\begin{pmatrix} x_2 \\ x_4 \end{pmatrix}=\begin{pmatrix} 1 \\ 0 \end{pmatrix}$及$\begin{pmatrix} 0 \\ 1 \end{pmatrix}$,则$\begin{pmatrix} x_1 \\ x_3 \end{pmatrix}=\begin{pmatrix} 1 \\ 0 \end{pmatrix}$及$\begin{pmatrix} 1 \\ 2 \end{pmatrix}$,即得对应的齐次线性方程组的基础解系为

$$\boldsymbol{\xi}_1=(1,\ 1,\ 0,\ 0)^{\mathrm{T}},\qquad \boldsymbol{\xi}_2=(1,\ 0,\ 2,\ 1)^{\mathrm{T}}$$

于是所求通解为

$$\begin{pmatrix} x_1 \\ x_2 \\ x_3 \\ x_4 \end{pmatrix}=c_1\begin{pmatrix} 1 \\ 1 \\ 0 \\ 0 \end{pmatrix}+c_2\begin{pmatrix} 1 \\ 0 \\ 2 \\ 1 \end{pmatrix}+\begin{pmatrix} \frac{1}{2} \\ 0 \\ \frac{1}{2} \\ 0 \end{pmatrix}\quad (c_1,\ c_2\in\mathbf{R})$$

3.6 应用实例

3.6.1 混凝土配料中的应用

混凝土由五种主要的原料组成:水泥、水、砂、石和灰,不同的成分影响混凝土的不同特性.例如,水与水泥的比例影响混凝土的最终强度,砂与石的比例影响混凝土的易加工性,灰与水泥的比例影响混凝土的耐久性等.所以不同用途的混凝土需要不同的原料配比.

例 3.16 一个混凝土生产企业的设备只能生产存储三种基本类型的混凝土,即超强型、通用型和长寿型.它们的配方如表 3.1 所示.

表 3.1

	超强型 A	通用型 B	长寿型 C
水泥(c)	20	18	12
水(w)	10	10	10
砂(s)	20	25	15
石(g)	10	5	15
灰(f)	0	2	8

于是每一种基本类型混凝土就可以用一个五维的列向量$(c,w,s,g,f)^{\mathrm{T}}$来表示,生产企业希望,客户所订购的其他混凝土都能由这三种基本类型按一定比例混合而成.

(1) 假如某客户要求的混凝土的五种成分为 16,10,21,9,4,试问 A,B,C 三种类型应各占多少比例?如果客户总共需要 5000 kg 混凝土,则三种类型各要多少?

(2) 如果客户要求的成分为 16,12,19,9,4,则这种材料能用 A,B,C 三种类型配成

吗？为什么？

解 从数学上看，这三种基本类型的混凝土相当于三个基向量 $\boldsymbol{v}_A,\boldsymbol{v}_B,\boldsymbol{v}_C$，待配混凝土相当于两个合成向量 $\boldsymbol{w}_1,\boldsymbol{w}_2$，其数值如下

$$\boldsymbol{v}_A=\begin{pmatrix}20\\10\\20\\10\\0\end{pmatrix},\quad \boldsymbol{v}_B=\begin{pmatrix}18\\10\\25\\5\\2\end{pmatrix},\quad \boldsymbol{v}_C=\begin{pmatrix}12\\10\\15\\15\\8\end{pmatrix},\quad \boldsymbol{w}_1=\begin{pmatrix}16\\10\\21\\9\\4\end{pmatrix},\quad \boldsymbol{w}_2=\begin{pmatrix}16\\12\\19\\9\\4\end{pmatrix}$$

现在的问题归结为 $\boldsymbol{w}_1,\boldsymbol{w}_2$ 是否是 $\boldsymbol{v}_A,\boldsymbol{v}_B,\boldsymbol{v}_C$ 的线性组合？或 $\boldsymbol{w}_1,\boldsymbol{w}_2$ 是否在 $\boldsymbol{v}_A,\boldsymbol{v}_B,\boldsymbol{v}_C$ 所生成的向量空间内？解题的思路是先分析三个基向量所生成的空间是几维的？把 $\boldsymbol{w}_1$(或 $\boldsymbol{w}_2$)加进去后维数是否没有增加？这就可以知道 $\boldsymbol{w}_1$(或 $\boldsymbol{w}_2$)是不是在 $\boldsymbol{v}_A,\boldsymbol{v}_B,\boldsymbol{v}_C$ 生成的向量空间内.

因为

$$R(\boldsymbol{v}_A,\boldsymbol{v}_B,\boldsymbol{v}_C)=3,\quad R(\boldsymbol{v}_A,\boldsymbol{v}_B,\boldsymbol{v}_C,\boldsymbol{w}_1)=3,\quad R(\boldsymbol{v}_A,\boldsymbol{v}_B,\boldsymbol{v}_C,\boldsymbol{w}_2)=4$$

这意味着 $\boldsymbol{w}_1$ 在 $\boldsymbol{v}_A,\boldsymbol{v}_B,\boldsymbol{v}_C$ 生成的向量空间内，而 $\boldsymbol{w}_2$ 则不在 $\boldsymbol{v}_A,\boldsymbol{v}_B,\boldsymbol{v}_C$ 生成的向量空间内，所以 $\boldsymbol{w}_1$ 可以由三种基本类型的混凝土混合而成，但 $\boldsymbol{w}_2$ 不行.

为了计算 $\boldsymbol{w}_1$ 所需的混合比例，问题归结为解下列线性方程组

$$k_A\boldsymbol{v}_A+k_B\boldsymbol{v}_B+k_C\boldsymbol{v}_C=\boldsymbol{w}_1$$

写成矩阵形式为

$$(\boldsymbol{v}_A,\boldsymbol{v}_B,\boldsymbol{v}_C)\begin{pmatrix}k_A\\k_B\\k_C\end{pmatrix}=\boldsymbol{w}_1$$

为此，可对增广矩阵$(\boldsymbol{v}_A,\boldsymbol{v}_B,\boldsymbol{v}_C,\boldsymbol{w}_1)$进行初等行变换，化为行最简形矩阵

$$\boldsymbol{U}_0=\begin{pmatrix}1&0&0&2/25\\0&1&0&14/25\\0&0&1&9/25\\0&0&0&0\\0&0&0&0\end{pmatrix}$$

所以三种基本混凝土应按 8%，56%，36%的比例调配，对于 5 000 kg 混凝土，三种基本类型混凝土的用量分别为 400 kg，2 800 kg，1 800 kg.

混凝土由五种原料配成，如果要能配成任何比例，则至少要自由地改变四种(请想一想为什么不是五种)原料的分量，也就是说每一种混凝土是四维空间中的一个点. 现在若通过改变三个常数来凑成四维空间的任意点，那是做不到的. 对于四维空间的问题，一般地说，很难从几何意义上解释这一点. 不过就本题而言，却是可以说清楚的. 请读者注意，在这三种基本混凝土中，水的含量都是 1/6. 所以不管怎么混合，合成的混凝土的含水量必然是 1/6. 如果客户要求的混凝土含水量不是 1/6，那么无论如何也配不出来，$\boldsymbol{w}_2$ 要求的成分就属于这种情况.

3.6.2 最小二乘问题

在经济学中,个人的收入与消费之间存在着密切的关系.收入越多,消费水平越高;收入较少,消费水平也较低.从一个社会整体来看,个人的平均收入与平均消费之间大致呈线性关系.若 u 表示收入,v 表示支出,则 u, v 适合

$$u=a+bv \tag{3.1}$$

其中:a, b 是两个常数,需要根据具体的统计数据来确定.假定现在有一组表示三年中每年的收入与消费情况的统计数字,如表 3.2 所示.

表 3.2 单位:万元

年	1	2	3
u	1.6	1.7	2.0
v	1.2	1.4	1.8

现在要根据这一组统计数字求出 a, b.将 u, v 的值代入式(3.1)得到一个含有两个未知数三个方程式的线性方程组

$$\begin{cases} a+1.2b=1.6 \\ a+1.4b=1.7 \\ a+1.8b=2.0 \end{cases}$$

从第一、第二个方程式可求出 $a=1$, $b=0.5$,代入第三个方程式,得

$$1+1.8\times 0.5=1.9\neq 2.0$$

这说明上面的线性方程组无解.那么是不是我们的问题就没有意义了?当然不是.事实上,收入与消费的关系通常极为复杂,把它当成线性关系只是一种近似的假定.另外,统计数字本身不可避免地会产生误差,也就是说统计表只是实际情况的近似反映.我们的目的是求出 a, b 的值以供理论分析之用.既然统计数字有误差,就不可能也没必要求出 a, b 的精确解.我们可以对 a, b 提出这样的要求:求出 a, b,使得到的关系式 $u=a+bv$ 能尽可能符合实际情形.用数学的语言来说就是求 a, b,使平方偏差

$$[(a+1.2b)-1.6]^2+[(a+1.4b)-1.7]^2+[(a+1.8b)-2.0]^2$$

取最小值.这就是最小二乘问题.

定义 3.9 设 $\boldsymbol{A}$ 为 $m\times n$ 矩阵,如果线性方程组 $\boldsymbol{Ax}=\boldsymbol{\beta}$ 无解,设 $\boldsymbol{\eta}=(k_1, k_2, \cdots, k_n)^{\mathrm{T}}$,使对任意 $\boldsymbol{\xi}\in\mathbf{R}^n$,都有

$$\|\boldsymbol{A\eta}-\boldsymbol{\beta}\|\leqslant\|\boldsymbol{A\xi}-\boldsymbol{\beta}\|$$

则称 $\boldsymbol{\eta}$ 为线性方程组 $\boldsymbol{Ax}=\boldsymbol{\beta}$ 的一个最小二乘解.这种问题称为线性最小二乘问题.

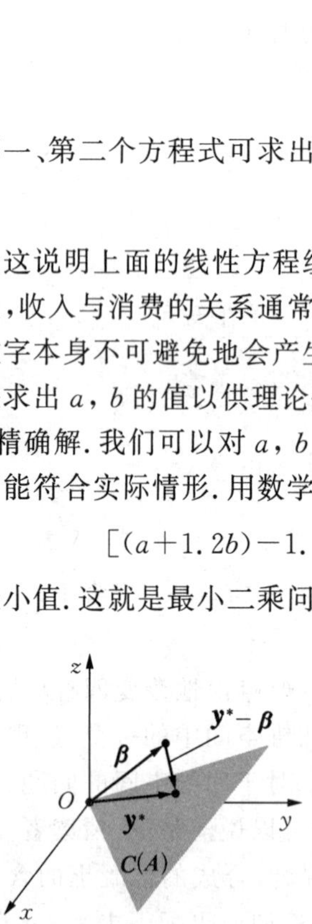

图 3.9

如何求最小二乘解?下面以三个方程两个未知量构成的线性方程组 $\boldsymbol{Ax}=\boldsymbol{\beta}$ 为例进行分析,如图 3.9 所示.

设 $\boldsymbol{y}^*\in C(\boldsymbol{A})$,且对任意 $\boldsymbol{y}\in C(\boldsymbol{A})$,都有

$$\|\boldsymbol{y}^*-\boldsymbol{\beta}\|\leqslant\|\boldsymbol{y}-\boldsymbol{\beta}\|$$

图 3.9 表明，$\boldsymbol{y}^*-\boldsymbol{\beta}$ 垂直于 $C(\mathbf{A})$ 中所有的向量. 设矩阵 $\mathbf{A}$ 的列向量为 $\boldsymbol{a}_1$，$\boldsymbol{a}_2$，由于 $\mathbf{A}$ 的列空间等于 $C(\mathbf{A})$，则 $\boldsymbol{y}^*-\boldsymbol{\beta}$ 垂直于 $\boldsymbol{a}_1$，$\boldsymbol{a}_2$，即

$$\boldsymbol{a}_1^{\mathrm{T}}(\boldsymbol{y}^*-\boldsymbol{\beta})=0,\qquad \boldsymbol{a}_2^{\mathrm{T}}(\boldsymbol{y}^*-\boldsymbol{\beta})=0$$

或者写成如下形式

$$\mathbf{A}^{\mathrm{T}}(\boldsymbol{y}^*-\boldsymbol{\beta})=\mathbf{0}$$

由于存在 $\boldsymbol{x}^*\in\mathbf{R}^2$，使 $\boldsymbol{y}^*=\mathbf{A}\boldsymbol{x}^*$ 成立，则

$$\mathbf{A}^{\mathrm{T}}(\mathbf{A}\boldsymbol{x}^*-\boldsymbol{\beta})=\mathbf{0}$$

将上式展开，得

$$\mathbf{A}^{\mathrm{T}}\mathbf{A}\boldsymbol{x}^*=\mathbf{A}^{\mathrm{T}}\boldsymbol{\beta}$$

因此，通过求解线性方程组 $\mathbf{A}^{\mathrm{T}}\mathbf{A}\boldsymbol{x}^*=\mathbf{A}^{\mathrm{T}}\boldsymbol{\beta}$ 可以找到线性方程组 $\mathbf{A}\boldsymbol{x}=\boldsymbol{\beta}$ 的最小二乘解.

定理 3.9 设 $\mathbf{A}$ 为 $m\times n$ 矩阵，则

(1) 线性方程组 $\mathbf{A}^{\mathrm{T}}\mathbf{A}\boldsymbol{x}=\mathbf{A}^{\mathrm{T}}\boldsymbol{\beta}$ 有解.

(2) 线性方程组 $\mathbf{A}\boldsymbol{x}=\boldsymbol{\beta}$ 的最小二乘解的集合等于 $\mathbf{A}^{\mathrm{T}}\mathbf{A}\boldsymbol{x}=\mathbf{A}^{\mathrm{T}}\boldsymbol{\beta}$ 的解集合.

(3) 最小二乘解是唯一的当且仅当 $\mathbf{A}$ 的秩为 n.

证明略.

下面我们来求本节例子中提到的线性方程组的最小二乘解. 这时

$$\mathbf{A}=\begin{pmatrix}1 & 1.2\\ 1 & 1.4\\ 1 & 1.8\end{pmatrix},\quad \mathbf{A}^{\mathrm{T}}=\begin{pmatrix}1 & 1 & 1\\ 1.2 & 1.4 & 1.8\end{pmatrix},\quad \boldsymbol{\beta}=\begin{pmatrix}1.6\\ 1.7\\ 2.0\end{pmatrix}$$

不难看出 $\mathbf{A}$ 的秩等于 2，最小二乘解是唯一的. 解线性方程组 $\mathbf{A}^{\mathrm{T}}\mathbf{A}\boldsymbol{x}=\mathbf{A}^{\mathrm{T}}\boldsymbol{\beta}$，得到最小二乘解(近似值)

$$\begin{cases}a=0.77\\ b=0.68\end{cases}$$

因此，收入与消费的关系式为

$$u=0.77+0.68v$$

习 题 3

A

1. 单项选择题.

(1) 设 $\boldsymbol{a}_1,\boldsymbol{a}_2,\boldsymbol{a}_3$ 是三维向量空间 $\mathbf{R}^3$ 的一组基，则由基 $\boldsymbol{a}_1,\frac{1}{2}\boldsymbol{a}_2,\frac{1}{3}\boldsymbol{a}_3$ 到基 $\boldsymbol{a}_1+\boldsymbol{a}_2,\boldsymbol{a}_2+\boldsymbol{a}_3,\boldsymbol{a}_3+\boldsymbol{a}_1$ 的过渡矩阵为(　　).

A. $\begin{pmatrix}1&0&1\\2&2&0\\0&3&3\end{pmatrix}$　　B. $\begin{pmatrix}1&2&0\\0&2&3\\1&0&3\end{pmatrix}$

C. $\begin{pmatrix}\frac{1}{2}&\frac{1}{4}&-\frac{1}{6}\\-\frac{1}{2}&\frac{1}{4}&\frac{1}{6}\\\frac{1}{2}&-\frac{1}{4}&\frac{1}{6}\end{pmatrix}$　　D. $\begin{pmatrix}\frac{1}{2}&-\frac{1}{2}&\frac{1}{2}\\\frac{1}{4}&\frac{1}{4}&-\frac{1}{4}\\-\frac{1}{6}&\frac{1}{6}&\frac{1}{6}\end{pmatrix}$

(2) 设 $\boldsymbol{\alpha}_1,\boldsymbol{\alpha}_2,\boldsymbol{\alpha}_3$ 是向量空间 V 的一组标准正交基,

$$\boldsymbol{\xi}=\boldsymbol{\alpha}_1-\boldsymbol{\alpha}_2+\boldsymbol{\alpha}_3,\quad \boldsymbol{\eta}=a\boldsymbol{\alpha}_1+b\boldsymbol{\alpha}_2-c\boldsymbol{\alpha}_3$$

则下列命题中正确的是(　　).

A. $\boldsymbol{\xi}$ 与 $\boldsymbol{\eta}$ 正交当且仅当 $a+b+c=0$

B. $\boldsymbol{\xi}$ 与 $\boldsymbol{\eta}$ 正交当且仅当 $a-b+c=0$

C. $\boldsymbol{\xi}$ 与 $\boldsymbol{\eta}$ 正交当且仅当 $a+b-c=0$

D. $\boldsymbol{\xi}$ 与 $\boldsymbol{\eta}$ 正交当且仅当 $b+c-a=0$

(3) 设 $\boldsymbol{A}$ 是 $s\times n$ 矩阵,则齐次线性方程组 $\boldsymbol{Ax}=\boldsymbol{0}$ 有非零解的充分必要条件是(　　).

A. $\boldsymbol{A}$ 的行向量组线性无关　　B. $\boldsymbol{A}$ 的列向量组线性无关

C. $\boldsymbol{A}$ 的行向量组线性相关　　D. $\boldsymbol{A}$ 的列向量组线性相关

(4) 设 $\boldsymbol{A}$ 是 $s\times n$ 矩阵,若齐次线性方程组 $\boldsymbol{Ax}=\boldsymbol{0}$ 的基础解系中有 t 个解向量,则齐次线性方程组 $\boldsymbol{A}^{\mathrm{T}}\boldsymbol{y}=\boldsymbol{0}$ 的基础解系中所含向量的个数为(　　).

A. $s+n-t$　　B. $s+n+t$　　C. $s-n+t$　　D. $s-n-t$

(5) 设 $\boldsymbol{\gamma}_1,\boldsymbol{\gamma}_2$ 是非齐次线性方程组 $\boldsymbol{Ax}=\boldsymbol{b}$ 的两个不同的解,$\boldsymbol{\eta}_1,\boldsymbol{\eta}_2$ 是相应的齐次线性方程组 $\boldsymbol{Ax}=\boldsymbol{0}$ 的基础解系,则 $\boldsymbol{Ax}=\boldsymbol{b}$ 的通解为(　　).

A. $k_1\boldsymbol{\eta}_1+k_2(\boldsymbol{\gamma}_1-\boldsymbol{\gamma}_2)+\frac{1}{2}(\boldsymbol{\gamma}_1-\boldsymbol{\gamma}_2)$

B. $k_1\boldsymbol{\eta}_1+k_2(\boldsymbol{\eta}_1-\boldsymbol{\eta}_2)+\frac{1}{2}(\boldsymbol{\gamma}_1+\boldsymbol{\gamma}_2)$

C. $k_1\boldsymbol{\eta}_1+k_2(\boldsymbol{\eta}_1+\boldsymbol{\eta}_2)+\frac{1}{2}(\boldsymbol{\gamma}_1-\boldsymbol{\gamma}_2)$

D. $k_1\boldsymbol{\eta}_1+k_2(\boldsymbol{\gamma}_1-\boldsymbol{\gamma}_2)+\frac{1}{2}(\boldsymbol{\gamma}_1+\boldsymbol{\gamma}_2)$

(6) 已知线性方程组 $\begin{pmatrix}1&1&\lambda\\1&\lambda&1\\\lambda&1&1\end{pmatrix}\begin{pmatrix}x_1\\x_2\\x_3\end{pmatrix}=\begin{pmatrix}1\\0\\-1\end{pmatrix}$ 有两个不同的解,则关于参数 λ,以下选项中正确的结论为(　　).

A. $\lambda\neq1$ 且 $\lambda\neq-2$　　B. $\lambda=1$ 或 -2

C. $\lambda=1$　　D. $\lambda=-2$

(7) 设 $\boldsymbol{A}$ 为 $m\times n$ 矩阵,非齐次线性方程组 $\boldsymbol{Ax}=\boldsymbol{b}$ 对应的齐次线性方程组为 $\boldsymbol{Ax}=\boldsymbol{0}$,

则下述结论中正确的是(   ).

A. 若 $\boldsymbol{Ax}=\mathbf{0}$ 仅有零解,则 $\boldsymbol{Ax}=\boldsymbol{b}$ 有唯一解

B. 若 $\boldsymbol{Ax}=\mathbf{0}$ 有非零解,则 $\boldsymbol{Ax}=\boldsymbol{b}$ 有无穷多解

C. 若 $\boldsymbol{Ax}=\boldsymbol{b}$ 有无穷多解,则 $\boldsymbol{Ax}=\mathbf{0}$ 仅有零解

D. 若 $\boldsymbol{Ax}=\boldsymbol{b}$ 有无穷多解,则 $\boldsymbol{Ax}=\mathbf{0}$ 有非零解

(8) 已知 $\boldsymbol{\alpha}_1=\begin{pmatrix}1\\0\\0\end{pmatrix},\boldsymbol{\alpha}_2=\begin{pmatrix}0\\1\\0\end{pmatrix},\boldsymbol{\alpha}_3=\begin{pmatrix}0\\0\\1\end{pmatrix},\boldsymbol{\alpha}_4=\begin{pmatrix}1\\1\\1\end{pmatrix}$,则下列向量组不能成为 $\mathbf{R}^3$ 的一组基的是(   ).

A. $\boldsymbol{\alpha}_1,\boldsymbol{\alpha}_2,\boldsymbol{\alpha}_3$　　B. $\boldsymbol{\alpha}_1,\boldsymbol{\alpha}_2,\boldsymbol{\alpha}_4$

C. $\boldsymbol{\alpha}_2,\boldsymbol{\alpha}_3,\boldsymbol{\alpha}_4$　　D. $\boldsymbol{\alpha}_1,\boldsymbol{\alpha}_2,\boldsymbol{\alpha}_3,\boldsymbol{\alpha}_4$

2. 填空题.

(1) 向量空间 $V=\{(x,y,z)^{\mathrm{T}}:x+y+z=0\}$的维数为________.

(2) 向量空间 $\mathbf{R}^2$ 中向量 $\boldsymbol{\eta}=\begin{pmatrix}1\\3\end{pmatrix}$在 $\mathbf{R}^2$ 的一组基 $\boldsymbol{\alpha}_1=\begin{pmatrix}2\\3\end{pmatrix},\boldsymbol{\alpha}_2=\begin{pmatrix}1\\2\end{pmatrix}$下的坐标是________.

(3) 向量空间 $\mathbf{R}^2$ 的从基 $\boldsymbol{\alpha}_1=\begin{pmatrix}2\\3\end{pmatrix},\boldsymbol{\alpha}_2=\begin{pmatrix}1\\3\end{pmatrix}$到基 $\boldsymbol{\beta}_1=\begin{pmatrix}2\\1\end{pmatrix},\boldsymbol{\beta}_2=\begin{pmatrix}1\\2\end{pmatrix}$的过渡矩阵是________.

(4) 若向量 $\boldsymbol{\alpha}_1=\begin{pmatrix}1\\s\end{pmatrix}$与 $\boldsymbol{\alpha}_2=\begin{pmatrix}t\\2\end{pmatrix}$正交,则 s,t 满足条件________.

(5) 与向量组 $\boldsymbol{\alpha}_1=\begin{pmatrix}1\\2\end{pmatrix},\boldsymbol{\alpha}_2=\begin{pmatrix}2\\1\end{pmatrix}$等价的一个标准正交向量组是________.

(6) 设 $\boldsymbol{A}$ 为 n 维非零行向量,则齐次线性方程组 $\boldsymbol{Ax}=\mathbf{0}$ 的基础解系中所含向量的个数为________.

(7) 设 $\boldsymbol{A}$ 为 n 阶矩阵,若齐次线性方程组 $\boldsymbol{Ax}=\mathbf{0}$ 只有零解,则非齐次线性方程组 $\boldsymbol{Ax}=\boldsymbol{b}$ 的解的个数为________.

(8) 向量 $\boldsymbol{\alpha}=\begin{pmatrix}1\\0\\-1\end{pmatrix}$的长度为________.

3. $\mathbf{R}^3$ 中前两个分量相等的全体向量构成一个子空间,试求出其维数及两组不同的基.

4. 设

$$V_1=\{\boldsymbol{x}=(x_1,x_2,\cdots,x_n)^{\mathrm{T}}:x_1,x_2,\cdots,x_n\in\mathbf{R},x_1+x_2+\cdots+x_n=0\}$$
$$V_2=\{\boldsymbol{x}=(x_1,x_2,\cdots,x_n)^{\mathrm{T}}:x_1,x_2,\cdots,x_n\in\mathbf{R},x_1+x_2+\cdots+x_n=1\}$$

问 V_1,V_2 是不是 $\mathbf{R}^n$ 的子空间,为什么?

5. 在 $\mathbf{R}^4$ 中,求由向量组 $\boldsymbol{\alpha}_1=(2,1,3,-1)^{\mathrm{T}},\boldsymbol{\alpha}_2=(-1,1,-3,1)^{\mathrm{T}},\boldsymbol{\alpha}_3=(4,5,3,-1)^{\mathrm{T}}$,$\boldsymbol{\alpha}_4=(1,5,-3,1)^{\mathrm{T}}$ 生成的子空间的基和维数.

6. 证明：$\boldsymbol{\alpha}_1=(1,1,1,1)^{\mathrm{T}}$，$\boldsymbol{\alpha}_2=(1,1,-1,-1)^{\mathrm{T}}$，$\boldsymbol{\alpha}_3=(1,-1,1,-1)^{\mathrm{T}}$，$\boldsymbol{\alpha}_4=(1,-1,-1,1)^{\mathrm{T}}$ 是 $\mathbf{R}^4$ 的一组基,并求 $\boldsymbol{\beta}=(1,2,1,1)^{\mathrm{T}}$ 在这组基下的坐标.

7. 在 $\mathbf{R}^4$ 中找一个向量 $\boldsymbol{\gamma}$,使它在基 $\boldsymbol{\varepsilon}_1=(1,0,0,0)^{\mathrm{T}}$,$\boldsymbol{\varepsilon}_2=(0,1,0,0)^{\mathrm{T}}$,$\boldsymbol{\varepsilon}_3=(0,0,1,0)^{\mathrm{T}}$,$\boldsymbol{\varepsilon}_4=(0,0,0,1)^{\mathrm{T}}$ 和基 $\boldsymbol{\beta}_1=(2,1,-1,1)^{\mathrm{T}}$,$\boldsymbol{\beta}_2=(0,3,1,0)^{\mathrm{T}}$,$\boldsymbol{\beta}_3=(5,3,2,1)^{\mathrm{T}}$,$\boldsymbol{\beta}_4=(6,6,1,3)^{\mathrm{T}}$ 下有相同的坐标.

8. 设 $\boldsymbol{\alpha}_1,\boldsymbol{\alpha}_2,\boldsymbol{\alpha}_3,\boldsymbol{\alpha}_4$ 为向量空间 $\mathbf{R}^4$ 的一组基,令

$$\boldsymbol{\beta}_1=\boldsymbol{\alpha}_1+\boldsymbol{\alpha}_2+\boldsymbol{\alpha}_3+\boldsymbol{\alpha}_4,\quad \boldsymbol{\beta}_2=\boldsymbol{\alpha}_1-\boldsymbol{\alpha}_2+\boldsymbol{\alpha}_3-\boldsymbol{\alpha}_4$$
$$\boldsymbol{\beta}_3=\boldsymbol{\alpha}_1+\boldsymbol{\alpha}_2-\boldsymbol{\alpha}_3-\boldsymbol{\alpha}_4,\quad \boldsymbol{\beta}_4=\boldsymbol{\alpha}_1-\boldsymbol{\alpha}_2-\boldsymbol{\alpha}_3+\boldsymbol{\alpha}_4$$

证明:$\boldsymbol{\beta}_1,\boldsymbol{\beta}_2,\boldsymbol{\beta}_3,\boldsymbol{\beta}_4$ 也是 $\mathbf{R}^4$ 的一组基.

9. 求下列子空间的一组基及维数.

(1) $W_1=\mathrm{Sp}\{\boldsymbol{\alpha}_1,\boldsymbol{\alpha}_2,\boldsymbol{\alpha}_3\}$,其中 $\boldsymbol{\alpha}_1=(1,2,1)^{\mathrm{T}}$,$\boldsymbol{\alpha}_2=(1,1,-1)^{\mathrm{T}}$,$\boldsymbol{\alpha}_3=(1,3,3)^{\mathrm{T}}$;

(2) $W_2=\mathrm{Sp}\{\boldsymbol{\beta}_1,\boldsymbol{\beta}_2,\boldsymbol{\beta}_3\}$,其中 $\boldsymbol{\beta}_1=(2,3,-1)^{\mathrm{T}}$,$\boldsymbol{\beta}_2=(1,2,2)^{\mathrm{T}}$,$\boldsymbol{\beta}_3=(1,1,-3)^{\mathrm{T}}$.

10. 验证 $\mathbf{R}^4$ 的子集合

$$V=\{(x_1,x_2,x_3,x_4)^{\mathrm{T}}:x_1-x_2+x_3-x_4=0\}$$

为子空间,并求其一组基和维数.

11. 已知 $\mathbf{R}^3$ 的两组基为

$$\boldsymbol{a}_1=\begin{pmatrix}1\\1\\1\end{pmatrix},\quad \boldsymbol{a}_2=\begin{pmatrix}1\\0\\-1\end{pmatrix},\quad \boldsymbol{a}_3=\begin{pmatrix}1\\0\\1\end{pmatrix}$$
$$\boldsymbol{b}_1=\begin{pmatrix}1\\2\\1\end{pmatrix},\quad \boldsymbol{b}_2=\begin{pmatrix}2\\3\\4\end{pmatrix},\quad \boldsymbol{b}_3=\begin{pmatrix}3\\4\\3\end{pmatrix}$$

求由基 $\boldsymbol{a}_1,\boldsymbol{a}_2,\boldsymbol{a}_3$ 到基 $\boldsymbol{b}_1,\boldsymbol{b}_2,\boldsymbol{b}_3$ 的过渡矩阵 $\boldsymbol{P}$.

12. 求与下列向量 $\boldsymbol{\alpha}$ 和 $\boldsymbol{\beta}$ 都正交的单位向量.

(1) $\boldsymbol{\alpha}=(1,1,-1)^{\mathrm{T}}$,$\boldsymbol{\beta}=(1,-1,-1)^{\mathrm{T}}$;

(2) $\boldsymbol{\alpha}=(1,2,0)^{\mathrm{T}}$,$\boldsymbol{\beta}=(2,0,-1)^{\mathrm{T}}$.

13. 求与下列向量组等价的标准正交向量组.

(1) $\boldsymbol{\alpha}_1=(1,2,0)^{\mathrm{T}}$,$\boldsymbol{\alpha}_2=(1,0,2)^{\mathrm{T}}$,$\boldsymbol{\alpha}_3=(0,1,2)^{\mathrm{T}}$;

(2) $\boldsymbol{\alpha}_1=(1,1,0,0)^{\mathrm{T}}$,$\boldsymbol{\alpha}_2=(0,1,2,0)^{\mathrm{T}}$,$\boldsymbol{\alpha}_3=(0,0,3,1)^{\mathrm{T}}$;

(3) $\boldsymbol{\alpha}_1=(1,0,1,1)^{\mathrm{T}}$,$\boldsymbol{\alpha}_2=(1,1,1,-1)^{\mathrm{T}}$,$\boldsymbol{\alpha}_3=(1,2,3,1)^{\mathrm{T}}$.

14. 设 $\boldsymbol{\varepsilon}_1,\boldsymbol{\varepsilon}_2,\boldsymbol{\varepsilon}_3$ 是空间 V 的一组标准正交基,证明:

$$\boldsymbol{\eta}_1=\frac{1}{3}(2\boldsymbol{\varepsilon}_1+2\boldsymbol{\varepsilon}_2-\boldsymbol{\varepsilon}_3)$$
$$\boldsymbol{\eta}_2=\frac{1}{3}(2\boldsymbol{\varepsilon}_1-\boldsymbol{\varepsilon}_2+2\boldsymbol{\varepsilon}_3)$$
$$\boldsymbol{\eta}_3=\frac{1}{3}(\boldsymbol{\varepsilon}_1-2\boldsymbol{\varepsilon}_2-2\boldsymbol{\varepsilon}_3)$$

也是 V 的一组标准正交基.

15. 用施密特正交化方法构造标准正交向量组.

(1) $(0,0,1)^T,(0,1,1)^T,(1,1,1)^T$；

(2) $(1,2,2,-1)^T,(1,1,-5,3)^T,(3,2,8,-7)^T$.

16. 求下列齐次线性方程组的基础解系.

(1) $\begin{cases} x_1-8x_2+10x_3+2x_4=0 \\ 2x_1+4x_2+5x_3-x_4=0 \\ 3x_1+8x_2+6x_3-2x_4=0 \end{cases}$；　(2) $\begin{cases} 2x_1-3x_2-2x_3+x_4=0 \\ 3x_1+5x_2+4x_3-2x_4=0 \\ 8x_1+7x_2+6x_3-3x_4=0 \end{cases}$.

17. 求下列非齐次线性方程组的通解.

(1) $\begin{cases} x_1+x_2=5 \\ 2x_1+x_2+x_3+2x_4=1 \\ 5x_1+3x_2+2x_3+2x_4=3 \end{cases}$；　(2) $\begin{cases} x_1-5x_2+2x_3-3x_4=11 \\ 5x_1+3x_2+6x_3-x_4=-1 \\ 2x_1+4x_2+2x_3+x_4=-6 \end{cases}$.

18. 设$\boldsymbol{A}=\begin{pmatrix} 2 & -2 & 1 & 3 \\ 9 & -5 & 2 & 8 \end{pmatrix}$,求一个 4×2 矩阵 $\boldsymbol{B}$,使 $\boldsymbol{AB}=\boldsymbol{O}$,且 $R(\boldsymbol{B})=2$.

19. 求一个齐次线性方程组,使它的基础解系为

$$\boldsymbol{\xi}_1=(0,1,2,3)^T,\qquad \boldsymbol{\xi}_2=(3,2,1,0)^T$$

20. 设四元非齐次线性方程组的系数矩阵的秩为 3,已知 $\boldsymbol{\eta}_1,\boldsymbol{\eta}_2,\boldsymbol{\eta}_3$ 是它的三个解向量,且

$$\boldsymbol{\eta}_1=\begin{pmatrix} 2 \\ 3 \\ 4 \\ 5 \end{pmatrix},\qquad \boldsymbol{\eta}_2+\boldsymbol{\eta}_3=\begin{pmatrix} 1 \\ 2 \\ 3 \\ 4 \end{pmatrix}$$

求该方程组的通解.

21. 设矩阵 $\boldsymbol{A}=(\boldsymbol{a}_1,\boldsymbol{a}_2,\boldsymbol{a}_3,\boldsymbol{a}_4)$,其中向量组 $\boldsymbol{a}_2,\boldsymbol{a}_3,\boldsymbol{a}_4$ 线性无关,$\boldsymbol{a}_1=2\boldsymbol{a}_2-\boldsymbol{a}_3$,且向量 $\boldsymbol{b}=\boldsymbol{a}_1+\boldsymbol{a}_2+\boldsymbol{a}_3+\boldsymbol{a}_4$,求方程 $\boldsymbol{Ax}=\boldsymbol{b}$ 的通解.

22. 设 $\boldsymbol{\eta}^*$ 是非齐次线性方程组 $\boldsymbol{Ax}=\boldsymbol{b}$ 的一个解,$\boldsymbol{\xi}_1,\boldsymbol{\xi}_2,\cdots,\boldsymbol{\xi}_{n-r}$是对应的齐次线性方程组的一个基础解系.证明：

(1) $\boldsymbol{\eta}^*,\boldsymbol{\xi}_1,\boldsymbol{\xi}_2,\cdots,\boldsymbol{\xi}_{n-r}$线性无关；

(2) $\boldsymbol{\eta}^*,\boldsymbol{\eta}^*+\boldsymbol{\xi}_1,\boldsymbol{\eta}^*+\boldsymbol{\xi}_2,\cdots,\boldsymbol{\eta}^*+\boldsymbol{\xi}_{n-r}$线性无关.

23. 设矩阵 $\boldsymbol{A}=\begin{pmatrix} 1 & 1 & 1-a \\ 1 & 0 & a \\ a+1 & 1 & a+1 \end{pmatrix}$,$\boldsymbol{\beta}=\begin{pmatrix} 0 \\ 1 \\ 2a-2 \end{pmatrix}$,且方程组 $\boldsymbol{Ax}=\boldsymbol{\beta}$ 无解.

(1) 求 a 的值；

(2) 求方程组 $\boldsymbol{A}^T\boldsymbol{Ax}=\boldsymbol{A}^T\boldsymbol{\beta}$ 的通解.

B

1. 设向量组 $\boldsymbol{\alpha}_1,\boldsymbol{\alpha}_2,\boldsymbol{\alpha}_3$ 是 $\mathbf{R}^3$ 的一组基,$\boldsymbol{\beta}_1=2\boldsymbol{\alpha}_1+2k\boldsymbol{\alpha}_3$,$\boldsymbol{\beta}_2=2\boldsymbol{\alpha}_2$,$\boldsymbol{\beta}_3=\boldsymbol{\alpha}_1+(k+1)\boldsymbol{\alpha}_3$.

(1) 证明向量组 $\boldsymbol{\beta}_1,\boldsymbol{\beta}_2,\boldsymbol{\beta}_3$ 是 $\mathbf{R}^3$ 的一组基；

(2) 当 k 为何值时,存在非零向量 $\boldsymbol{\xi}$ 在基 $\boldsymbol{\alpha}_1,\boldsymbol{\alpha}_2,\boldsymbol{\alpha}_3$ 与基 $\boldsymbol{\beta}_1,\boldsymbol{\beta}_2,\boldsymbol{\beta}_3$ 下的坐标相同,并求所有的 $\boldsymbol{\xi}$.

2. 设$\boldsymbol{A}=\begin{pmatrix}\lambda & 1 & 1\\ 0 & \lambda-1 & 0\\ 1 & 1 & \lambda\end{pmatrix}$,$\boldsymbol{b}=\begin{pmatrix}-2\\ 1\\ 1\end{pmatrix}$,已知线性方程组$\boldsymbol{Ax}=\boldsymbol{b}$有两个不同的解.

(1) 求λ的值;

(2) 求线性方程组$\boldsymbol{Ax}=\boldsymbol{b}$的通解.

3. 已知三阶矩阵$\boldsymbol{A}$的第1行是(a,b,c),a,b,c不全为零,矩阵$\boldsymbol{B}=\begin{pmatrix}1 & 2 & 3\\ 2 & 4 & 6\\ 3 & 6 & k\end{pmatrix}$($k$为常数),且$\boldsymbol{AB}=\boldsymbol{O}$,求线性方程组$\boldsymbol{Ax}=\boldsymbol{0}$的通解.

4. 已知非齐次线性方程组

$$\begin{cases}x_1+x_2+x_3+x_4=-1\\ 4x_1+3x_2+5x_3-x_4=-1\\ ax_1+x_2+3x_3-bx_4=1\end{cases}$$

有三个线性无关的解.

(1) 证明:方程组的系数矩阵$\boldsymbol{A}$的秩$R(\boldsymbol{A})=2$;

(2) 求a,b的值及方程组的通解.

5. 设$\boldsymbol{A}_{m\times n}\boldsymbol{B}_{n\times l}=\boldsymbol{O}$,证明:$R(\boldsymbol{A})+R(\boldsymbol{B})\leqslant n$.

6. 矩阵$\boldsymbol{A}=\begin{pmatrix}1 & -2 & 3 & -4\\ 0 & 1 & -1 & 1\\ 1 & 2 & 0 & -3\end{pmatrix}$,$\boldsymbol{E}$为三阶单位矩阵.

(1) 求方程组$\boldsymbol{Ax}=\boldsymbol{0}$的一个基础解系;

(2) 求满足$\boldsymbol{AB}=\boldsymbol{E}$的所有矩阵$\boldsymbol{B}$.

7. 设$\boldsymbol{w}_1,\boldsymbol{w}_2,\cdots,\boldsymbol{w}_m$是一组线性无关的向量,若向量组$\boldsymbol{s}_1,\boldsymbol{s}_2,\cdots,\boldsymbol{s}_n$可由$\boldsymbol{w}_1,\boldsymbol{w}_2,\cdots,\boldsymbol{w}_m$线性表示如下:

$$\boldsymbol{s}_1=a_{11}\boldsymbol{w}_1+a_{21}\boldsymbol{w}_2+\cdots+a_{m1}\boldsymbol{w}_m$$
$$\boldsymbol{s}_2=a_{12}\boldsymbol{w}_1+a_{22}\boldsymbol{w}_2+\cdots+a_{m2}\boldsymbol{w}_m$$
$$\cdots\cdots$$
$$\boldsymbol{s}_n=a_{1n}\boldsymbol{w}_1+a_{2n}\boldsymbol{w}_2+\cdots+a_{mn}\boldsymbol{w}_m$$

记矩阵为$\boldsymbol{A}=(a_{ij})_{m\times n}$,求证:向量组$\boldsymbol{s}_1,\boldsymbol{s}_2,\cdots,\boldsymbol{s}_n$的秩等于矩阵$\boldsymbol{A}$的秩.

8. 求线性方程组$\begin{cases}x_1+2x_2=1\\ -x_1+x_2=1\\ x_1+3x_2=1\end{cases}$的最小二乘解.

9. 一种佐料由四种原料A,B,C,D混合而成,这种佐料现有两种规格,这两种规格的佐料中,四种原料的比例分别为2∶3∶1∶1和1∶2∶1∶2.现在需要四种原料的比例为4∶7∶3∶5的第三种规格的佐料.问:第三种规格的佐料能否由前两种规格的佐料按一定比例配制而成?为什么?

10. 某地有一座煤矿,一个发电厂和一条铁路.经成本核算,每生产价值 1 元的煤需消耗 0.3 元的电;为了把这 1 元的煤运出去需花费 0.2 元的运费;每生产 1 元的电需 0.6 元的煤作燃料;为了运行电厂的辅助设备需消耗本身 0.1 元的电,还需要花费 0.1 元的运费;作为铁路局,每提供 1 元运费的运输需消耗 0.5 元的煤,辅助设备要消耗 0.1 元的电.现煤矿接到外地 6 万元煤的订货,电厂有 10 万元电的外地需求,问:煤矿和电厂各产多少才能满足需求?

11. 甲、乙、丙三个农民组成互助组,每人工作 6 天(包括为自己家干活的天数),刚好完成他们三家的农活,其中甲在甲、乙、丙三家干活的天数依次为 2,2.5,1.5;乙在甲、乙、丙三家各干 2 天活;丙在甲、乙、丙三家干活的天数依次为 1.5,2,2.5.根据三人干活的种类、速度和时间,他们确定三人不必相互支付工资,刚好公平.随后三人又合作到邻村帮忙干了 2 天(各人干活的种类和强度不变),共获得工资 500 元.问他们应该怎样分配这 500 元工资才合理?

第4章 行 列 式

行列式是为了求解线性方程组而引入的，它是研究线性代数的一个重要工具. 近代以来，它又广泛应用到物理、工程技术等多个领域. 本章首先引进二阶与三阶行列式的概念，并用数学归纳法把行列式的概念推广到 n 阶，同时讨论行列式的基本性质，并介绍 n 阶行列式的计算方法与一些技巧.

4.1 行列式的定义

4.1.1 二阶行列式

定义 4.1 对于二阶方阵

$$\mathbf{A}=\begin{pmatrix} a_{11} & a_{12} \\ a_{21} & a_{22} \end{pmatrix}$$

将之与数 $a_{11}a_{22}-a_{12}a_{21}$ 相对应，那么这个数就称为矩阵 $\mathbf{A}$ 的行列式，记为 $|\mathbf{A}|$ 或 $\det(\mathbf{A})$，即

$$|\mathbf{A}|=\begin{vmatrix} a_{11} & a_{12} \\ a_{21} & a_{22} \end{vmatrix}=a_{11}a_{22}-a_{12}a_{21}$$

一般地，二阶行列式可以按照对角线法则确定其值，即为主对角线上的两元素之积减去副对角线上两元素之积所得的差.

例 4.1 计算二阶方阵 $\mathbf{A}$ 的行列式 $|\mathbf{A}|$，其中 $\mathbf{A}=\begin{pmatrix} 2 & 6 \\ 4 & 3 \end{pmatrix}$.

解 由定义 4.1，得

$$|\mathbf{A}|=\begin{vmatrix} 2 & 6 \\ 4 & 3 \end{vmatrix}=2\cdot 3-6\cdot 4=-18$$

4.1.2 三阶行列式

定义 4.2 对于三阶方阵

$$\mathbf{A}=\begin{pmatrix} a_{11} & a_{12} & a_{13} \\ a_{21} & a_{22} & a_{23} \\ a_{31} & a_{32} & a_{33} \end{pmatrix}$$

称 $\mathbf{A}$ 的行列式为一个数 $|\mathbf{A}|$，即

$$|\boldsymbol{A}|=\begin{vmatrix} a_{11} & a_{12} & a_{13} \\ a_{21} & a_{22} & a_{23} \\ a_{31} & a_{32} & a_{33} \end{vmatrix}$$

$$=a_{11}\begin{vmatrix} a_{22} & a_{23} \\ a_{32} & a_{33} \end{vmatrix}-a_{12}\begin{vmatrix} a_{21} & a_{23} \\ a_{31} & a_{33} \end{vmatrix}+a_{13}\begin{vmatrix} a_{21} & a_{22} \\ a_{31} & a_{32} \end{vmatrix} \tag{4.1}$$

例 4.2 计算三阶方阵 $\boldsymbol{A}$ 的行列式 $|\boldsymbol{A}|$，其中

$$\boldsymbol{A}=\begin{pmatrix} 1 & 2 & -1 \\ 5 & 3 & 4 \\ -2 & 0 & 1 \end{pmatrix}$$

解 由定义 4.2，得

$$|\boldsymbol{A}|=1\cdot\begin{vmatrix} 3 & 4 \\ 0 & 1 \end{vmatrix}-2\cdot\begin{vmatrix} 5 & 4 \\ -2 & 1 \end{vmatrix}+(-1)\cdot\begin{vmatrix} 5 & 3 \\ -2 & 0 \end{vmatrix}$$

$$=1\cdot(3\cdot1-4\cdot0)-2\cdot[5\cdot1-4\cdot(-2)]-1\cdot[5\cdot0-3\cdot(-2)]$$

$$=-29$$

4.1.3 余子式

式(4.1)中的二阶行列式具有以下特点：第一个二阶行列式中的元素可以由矩阵 $\boldsymbol{A}$ 去掉第 1 行和第 1 列的元素而得到，第二个二阶行列式中的元素可以由矩阵 $\boldsymbol{A}$ 去掉第 1 行和第 2 列的元素而得到，同理，第三个二阶行列式中的元素可以由矩阵 $\boldsymbol{A}$ 去掉第 1 行和第 3 列的元素而得到.

这样去掉矩阵的行和列的方法适合于一般的 n 阶行列式.

定义 4.3 设 $\boldsymbol{A}=(a_{ij})$ 为 n 阶矩阵，矩阵 $\boldsymbol{A}$ 划去第 i 行和第 j 列后所产生的 $n-1$ 阶矩阵的行列式称为矩阵 $\boldsymbol{A}$ 的元素 a_{ij} 的余子式，记为 M_{ij}.

例 4.3 设四阶方阵为

$$\boldsymbol{A}=\begin{pmatrix} 1 & 2 & 1 & 3 \\ 0 & 1 & 2 & 0 \\ 4 & 2 & 0 & -1 \\ -2 & 3 & 1 & 1 \end{pmatrix}$$

求 $\boldsymbol{A}$ 的余子式 M_{21} 和 M_{42}.

解 M_{21} 由矩阵 $\boldsymbol{A}$ 划去第二行和第一列而产生，

$$M_{21}=\begin{vmatrix} 2 & 1 & 3 \\ 2 & 0 & -1 \\ 3 & 1 & 1 \end{vmatrix}=3$$

同理，可得

$$M_{42}=\begin{vmatrix}1 & 1 & 3\\0 & 2 & 0\\4 & 0 & -1\end{vmatrix}=-26$$

利用余子式,重新解释三阶行列式的定义如下:如果 **A** 为三阶矩阵,则从式(4.1)和定义 4.3,可得

$$|\boldsymbol{A}|=a_{11}M_{11}-a_{12}M_{12}+a_{13}M_{13} \tag{4.2}$$

其中:$|\boldsymbol{A}|$ 的计算式称为行列式按第 1 行展开.

类似地,行列式 $|\boldsymbol{A}|$ 也可以分别按照 **A** 的第 2 行和第 3 列展开,其中,按第 2 行展开的形式为

$$-a_{21}M_{21}+a_{22}M_{22}-a_{23}M_{23} \tag{4.3}$$

按第 3 列展开的形式为

$$a_{13}M_{13}-a_{23}M_{23}+a_{33}M_{33} \tag{4.4}$$

式(4.2)~式(4.4)中各展开项前面的符号与元素 a_{ij} 的行号 i 与列号 j 的值有关,如果定义 A_{ij} 为

$$A_{ij}=(-1)^{i+j}M_{ij}$$

则称 A_{ij} 为 a_{ij} 的代数余子式. 于是,式(4.2)可写为

$$|\boldsymbol{A}|=a_{11}A_{11}+a_{12}A_{12}+a_{13}A_{13}$$

例 4.4 设 **A** 为例 4.2 中的三阶方阵

$$\boldsymbol{A}=\begin{pmatrix}1 & 2 & -1\\5 & 3 & 4\\-2 & 0 & 1\end{pmatrix}$$

分别计算按第 2 行和第 3 列展开的 **A** 的行列式的值.

解 按第 2 行展开,行列式的值为

$$-5\begin{vmatrix}2 & -1\\0 & 1\end{vmatrix}+3\begin{vmatrix}1 & -1\\-2 & 1\end{vmatrix}-4\begin{vmatrix}1 & 2\\-2 & 0\end{vmatrix}=-10-3-16=-29$$

按第 3 列展开,行列式的值为

$$-\begin{vmatrix}5 & 3\\-2 & 0\end{vmatrix}-4\begin{vmatrix}1 & 2\\-2 & 0\end{vmatrix}+\begin{vmatrix}1 & 2\\5 & 3\end{vmatrix}=-6-16-7=-29$$

在例 4.4 中,对于三阶方阵 **A**,有三种可能的行展开式和三种可能的列展开式,而且这六个展开式会导致同样的结果. 这个结论同样适合于任何 n 阶矩阵.

4.1.4 n 阶行列式

假设由 $n-1$ 阶方阵所确定的 $n-1$ 阶行列式已有定义,那么,n 阶方阵 **A** 所确定的 n 阶行列式可以用归纳法定义如下:

定义 4.4 设 $\boldsymbol{A}=(a_{ij})_{n\times n}$,则称 **A** 的行列式为一个数 $|\boldsymbol{A}|$,即

$$|\boldsymbol{A}| = a_{11}M_{11} - a_{12}M_{12} + \cdots + (-1)^{1+n}a_{1n}M_{1n} = \sum_{j=1}^{n}(-1)^{1+j}a_{1j}M_{1j} \tag{4.5}$$

如果使用代数余子式，则式(4.5)可以简述如下：

$$|\boldsymbol{A}| = \sum_{j=1}^{n} a_{1j}A_{1j} \tag{4.6}$$

例 4.5 用定义计算行列式$|\boldsymbol{A}|$，其中

$$\boldsymbol{A} = \begin{pmatrix} 1 & 2 & -1 & 1 \\ -1 & 0 & 2 & -2 \\ 3 & -1 & 1 & 1 \\ 2 & 0 & -1 & 2 \end{pmatrix}$$

解 先根据定义 4.3 计算余子式 M_{11}，M_{12}，M_{13}和 M_{14}，它们都是三阶行列式

$$M_{11} = \begin{vmatrix} 0 & 2 & -2 \\ -1 & 1 & 1 \\ 0 & -1 & 2 \end{vmatrix} = 0\begin{vmatrix} 1 & 1 \\ -1 & 2 \end{vmatrix} - 2\begin{vmatrix} -1 & 1 \\ 0 & 2 \end{vmatrix} + (-2)\begin{vmatrix} -1 & 1 \\ 0 & -1 \end{vmatrix} = 2$$

$$M_{12} = \begin{vmatrix} -1 & 2 & -2 \\ 3 & 1 & 1 \\ 2 & -1 & 2 \end{vmatrix} = (-1)\begin{vmatrix} 1 & 1 \\ -1 & 2 \end{vmatrix} - 2\begin{vmatrix} 3 & 1 \\ 2 & 2 \end{vmatrix} + (-2)\begin{vmatrix} 3 & 1 \\ 2 & -1 \end{vmatrix} = -1$$

$$M_{13} = \begin{vmatrix} -1 & 0 & -2 \\ 3 & -1 & 1 \\ 2 & 0 & 2 \end{vmatrix} = (-1)\begin{vmatrix} -1 & 1 \\ 0 & 2 \end{vmatrix} - 0\begin{vmatrix} 3 & 1 \\ 2 & 2 \end{vmatrix} + (-2)\begin{vmatrix} 3 & -1 \\ 2 & 0 \end{vmatrix} = -2$$

$$M_{14} = \begin{vmatrix} -1 & 0 & 2 \\ 3 & -1 & 1 \\ 2 & 0 & -1 \end{vmatrix} = (-1)\begin{vmatrix} -1 & 1 \\ 0 & -1 \end{vmatrix} - 0\begin{vmatrix} 3 & 1 \\ 2 & -1 \end{vmatrix} + 2\begin{vmatrix} 3 & -1 \\ 2 & 0 \end{vmatrix} = 3$$

因此，由式(4.5)，得

$$|\boldsymbol{A}| = 1 \cdot 2 - 2 \cdot (-1) + (-1) \cdot (-2) - 1 \cdot 3 = 3$$

在例 4.5 中，如果行列式按第 2 列展开计算，则

$$|\boldsymbol{A}| = -a_{12}M_{12} + a_{22}M_{22} - a_{32}M_{32} + a_{42}M_{42}$$

其中：$M_{12} = -1$，而 $a_{22} = 0$，$a_{42} = 0$，我们不需要计算 M_{22} 和 M_{42}，只需要计算 M_{32} 即可.

$$M_{32} = \begin{vmatrix} 1 & -1 & 1 \\ -1 & 2 & -2 \\ 2 & -1 & 2 \end{vmatrix} = 1\begin{vmatrix} 2 & -2 \\ -1 & 2 \end{vmatrix} - (-1)\begin{vmatrix} -1 & -2 \\ 2 & 2 \end{vmatrix} + 1\begin{vmatrix} -1 & 2 \\ 2 & -1 \end{vmatrix} = 1$$

那么，行列式按照第 2 列展开，其值为

$$|\boldsymbol{A}|=-2\cdot(-1)+0\cdot M_{22}-(-1)\cdot 1+0\cdot M_{42}=3$$

由此可见,行列式无论按照第 1 行展开还是按照第 2 列展开,其值都相等.事实上,行列式按照任一行或者任一列展开,都会导致相同的结果.

定理 4.1 设 $\boldsymbol{A}=(a_{ij})_{n\times n}$,元素 a_{ij} 的代数余子式为 A_{ij},那么

$$\begin{aligned}|\boldsymbol{A}| &= \sum_{j=1}^{n} a_{ij}A_{ij} \quad (\text{按第 } i \text{ 行展开}) \\ &= \sum_{i=1}^{n} a_{ij}A_{ij} \quad (\text{按第 } j \text{ 列展开})\end{aligned}$$

证明略.

根据定理 4.1,我们发现,在计算行列式时,可以选择零元素较多的行或者列展开.在 4.2 节中,将讨论如何利用初等行变换或者初等列变换将行列式的某行或某列化成较多的零元素,从而简化行列式的计算.

例 4.6 计算三角形矩阵 $\boldsymbol{T}$ 的行列式 $|\boldsymbol{T}|$,其中

$$\boldsymbol{T}=\begin{pmatrix}3&2&1&5\\0&6&4&1\\0&0&1&3\\0&0&0&2\end{pmatrix}$$

解 根据定理 4.1,可以将行列式按照任一行或任一列展开,但由 $\boldsymbol{T}$ 的结构,将行列式按照第 1 列或第 4 行展开最简单.将行列式按照第 1 列展开,有

$$|\boldsymbol{T}|=\begin{vmatrix}3&2&1&5\\0&6&4&1\\0&0&1&3\\0&0&0&2\end{vmatrix}=3\begin{vmatrix}6&4&1\\0&1&3\\0&0&2\end{vmatrix}=3\cdot 6\begin{vmatrix}1&3\\0&2\end{vmatrix}=3\cdot 6\cdot 1\cdot 2=36$$

$|\boldsymbol{T}|$ 的值恰为矩阵 $\boldsymbol{T}$ 中主对角线各元素的乘积.

4.2 行列式的性质与计算

4.2.1 行列式的性质

性质 4.1 设 $\boldsymbol{A}=(a_{ij})$ 为 n 阶方阵,则

$$|\boldsymbol{A}|=|\boldsymbol{A}^{\mathrm{T}}|$$

证 用数学归纳法证明.当 $n=2$ 时,有

$$\boldsymbol{A}=\begin{pmatrix}a_{11}&a_{12}\\a_{21}&a_{22}\end{pmatrix},\qquad \boldsymbol{A}^{\mathrm{T}}=\begin{pmatrix}a_{11}&a_{21}\\a_{12}&a_{22}\end{pmatrix}$$

显然

$$|\boldsymbol{A}|=|\boldsymbol{A}^{\mathrm{T}}|$$

假设对于 $\boldsymbol{A}$ 为 k 阶方阵时结论成立，$2\leqslant k\leqslant n-1$，则当 $\boldsymbol{A}$ 为 n $(n>2)$阶方阵时，用 M_{ij} 表示 $\boldsymbol{A}$ 的余子式，用 N_{ij} 表示 $\boldsymbol{A}^{\mathrm{T}}$ 的余子式，将 $\boldsymbol{A}$ 的行列式按第 1 行展开，将 $\boldsymbol{A}^{\mathrm{T}}$ 的行列式按第 1 列展开

$$\begin{aligned}|\boldsymbol{A}|&=a_{11}M_{11}-a_{12}M_{12}+\cdots+(-1)^{1+n}a_{1n}M_{1n}\\|\boldsymbol{A}^{\mathrm{T}}|&=a_{11}N_{11}-a_{12}N_{21}+\cdots+(-1)^{n+1}a_{1n}N_{n1}\end{aligned}\tag{4.7}$$

由归纳法的假设，M_{1j}，N_{j1} 是 $n-1$ 阶行列式，所以

$$M_{1j}=N_{j1}$$

则式(4.7)中的两个展开式有相同的值，表明

$$|\boldsymbol{A}|=|\boldsymbol{A}^{\mathrm{T}}|$$

性质 4.1 表明，行列式中的行与列具有同等的地位，行列式的性质凡对行成立的，对列也成立，反之亦然.

性质 4.2 互换行列式的两行(列)，行列式变号.

证 设 $\boldsymbol{A}=(a_{ij})$为 n 阶方阵，将矩阵 $\boldsymbol{A}$ 的两行(列)互换所得的矩阵记为 $\boldsymbol{B}$.

我们讨论交换相邻两行的情形，将第 i 行与第 $i+1$ 行交换.

记 M_{ij} $(1\leqslant j\leqslant n)$为矩阵 $\boldsymbol{A}$ 的第 i 行的余子式，$N_{i+1,\,j}$ $(1\leqslant j\leqslant n)$为矩阵 $\boldsymbol{B}$ 的第 $i+1$ 行的余子式，则 $N_{i+1,\,j}=M_{ij}$. 显然矩阵 $\boldsymbol{B}$ 的第$i+1$行的元素是 a_{i1}，a_{i2}，…，a_{in}，则有

$$\begin{aligned}|\boldsymbol{B}|&=\sum_{j=1}^{n}(-1)^{i+1+j}a_{ij}N_{i+1,\,j}=-\sum_{j=1}^{n}(-1)^{i+j}a_{ij}N_{i+1,\,j}\\&=-\sum_{j=1}^{n}(-1)^{i+j}a_{ij}M_{ij}=-|\boldsymbol{A}|\end{aligned}$$

这说明互换相邻的两行，行列式要变号. 现在设矩阵 $\boldsymbol{B}$ 是由矩阵 $\boldsymbol{A}$ 交换第 i 行与第 k 行所得的矩阵，且 $k\geqslant i+1$，则第 i 行可以通过 $k-i$ 次相邻行的交换移动到第 k 行. 原来的第 k 行现在成为第 $k-1$ 行，且这一行可以通过 $k-i-1$ 次相邻行的交换移动到第 i 行. 这时其他各行又回到它们最初的位置. 因此，经过 $2k-1-2i$ 次相邻行的交换得到了矩阵 $\boldsymbol{B}$，且

$$|\boldsymbol{B}|=(-1)^{2k-1-2i}|\boldsymbol{A}|=-|\boldsymbol{A}|$$

推论 4.1 如果行列式有两行(列)完全相同，则此行列式等于 0.

推论 4.2 方阵 $\boldsymbol{A}$ 的某一行(列)的元素与另一行(列)的对应元素的代数余子式乘积之和等于 0，即

$$a_{i1}A_{j1}+a_{i2}A_{j2}+\cdots+a_{in}A_{jn}=0\quad(i\neq j)$$

或

$$a_{1i}A_{1j}+a_{2i}A_{2j}+\cdots+a_{ni}A_{nj}=0\quad(i\neq j)$$

证 方阵 $\boldsymbol{A}$ 的行列式按第 j 行展开，有

$$\sum_{k=1}^{n} a_{jk}A_{jk} = \begin{vmatrix} a_{11} & a_{12} & \cdots & a_{1n} \\ \vdots & \vdots & & \vdots \\ a_{i1} & a_{i2} & \cdots & a_{in} \\ \vdots & \vdots & & \vdots \\ a_{j1} & a_{j2} & \cdots & a_{jn} \\ \vdots & \vdots & & \vdots \\ a_{n1} & a_{n2} & \cdots & a_{nn} \end{vmatrix}$$

在上式中,把 a_{jk} 换成 a_{ik} $(k=1, 2, \cdots, n)$,可得

$$\sum_{k=1}^{n} a_{ik}A_{jk} = \begin{vmatrix} a_{11} & a_{12} & \cdots & a_{1n} \\ \vdots & \vdots & & \vdots \\ a_{i1} & a_{i2} & \cdots & a_{in} \\ \vdots & \vdots & & \vdots \\ a_{i1} & a_{i2} & \cdots & a_{in} \\ \vdots & \vdots & & \vdots \\ a_{n1} & a_{n2} & \cdots & a_{nn} \end{vmatrix}$$

当 $i \neq j$ 时,由推论 4.1 知上式右端的行列式等于 0,从而

$$\sum_{k=1}^{n} a_{ik}A_{jk} = 0 \quad (i \neq j)$$

同理可证

$$\sum_{k=1}^{n} a_{ki}A_{kj} = 0 \quad (i \neq j)$$

性质 4.3 行列式的某一行(列)中所有的元素都乘以同一非零常数 c,等于用数 c 乘此行列式.

证 记 $\boldsymbol{B}$ 为矩阵 $\boldsymbol{A}$ 的第 i 行的元素乘以常数 c 后所得的矩阵,因为其他 $i-1$ 行都没有改变,所以矩阵 $\boldsymbol{A}$ 和矩阵 $\boldsymbol{B}$ 相对于第 i 行的余子式都为 M_{ij},利用矩阵 $\boldsymbol{B}$ 按照第 i 行的展开式计算 $|\boldsymbol{B}|$ 如下:

$$|\boldsymbol{B}| = \sum_{j=1}^{n}(ca_{ij})(-1)^{i+j}M_{ij} = c\sum_{j=1}^{n}a_{ij}(-1)^{i+j}M_{ij} = c\,|\boldsymbol{A}|$$

推论 4.3 行列式某一行(列)的所有元素的公因子可以提到行列式符号的外面.

推论 4.4 行列式的某一行(列)的元素全为 0,则此行列式为 0;若行列式某两行(列)元素成比例,则此行列式等于 0.

性质 4.4 行列式的某一行(列)的元素都是两数之和,如第 i 行的元素都是两数之和

$$D = \begin{vmatrix} a_{11} & \cdots & a_{1n} \\ \vdots & & \vdots \\ b_{i1}+c_{i1} & \cdots & b_{in}+c_{in} \\ \vdots & & \vdots \\ a_{n1} & \cdots & a_{nn} \end{vmatrix}$$

则 D 等于下面两个行列式之和

$$D=\begin{vmatrix} a_{11} & \cdots & a_{1n} \\ \vdots & & \vdots \\ b_{i1} & \cdots & b_{in} \\ \vdots & & \vdots \\ a_{n1} & \cdots & a_{nn} \end{vmatrix}+\begin{vmatrix} a_{11} & \cdots & a_{1n} \\ \vdots & & \vdots \\ c_{i1} & \cdots & c_{in} \\ \vdots & & \vdots \\ a_{n1} & \cdots & a_{nn} \end{vmatrix}$$

性质 4.5 把行列式的某一行(列)的各元素乘以同一常数后加到另一行(列)对应的元素上去,行列式不变.

证 设 $\boldsymbol{A}=(a_{ij})$ 为 n 阶方阵,以常数 c 乘以 $\boldsymbol{A}$ 的第 k 行加到第 i 行上,且 $k\neq i$,变化后的矩阵记为 $\boldsymbol{B}$,则 $\boldsymbol{B}$ 的第 i 行为

$$a_{i1}+ca_{k1},\ a_{i2}+ca_{k2},\ \cdots,\ a_{in}+ca_{kn}$$

因为矩阵 $\boldsymbol{A}$ 和 $\boldsymbol{B}$ 的其余各行的形式一致,所以矩阵 $\boldsymbol{A}$ 和矩阵 $\boldsymbol{B}$ 相对于第 i 行的余子式都为 M_{ij},利用矩阵 $\boldsymbol{B}$ 按照第 i 行的展开式计算

$$\begin{aligned} |\boldsymbol{B}| &= \sum_{j=1}^{n}(a_{ij}+ca_{kj})(-1)^{i+j}M_{ij} \\ &= \sum_{j=1}^{n}a_{ij}(-1)^{i+j}M_{ij}+c\sum_{j=1}^{n}a_{kj}(-1)^{i+j}M_{ij} \\ &= |\boldsymbol{A}|+c\sum_{j=1}^{n}a_{kj}(-1)^{i+j}M_{ij}=|\boldsymbol{A}| \end{aligned}$$

所以

$$|\boldsymbol{B}|=|\boldsymbol{A}|$$

4.2.2 行列式的计算

我们知道,一个 n 阶行列式可以视为由一个 n 阶方阵 $\boldsymbol{A}$ 决定. 性质 4.2、性质 4.3、性质 4.5 介绍的行列式关于行(列)的三种运算,正好与矩阵的三种初等变换相对应,说明了这三种运算对行列式值的影响,将行列式的这三种运算分别记为

$$r_i\leftrightarrow r_j\ (c_i\leftrightarrow c_j),\quad kr_i\ (kc_i),\quad r_i+kr_j\ (c_i+kc_j)$$

每个方阵 $\boldsymbol{A}$ 总可以经过一系列初等行变换变成阶梯形矩阵,而对方阵 $\boldsymbol{A}$ 每作一次初等变换,相应地,行列式的值或者不变,或者相差一个非零的倍数. 计算行列式的一种基本方法是利用行列式的性质将其化成三角形行列式后再计算.

例 4.7 设

$$\boldsymbol{A}=\begin{pmatrix} 1 & -5 & 2 & 2 \\ -1 & 7 & -3 & 4 \\ 2 & -9 & 5 & 7 \\ 1 & 6 & 4 & 2 \end{pmatrix}$$

计算 $|\boldsymbol{A}|$.

解

$$|\boldsymbol{A}|\xlongequal[r_4-r_1]{\substack{r_2+r_1\\ r_3-2r_1}}\begin{vmatrix}1&-5&2&2\\0&2&-1&6\\0&1&1&3\\0&11&2&0\end{vmatrix}\xlongequal{r_2\leftrightarrow r_3}-\begin{vmatrix}1&-5&2&2\\0&1&1&3\\0&2&-1&6\\0&11&2&0\end{vmatrix}$$

$$\xlongequal[r_4-11r_2]{r_3-2r_2}-\begin{vmatrix}1&-5&2&2\\0&1&1&3\\0&0&-3&0\\0&0&-9&-33\end{vmatrix}\xlongequal{r_4-3r_3}-\begin{vmatrix}1&-5&2&2\\0&1&1&3\\0&0&-3&0\\0&0&0&-33\end{vmatrix}=-99$$

行列式的定义是把 n 阶行列式转换成 n 个 $n-1$ 阶行列式进行计算,在理论上有重要的意义,但并不减少计算量.但是,若行列式的某行或某列含有或者通过行列式的性质可以化成较多的 0 时,便可由行列式的定义降阶计算.

例 4.8 设

$$\boldsymbol{A}=\begin{pmatrix}1&1&1&-2\\-1&2&-2&0\\3&-1&1&1\\2&-1&2&0\end{pmatrix}$$

计算 $|\boldsymbol{A}|$.

解

$$|\boldsymbol{A}|=\begin{vmatrix}1&1&1&-2\\-1&2&-2&0\\3&-1&1&1\\2&-1&2&0\end{vmatrix}\xlongequal{r_1+2r_3}\begin{vmatrix}7&-1&3&0\\-1&2&-2&0\\3&-1&1&1\\2&-1&2&0\end{vmatrix}$$

$$=(-1)\begin{vmatrix}7&-1&3\\-1&2&-2\\2&-1&2\end{vmatrix}\xlongequal[r_3-r_1]{r_2+2r_1}(-1)\begin{vmatrix}7&-1&3\\13&0&4\\-5&0&-1\end{vmatrix}$$

$$=-(-1)(-1)\begin{vmatrix}13&4\\-5&-1\end{vmatrix}=(-1)(-13+20)=-7$$

例 4.9 设

$$D=\begin{vmatrix}a_{11}&\cdots&a_{1k}&&&0\\\vdots&&\vdots&&&\\a_{k1}&\cdots&a_{kk}&&&\\c_{11}&\cdots&c_{1k}&b_{11}&\cdots&b_{1n}\\\vdots&&\vdots&\vdots&&\vdots\\c_{n1}&\cdots&c_{nk}&b_{n1}&\cdots&b_{nn}\end{vmatrix}$$

$$D_1=\begin{vmatrix} a_{11} & \cdots & a_{1k} \\ \vdots & & \vdots \\ a_{k1} & \cdots & a_{kk} \end{vmatrix},\quad D_2=\begin{vmatrix} b_{11} & \cdots & b_{1n} \\ \vdots & & \vdots \\ b_{n1} & \cdots & b_{nn} \end{vmatrix}$$

证明：$D=D_1D_2$.

证 对 D_1 作运算 $r_i+\lambda r_j$，把 D_1 化为下三角形行列式，设为

$$D_1=\begin{vmatrix} p_{11} & & 0 \\ \vdots & \ddots & \\ p_{k1} & \cdots & p_{kk} \end{vmatrix}=p_{11}\cdots p_{kk}$$

对 D_2 作运算 $c_i+\lambda c_j$，把 D_2 化为下三角形行列式，设为

$$D_2=\begin{vmatrix} q_{11} & & 0 \\ \vdots & \ddots & \\ q_{n1} & \cdots & q_{nn} \end{vmatrix}=q_{11}\cdots q_{nn}$$

于是，对 D 的前 k 行作运算 $r_i+\lambda r_j$，再对后 n 列作运算 $c_i+\lambda c_j$，把 D 化为下三角形行列式

$$D=\begin{vmatrix} p_{11} & & & & & 0 \\ \vdots & \ddots & & & & \\ p_{k1} & \cdots & p_{kk} & & & \\ c_{11} & \cdots & c_{1k} & q_{11} & & \\ \vdots & & \vdots & \vdots & \ddots & \\ c_{n1} & \cdots & c_{nk} & q_{n1} & \cdots & q_{nn} \end{vmatrix}$$

故

$$D=p_{11}\cdots p_{kk}\cdot q_{11}\cdots q_{nn}=D_1D_2$$

例 4.10 计算 $2n$ 阶行列式

$$D_{2n}=\begin{vmatrix} a & & & & & b \\ & a & & & b & \\ & & \ddots & \iddots & & \\ & & a & b & & \\ & & b & a & & \\ & & \iddots & \ddots & & \\ & b & & & a & \\ b & & & & & a \end{vmatrix}$$

其中未写出的元素为 0.

解 按第一行展开，有

$$D_{2n}=a\begin{vmatrix} a & & & & & & b & 0 \\ & \ddots & & & & \iddots & & \\ & & a & b & & & & \\ & & b & a & & & & \\ & \iddots & & & \ddots & & & \\ b & & & & & & a & 0 \\ 0 & & & & & & 0 & a \end{vmatrix}+(-1)^{2n+1}b\begin{vmatrix} 0 & a & & & & & b \\ & & \ddots & & & \iddots & \\ & & & a & b & & \\ & & & b & a & & \\ & & \iddots & & & \ddots & \\ & b & & & & & a \\ b & & & & & & 0 \end{vmatrix}$$

$$=a^2D_{2(n-1)}-b^2D_{2(n-1)}=(a^2-b^2)D_{2(n-1)}=\cdots=(a^2-b^2)^n$$

例 4.11 证明:范德蒙德(Vandermonde)行列式

$$D_n=\begin{vmatrix} 1 & 1 & 1 & \cdots & 1 \\ x_1 & x_2 & x_3 & \cdots & x_n \\ x_1^2 & x_2^2 & x_3^2 & \cdots & x_n^2 \\ \vdots & \vdots & \vdots & & \vdots \\ x_1^{n-1} & x_2^{n-1} & x_3^{n-1} & \cdots & x_n^{n-1} \end{vmatrix}=\prod_{1\leqslant i<j\leqslant n}(x_j-x_i) \tag{4.8}$$

这里,记号"Ⅱ"表示全体同类因子的乘积.

证 用数学归纳法.因为

$$D_2=\begin{vmatrix} 1 & 1 \\ x_1 & x_2 \end{vmatrix}=x_2-x_1=\prod_{1\leqslant i<j\leqslant 2}(x_j-x_i)$$

所以,当 $n=2$ 时式(4.8)成立.

假设式(4.8)对 $n-1$ 阶范德蒙德行列式成立,要证明它对于 n 阶行列式也成立.为此,从第 n 行开始,后行减去前行的 x_1 倍,有

$$D_n=\begin{vmatrix} 1 & 1 & 1 & \cdots & 1 \\ 0 & x_2-x_1 & x_3-x_1 & \cdots & x_n-x_1 \\ 0 & x_2(x_2-x_1) & x_3(x_3-x_1) & \cdots & x_n(x_n-x_1) \\ \vdots & \vdots & \vdots & & \vdots \\ 0 & x_2^{n-2}(x_2-x_1) & x_3^{n-2}(x_3-x_1) & \cdots & x_n^{n-2}(x_n-x_1) \end{vmatrix}$$

按第 1 列展开,并把每一列的公因子 x_i-x_1 提出,就有

$$D_n=(x_2-x_1)(x_3-x_1)\cdots(x_n-x_1)\begin{vmatrix} 1 & 1 & \cdots & 1 \\ x_2 & x_3 & \cdots & x_n \\ \vdots & \vdots & & \vdots \\ x_2^{n-2} & x_3^{n-2} & \cdots & x_n^{n-2} \end{vmatrix}$$

上式右端的行列式是一个 $n-1$ 阶范德蒙德行列式,按归纳法假设,它等于所有 x_j-x_i 因子的乘积,其中 $2\leqslant i<j\leqslant n$,故

$$D_n=(x_2-x_1)(x_3-x_1)\cdots(x_n-x_1)\prod_{2\leqslant i<j\leqslant n}(x_j-x_i)=\prod_{1\leqslant i<j\leqslant n}(x_j-x_i)$$

4.2.3 方阵的行列式和可逆矩阵

定理 4.2 设 $\boldsymbol{A}$, $\boldsymbol{B}$ 是两个 n 阶方阵,λ 为数,则

(1) $|\lambda\boldsymbol{A}|=\lambda^n|\boldsymbol{A}|$.

(2) $|\boldsymbol{AB}|=|\boldsymbol{A}||\boldsymbol{B}|$.

证 我们只证(2).

设 $\boldsymbol{A}=(a_{ij})$, $\boldsymbol{B}=(b_{ij})$. 记 $2n$ 阶行列式

$$D=\begin{vmatrix} a_{11} & \cdots & a_{1n} & & & 0 \\ \vdots & & \vdots & & & \\ a_{n1} & \cdots & a_{nn} & & & \\ -1 & & & b_{11} & \cdots & b_{1n} \\ & \ddots & & \vdots & & \vdots \\ & & -1 & b_{n1} & \cdots & b_{nn} \end{vmatrix}=\begin{vmatrix} \boldsymbol{A} & \boldsymbol{O} \\ -\boldsymbol{E} & \boldsymbol{B} \end{vmatrix}$$

由例 4.9 可知,$D=|\boldsymbol{A}||\boldsymbol{B}|$,而在 D 中以 b_{1j} 乘第 1 列,b_{2j} 乘第 2 列,…,b_{nj} 乘第 n 列,都加到第 $n+j$ ($j=1, 2, \cdots, n$)列上,有

$$D=\begin{vmatrix} \boldsymbol{A} & \boldsymbol{C} \\ -\boldsymbol{E} & \boldsymbol{O} \end{vmatrix}$$

其中:$\boldsymbol{C}=(c_{ij})$, $c_{ij}=b_{1j}a_{i1}+b_{2j}a_{i2}+\cdots+b_{nj}a_{in}$,故

$$\boldsymbol{C}=\boldsymbol{AB}$$

再对 D 的行作 $r_j\leftrightarrow r_{n+j}$ ($j=1, 2, \cdots, n$),有

$$D=(-1)^n\begin{vmatrix} -\boldsymbol{E} & \boldsymbol{O} \\ \boldsymbol{A} & \boldsymbol{C} \end{vmatrix}$$

由例 4.9 可知

$$D=(-1)^n|-\boldsymbol{E}||\boldsymbol{C}|=(-1)^n(-1)^n|\boldsymbol{C}|=|\boldsymbol{C}|=|\boldsymbol{AB}|$$

于是

$$|\boldsymbol{AB}|=|\boldsymbol{A}||\boldsymbol{B}|$$

由(2)可知,对于 n 阶矩阵 $\boldsymbol{A}$, $\boldsymbol{B}$,一般来说 $\boldsymbol{AB}\neq\boldsymbol{BA}$,但总有 $|\boldsymbol{AB}|=|\boldsymbol{BA}|$.

定义 4.5 n 阶方阵 $\boldsymbol{A}=(a_{ij})$ 的各个元素的代数余子式 A_{ij} 所构成的如下矩阵:

$$\boldsymbol{A}^*=\begin{pmatrix} A_{11} & A_{21} & \cdots & A_{n1} \\ A_{12} & A_{22} & \cdots & A_{n2} \\ \vdots & \vdots & & \vdots \\ A_{1n} & A_{2n} & \cdots & A_{nn} \end{pmatrix}$$

称为矩阵 $\boldsymbol{A}$ 的伴随矩阵.

定理 4.3 方阵 $\boldsymbol{A}=(a_{ij})_{n\times n}$ 可逆的充分必要条件是 $|\boldsymbol{A}|\neq 0$,且当 $\boldsymbol{A}$ 可逆时,$\boldsymbol{A}^{-1}=\frac{1}{|\boldsymbol{A}|}\boldsymbol{A}^*$,其中 $\boldsymbol{A}^*$ 为矩阵 $\boldsymbol{A}$ 的伴随矩阵.

证 必要性.

因为 $\boldsymbol{A}$ 可逆,即存在 $\boldsymbol{A}^{-1}$,使 $\boldsymbol{A}\boldsymbol{A}^{-1}=\boldsymbol{E}$,故

$$|\boldsymbol{A}||\boldsymbol{A}^{-1}|=|\boldsymbol{A}\boldsymbol{A}^{-1}|=|\boldsymbol{E}|=1$$

所以

$$|\boldsymbol{A}|\neq 0$$

充分性.

设 $\boldsymbol{A}\boldsymbol{A}^*=(b_{ij})_{n\times n}$,则

$$\begin{aligned} b_{ij} &= a_{i1}A_{j1}+a_{i2}A_{j2}+\cdots+a_{in}A_{jn} \\ &= \begin{cases} |\boldsymbol{A}|, & j=i \\ 0, & j\neq i \end{cases} \quad (i,\ j=1,\ 2,\ \cdots,\ n) \end{aligned}$$

于是

$$\boldsymbol{A}\boldsymbol{A}^*=\begin{pmatrix} |\boldsymbol{A}| & & & \\ & |\boldsymbol{A}| & & \\ & & \ddots & \\ & & & |\boldsymbol{A}| \end{pmatrix}=|\boldsymbol{A}|\boldsymbol{E}$$

类似地,

$$\boldsymbol{A}^*\boldsymbol{A}=\left(\sum_{k=1}^{n}A_{ki}a_{kj}\right)=\begin{pmatrix} |\boldsymbol{A}| & & & \\ & |\boldsymbol{A}| & & \\ & & \ddots & \\ & & & |\boldsymbol{A}| \end{pmatrix}=|\boldsymbol{A}|\ \boldsymbol{E}$$

于是

$$\boldsymbol{A}\boldsymbol{A}^*=\boldsymbol{A}^*\boldsymbol{A}=|\boldsymbol{A}|\boldsymbol{E}$$

又因为 $|\boldsymbol{A}|\neq 0$,故有

$$\boldsymbol{A}\,\frac{1}{|\boldsymbol{A}|}\boldsymbol{A}^*=\frac{1}{|\boldsymbol{A}|}\boldsymbol{A}^*\boldsymbol{A}=\boldsymbol{E}$$

所以,按逆矩阵的定义,即有矩阵 $\boldsymbol{A}$ 可逆,且

$$\boldsymbol{A}^{-1}=\frac{1}{|\boldsymbol{A}|}\boldsymbol{A}^*$$

当 $|\boldsymbol{A}|=0$ 时,$\boldsymbol{A}$ 称为奇异矩阵,否则称为非奇异矩阵.

由定理 4.3 可知:可逆矩阵就是非奇异矩阵.同时,该定理也提供了一种求逆矩阵的方法——伴随矩阵法.

在定理的证明过程中,方阵 $\boldsymbol{A}$ 的伴随矩阵具有性质

$$\boldsymbol{A}\boldsymbol{A}^*=\boldsymbol{A}^*\boldsymbol{A}=|\boldsymbol{A}|\boldsymbol{E}$$

除此以外，它还具有如下性质：

(1) 当 $|\boldsymbol{A}|\neq 0$ 时，$|\boldsymbol{A}^*|=|\boldsymbol{A}|^{n-1}$.

(2) 当 $|\boldsymbol{A}|=0$ 时，$\boldsymbol{A}\boldsymbol{A}^*=\boldsymbol{A}^*\boldsymbol{A}=\boldsymbol{O}$.

(3) 当 $|\boldsymbol{A}|\neq 0$ 时，$(\boldsymbol{A}^{-1})^*=(\boldsymbol{A}^*)^{-1}=\dfrac{1}{|\boldsymbol{A}|}\boldsymbol{A}$.

(4) $(\boldsymbol{A}^{\mathrm{T}})^*=(\boldsymbol{A}^*)^{\mathrm{T}}$.

上述性质的证明留给读者.

例 4.12 求方阵 $\boldsymbol{A}=\begin{pmatrix}1 & 2 & -1\\ 3 & 4 & -2\\ 5 & -4 & 1\end{pmatrix}$ 的逆矩阵.

解

$$|\boldsymbol{A}|=\begin{vmatrix}1 & 2 & -1\\ 3 & 4 & -2\\ 5 & -4 & 1\end{vmatrix}=2\neq 0$$

所以 $\boldsymbol{A}^{-1}$ 存在，且

$$A_{11}=\begin{vmatrix}4 & -2\\ -4 & 1\end{vmatrix}=-4,\qquad A_{21}=-\begin{vmatrix}2 & -1\\ -4 & 1\end{vmatrix}=2$$

$$A_{31}=\begin{vmatrix}2 & -1\\ 4 & -2\end{vmatrix}=0$$

类似地，

$$A_{12}=-13,\quad A_{22}=6,\quad A_{32}=-1$$
$$A_{13}=-32,\quad A_{23}=14,\quad A_{33}=-2$$

所以

$$\boldsymbol{A}^{-1}=\frac{1}{|\boldsymbol{A}|}\boldsymbol{A}^*=\frac{1}{|\boldsymbol{A}|}\begin{pmatrix}A_{11} & A_{21} & A_{31}\\ A_{12} & A_{22} & A_{32}\\ A_{13} & A_{23} & A_{33}\end{pmatrix}$$

$$=\frac{1}{2}\begin{pmatrix}-4 & 2 & 0\\ -13 & 6 & -1\\ -32 & 14 & -2\end{pmatrix}=\begin{pmatrix}-2 & 1 & 0\\ -\dfrac{13}{2} & 3 & -\dfrac{1}{2}\\ -16 & 7 & -1\end{pmatrix}$$

4.2.4 矩阵的秩的性质

在第 1 章、第 2 章中，我们给出了矩阵秩的定义，下面用另一种说法给出矩阵的秩的定义.

定义 4.6 在 $m\times n$ 矩阵 $\boldsymbol{A}$ 中，任取 k 行与 k 列($k\leqslant m,\ k\leqslant n$)，位于这些行列交叉处的 k^2 个元素，不改变它们在 $\boldsymbol{A}$ 中所处的位置次序而得的 k 阶行列式称为矩阵 $\boldsymbol{A}$ 的 k 阶子式.

$m\times n$ 矩阵 $\boldsymbol{A}$ 的 k 阶子式共有 $C_m^k\cdot C_n^k$ 个.

定义 4.7 如果在矩阵 $\boldsymbol{A}$ 中有一个不等于 0 的 r 阶子式 D,且所有 $r+1$ 阶子式(如果存在的话)全等于 0,那么 D 称为矩阵 $\boldsymbol{A}$ 的最高阶非零子式,数 r 称为矩阵 $\boldsymbol{A}$ 的秩,记为 $R(\boldsymbol{A})$.

由行列式的性质可知,在 $\boldsymbol{A}$ 中当所有 $r+1$ 阶子式全等于 0 时,所有高于 $r+1$ 阶的子式也全等于 0,所以把 r 阶非零子式称为最高阶非零子式,而 $\boldsymbol{A}$ 的秩 $R(\boldsymbol{A})$ 就是 $\boldsymbol{A}$ 的非零子式的最高阶数. 这时,若矩阵 $\boldsymbol{A}$ 中有某个 s 阶子式不为 0,则 $R(\boldsymbol{A})\geqslant s$;若 $\boldsymbol{A}$ 中所有 t 阶子式全为 0,则 $R(\boldsymbol{A})<t$.

显然,若 $\boldsymbol{A}$ 为 $m\times n$ 矩阵,则 $0\leqslant R(\boldsymbol{A})\leqslant \min\{m, n\}$.

由于行列式与其转置行列式相等,则 $R(\boldsymbol{A}^{\mathrm{T}})=R(\boldsymbol{A})$.

对于 n 阶矩阵 $\boldsymbol{A}$,由于 $\boldsymbol{A}$ 的 n 阶子式只有一个 $|\boldsymbol{A}|$,故当 $|\boldsymbol{A}|\neq 0$ 时 $R(\boldsymbol{A})=n$,当 $|\boldsymbol{A}|=0$时 $R(\boldsymbol{A})<n$. 可逆矩阵的秩等于矩阵的阶数,不可逆矩阵的秩小于矩阵的阶数,因此可逆矩阵又称为满秩矩阵,不可逆矩阵(奇异矩阵) 又称为降秩矩阵.

对于一般的矩阵,当行数与列数较高时,按定义 4.7 求秩是很麻烦的. 在第 2 章中我们用初等变换把矩阵化为行阶梯形矩阵,矩阵的秩就等于行阶梯形矩阵中非零行的行数. 下面用行列式的性质再次证明这一点.

定理 4.4 若 $\boldsymbol{A}\sim\boldsymbol{B}$, 则 $R(\boldsymbol{A})=R(\boldsymbol{B})$.

证 先证明:若 $\boldsymbol{A}$ 经一次初等行变换变为 $\boldsymbol{B}$,则 $R(\boldsymbol{A})\leqslant R(\boldsymbol{B})$.

设 $R(\boldsymbol{A})=r$,且 $\boldsymbol{A}$ 的某个 r 阶子式 $D\neq 0$.

对矩阵 $\boldsymbol{A}$ 施行第一种初等变换 $r_i\leftrightarrow r_j$ 或第二种初等变换 kr_i 变为矩阵 $\boldsymbol{B}$,在 $\boldsymbol{B}$ 中总能找到与 D 相对应的 r 阶子式 D_1,由于 $D_1=D$ 或 $D_1=-D$ 或 $D_1=kD$,则 $D_1\neq 0$,从而 $R(\boldsymbol{B})\geqslant r$.

对矩阵 $\boldsymbol{A}$ 施行第三种初等变换 r_i+kr_j 变为矩阵 $\boldsymbol{B}$,因为作变换 $r_i\leftrightarrow r_j$ 时结论成立,所以只需考虑矩阵 $\boldsymbol{A}$ 经初等变换 r_1+kr_2 变为矩阵 $\boldsymbol{B}$. 分两种情形讨论:

(1) $\boldsymbol{A}$ 的 r 阶非零子式 D 不包含 $\boldsymbol{A}$ 的第一行,这时 D 也是 $\boldsymbol{B}$ 的 r 阶非零子式,故 $R(\boldsymbol{B})\geqslant r$.

(2) D 包含 $\boldsymbol{A}$ 的第一行,这时把 $\boldsymbol{B}$ 中与 D 对应的 r 阶子式 D_1 记为

$$D_1=\begin{vmatrix} r_1+kr_2 \\ r_p \\ \vdots \\ r_q \end{vmatrix}=\begin{vmatrix} r_1 \\ r_p \\ \vdots \\ r_q \end{vmatrix}+k\begin{vmatrix} r_2 \\ r_p \\ \vdots \\ r_q \end{vmatrix}=D+kD_2$$

若 $p=2$,则 $D_1=D\neq 0$;若 $p\neq 2$,则 D_2 也是 $\boldsymbol{B}$ 的 r 阶子式,由

$$D_1-kD_2=D\neq 0$$

知 D_1 与 D_2 不同时为 0. 总之,$\boldsymbol{B}$ 中存在 r 阶非零子式 D_1 或 D_2,故 $R(\boldsymbol{B})\geqslant r$.

以上证明了若 $\boldsymbol{A}$ 经一次初等行变换变为 $\boldsymbol{B}$,则 $R(\boldsymbol{A})\leqslant R(\boldsymbol{B})$. 由于 $\boldsymbol{B}$ 也可经一次初等行变换变为 $\boldsymbol{A}$,故也有 $R(\boldsymbol{B})\leqslant R(\boldsymbol{A})$. 因此 $R(\boldsymbol{A})=R(\boldsymbol{B})$.

经一次初等行变换矩阵的秩不变,即可知经有限次初等行变换矩阵的秩仍不变.

设 $\boldsymbol{A}$ 经初等列变换变为 $\boldsymbol{B}$，则 $\boldsymbol{A}^{\mathrm{T}}$ 经初等行变换变为 $\boldsymbol{B}^{\mathrm{T}}$，由上面的证明知 $R(\boldsymbol{A}^{\mathrm{T}})=R(\boldsymbol{B}^{\mathrm{T}})$，又 $R(\boldsymbol{A})=R(\boldsymbol{A}^{\mathrm{T}})$，$R(\boldsymbol{B})=R(\boldsymbol{B}^{\mathrm{T}})$，因此 $R(\boldsymbol{A})=R(\boldsymbol{B})$.

总之，若矩阵 $\boldsymbol{A}$ 经有限次初等变换变为矩阵 $\boldsymbol{B}$（即 $\boldsymbol{A}\sim\boldsymbol{B}$），则 $R(\boldsymbol{A})=R(\boldsymbol{B})$.

由于 $\boldsymbol{A}\sim\boldsymbol{B}$ 的充分必要条件是有可逆矩阵 $\boldsymbol{P},\boldsymbol{Q}$，使 $\boldsymbol{PAQ}=\boldsymbol{B}$，可得如下推论.

推论 4.5 若存在可逆矩阵 $\boldsymbol{P},\boldsymbol{Q}$，使 $\boldsymbol{PAQ}=\boldsymbol{B}$，则 $R(\boldsymbol{A})=R(\boldsymbol{B})$.

例 4.13 设

$$\boldsymbol{A}=\begin{pmatrix}3 & 2 & 0 & 5 & 0\\ 3 & -2 & 3 & 6 & -1\\ 2 & 0 & 1 & 5 & -3\\ 1 & 6 & -4 & -1 & 4\end{pmatrix}$$

求矩阵 $\boldsymbol{A}$ 的秩，并求 $\boldsymbol{A}$ 的一个最高阶非零子式.

解 先求 $\boldsymbol{A}$ 的秩. 对 $\boldsymbol{A}$ 作初等行变换变成行阶梯形矩阵.

$$\boldsymbol{A}=\begin{pmatrix}3 & 2 & 0 & 5 & 0\\ 3 & -2 & 3 & 6 & -1\\ 2 & 0 & 1 & 5 & -3\\ 1 & 6 & -4 & -1 & 4\end{pmatrix}\xrightarrow[\substack{r_3-2r_1\\ r_4-3r_1}]{\substack{r_1\leftrightarrow r_4\\ r_2-r_4}}\begin{pmatrix}1 & 6 & -4 & -1 & 4\\ 0 & -4 & 3 & 1 & -1\\ 0 & -12 & 9 & 7 & -11\\ 0 & -16 & 12 & 8 & -12\end{pmatrix}$$

$$\xrightarrow[r_4-4r_2]{r_3-3r_2}\begin{pmatrix}1 & 6 & -4 & -1 & 4\\ 0 & -4 & 3 & 1 & -1\\ 0 & 0 & 0 & 4 & -8\\ 0 & 0 & 0 & 4 & -8\end{pmatrix}\xrightarrow{r_4-r_3}\begin{pmatrix}1 & 6 & -4 & -1 & 4\\ 0 & -4 & 3 & 1 & -1\\ 0 & 0 & 0 & 4 & -8\\ 0 & 0 & 0 & 0 & 0\end{pmatrix}$$

因为行阶梯形矩阵有三个非零行，所以 $R(\boldsymbol{A})=3$.

再求 $\boldsymbol{A}$ 的一个最高阶非零子式. 因 $R(\boldsymbol{A})=3$，故 $\boldsymbol{A}$ 的最高阶非零子式为三阶. 考察 $\boldsymbol{A}$ 的行阶梯形矩阵，记 $\boldsymbol{A}=(\boldsymbol{a}_1,\ \boldsymbol{a}_2,\ \boldsymbol{a}_3,\ \boldsymbol{a}_4,\ \boldsymbol{a}_5)$，则矩阵 $\boldsymbol{A}_0=(\boldsymbol{a}_1,\ \boldsymbol{a}_2,\ \boldsymbol{a}_4)$ 的行阶梯形矩阵为

$$\begin{pmatrix}1 & 6 & -1\\ 0 & -4 & 1\\ 0 & 0 & 4\\ 0 & 0 & 0\end{pmatrix}$$

因 $R(\boldsymbol{A}_0)=3$，故 $\boldsymbol{A}_0$ 中必有三阶非零子式，通过计算，$\boldsymbol{A}_0$ 的前三行构成的子式

$$\begin{vmatrix}3 & 2 & 5\\ 3 & -2 & 6\\ 2 & 0 & 5\end{vmatrix}=\begin{vmatrix}3 & 2 & 5\\ 6 & 0 & 11\\ 2 & 0 & 5\end{vmatrix}=-2\begin{vmatrix}6 & 11\\ 2 & 5\end{vmatrix}\neq 0$$

这个子式就是 $\boldsymbol{A}$ 的一个最高阶非零子式.

例 4.14 设矩阵

$$A=\begin{pmatrix}1&1&2&a&3\\2&2&3&1&4\\1&0&1&1&5\\2&3&5&5&4\end{pmatrix}$$

的秩为 3,求 a 的值.

解 $$A=\begin{pmatrix}1&1&2&a&3\\2&2&3&1&4\\1&0&1&1&5\\2&3&5&5&4\end{pmatrix}\xrightarrow[r_4-2r_1]{\substack{r_2-2r_1\\r_3-r_1}}\begin{pmatrix}1&1&2&a&3\\0&0&-1&1-2a&-2\\0&-1&-1&1-a&2\\0&1&1&5-2a&-2\end{pmatrix}$$

$$\xrightarrow[r_4+r_3]{r_1+r_3}\begin{pmatrix}1&0&1&1&5\\0&0&-1&1-2a&-2\\0&-1&-1&1-a&2\\0&0&0&6-3a&0\end{pmatrix}$$

$$\xrightarrow[r_3-r_2]{r_1+r_2}\begin{pmatrix}1&0&0&2-2a&3\\0&0&-1&1-2a&-2\\0&-1&0&a&4\\0&0&0&6-3a&0\end{pmatrix}$$

$$\xrightarrow{r_2\leftrightarrow r_3}\begin{pmatrix}1&0&0&2-2a&3\\0&-1&0&a&4\\0&0&-1&1-2a&-2\\0&0&0&6-3a&0\end{pmatrix}$$

若 $R(A)=3$,则 $6-3a=0$,所以 $a=2$.

前面已经提出了矩阵秩的一些最基本的性质,下面再介绍几个常用的性质:

(1) $\max\{R(A),\ R(B)\}\leqslant R(A,\ B)\leqslant R(A)+R(B)$. 特别地,当 $B=b$ 为非零列向量时,有

$$R(A)\leqslant R(A,\ b)\leqslant R(A)+1$$

(2) $R(A+B)\leqslant R(A)+R(B)$.

(3) $R(AB)\leqslant\min\{R(A),\ R(B)\}$.

例 4.15 证明:若 $A_{m\times n}B_{n\times l}=C$,且 $R(A)=n$,则 $R(B)=R(C)$.

证 因 $R(A)=n$,知 A 的行最简形矩阵为 $\begin{pmatrix}E_n\\O\end{pmatrix}_{m\times n}$,并有 m 阶可逆矩阵 P,使 $PA=\begin{pmatrix}E_n\\O\end{pmatrix}$. 于是

$$PC=PAB=\begin{pmatrix}E_n\\O\end{pmatrix}B=\begin{pmatrix}B\\O\end{pmatrix}$$

由推论 4.5 知 $R(\boldsymbol{C})=R(\boldsymbol{PC})$，而 $R\begin{pmatrix}\boldsymbol{B}\\ \boldsymbol{O}\end{pmatrix}=R(\boldsymbol{B})$，故

$$R(\boldsymbol{C})=R(\boldsymbol{B})$$

在本例中，矩阵 $\boldsymbol{A}$ 的秩等于它的列数，这样的矩阵称为列满秩矩阵. 当 $\boldsymbol{A}$ 为方阵时，列满秩矩阵就成为满秩矩阵，也就是可逆矩阵.

当 $\boldsymbol{C}=\boldsymbol{O}$ 时，本例的结论为：设 $\boldsymbol{AB}=\boldsymbol{O}$，若 $\boldsymbol{A}$ 为列满秩矩阵，则 $\boldsymbol{B}=\boldsymbol{O}$.

这是因为，按照本例的结论，这时有 $R(\boldsymbol{B})=0$，故 $\boldsymbol{B}=\boldsymbol{O}$. 这一结论通常称为矩阵乘法的消去律.

4.3 克拉默法则

对于方程个数与未知数个数相等的线性方程组

$$\begin{cases}a_{11}x_1+a_{12}x_2+\cdots+a_{1n}x_n=b_1\\ a_{21}x_1+a_{22}x_2+\cdots+a_{2n}x_n=b_2\\ \quad\cdots\cdots\\ a_{n1}x_1+a_{n2}x_2+\cdots+a_{nn}x_n=b_n\end{cases}\tag{4.9}$$

在一定条件下，它的解可用 n 阶行列式表示，即有

定理 4.5 [克拉默(Cramer)法则]如果线性方程组(4.9)的系数矩阵

$$\boldsymbol{A}=\begin{pmatrix}a_{11} & a_{12} & \cdots & a_{1n}\\ a_{21} & a_{22} & \cdots & a_{2n}\\ \vdots & \vdots & & \vdots\\ a_{n1} & a_{n2} & \cdots & a_{nn}\end{pmatrix}\tag{4.10}$$

的行列式 $D=|\boldsymbol{A}|\neq 0$，那么线性方程组(4.9)有唯一解

$$x_1=\frac{D_1}{D},\quad x_2=\frac{D_2}{D},\quad \cdots,\quad x_n=\frac{D_n}{D}\tag{4.11}$$

其中：D_j $(j=1, 2, \cdots, n)$是把矩阵 $\boldsymbol{A}$ 的第 j 列换成方程组的常数项 $b_1, b_2, \cdots, b_n$ 所得的矩阵的行列式，即

$$D_j=\begin{vmatrix}a_{11} & \cdots & a_{1,j-1} & b_1 & a_{1,j+1} & \cdots & a_{1n}\\ a_{21} & \cdots & a_{2,j-1} & b_2 & a_{2,j+1} & \cdots & a_{2n}\\ \vdots & & \vdots & \vdots & \vdots & & \vdots\\ a_{n1} & \cdots & a_{n,j-1} & b_n & a_{n,j+1} & \cdots & a_{nn}\end{vmatrix}\quad (j=1, 2, \cdots, n)$$

注意：将行列式 D_j 按第 j 列展开，得

$$D_j=b_1A_{1j}+b_2A_{2j}+\cdots+b_nA_{nj}$$

其中：A_{ij} $(i, j=1, 2, \cdots, n)$是矩阵 $\boldsymbol{A}$ 中元素 a_{ij} 的代数余子式.

证 将方程组表示成矩阵形式

$$\boldsymbol{Ax}=\boldsymbol{b}$$

其中

$$\boldsymbol{A}=(a_{ij})_{n\times n},\quad \boldsymbol{x}=(x_1, x_2, \cdots, x_n)^{\mathrm{T}},\quad \boldsymbol{b}=(b_1, b_2, \cdots, b_n)^{\mathrm{T}}$$

因为 $D=|\boldsymbol{A}|\neq 0$,所以 $\boldsymbol{A}^{-1}$ 存在.令 $\boldsymbol{x}=\boldsymbol{A}^{-1}\boldsymbol{b}$,有

$$\boldsymbol{Ax}=\boldsymbol{AA}^{-1}\boldsymbol{b}=\boldsymbol{b}$$

这表明 $\boldsymbol{x}=\boldsymbol{A}^{-1}\boldsymbol{b}$ 是方程组(4.9)的解向量.

由 $\boldsymbol{Ax}=\boldsymbol{b}$,有 $\boldsymbol{A}^{-1}\boldsymbol{Ax}=\boldsymbol{A}^{-1}\boldsymbol{b}$,即 $\boldsymbol{x}=\boldsymbol{A}^{-1}\boldsymbol{b}$,根据逆矩阵的唯一性,知 $\boldsymbol{x}=\boldsymbol{A}^{-1}\boldsymbol{b}$ 是方程组(4.9)的唯一解向量.

由逆矩阵公式 $\boldsymbol{A}^{-1}=\dfrac{1}{|\boldsymbol{A}|}\boldsymbol{A}^*$,有 $\boldsymbol{x}=\boldsymbol{A}^{-1}\boldsymbol{b}=\dfrac{1}{D}\boldsymbol{A}^*\boldsymbol{b}$,即

$$\begin{pmatrix} x_1 \\ x_2 \\ \vdots \\ x_n \end{pmatrix}=\frac{1}{D}\begin{pmatrix} A_{11} & A_{21} & \cdots & A_{n1} \\ A_{12} & A_{22} & \cdots & A_{n2} \\ \vdots & \vdots & & \vdots \\ A_{1n} & A_{2n} & \cdots & A_{nn} \end{pmatrix}\begin{pmatrix} b_1 \\ b_2 \\ \vdots \\ b_n \end{pmatrix}=\frac{1}{D}\begin{pmatrix} b_1A_{11}+b_2A_{21}+\cdots+b_nA_{n1} \\ b_1A_{12}+b_2A_{22}+\cdots+b_nA_{n2} \\ \cdots\cdots \\ b_1A_{1n}+b_2A_{2n}+\cdots+b_nA_{nn} \end{pmatrix}$$

则

$$x_j=\frac{1}{D}(b_1A_{1j}+b_2A_{2j}+\cdots+b_nA_{nj})=\frac{1}{D}D_j \quad (j=1, 2, \cdots, n)$$

例 4.16 解线性方程组

$$\begin{cases} x_1-x_2-x_3=0 \\ x_1+x_2-x_3=4 \\ x_1+x_2+x_3=2 \end{cases}$$

解

$$D=|\boldsymbol{A}|=\begin{vmatrix} 1 & -1 & -1 \\ 1 & 1 & -1 \\ 1 & 1 & 1 \end{vmatrix}=4\neq 0$$

$$D_1=\begin{vmatrix} 0 & -1 & -1 \\ 4 & 1 & -1 \\ 2 & 1 & 1 \end{vmatrix}=4,\qquad D_2=\begin{vmatrix} 1 & 0 & -1 \\ 1 & 4 & -1 \\ 1 & 2 & 1 \end{vmatrix}=8$$

$$D_3=\begin{vmatrix} 1 & -1 & 0 \\ 1 & 1 & 4 \\ 1 & 1 & 2 \end{vmatrix}=-4$$

于是得

$$x_1=\frac{D_1}{D}=1,\quad x_2=\frac{D_2}{D}=2,\quad x_3=\frac{D_3}{D}=-1$$

撇开求解公式(4.11),克拉默法则可以叙述为下面的定理.

定理 4.6 如果线性方程组(4.9)的系数矩阵的行列式 $D=|\mathbf{A}|\neq 0$,则方程组(4.9)一定有解,且解是唯一的.

定理 4.6 的逆否命题如下:

定理 4.7 如果线性方程组(4.9)无解或有两个不同的解,则它的系数矩阵的行列式必为 0.

对于齐次线性方程组

$$\begin{cases} a_{11}x_1+a_{12}x_2+\cdots+a_{1n}x_n=0 \\ a_{21}x_1+a_{22}x_2+\cdots+a_{2n}x_n=0 \\ \cdots\cdots \\ a_{n1}x_1+a_{n2}x_2+\cdots+a_{nn}x_n=0 \end{cases} \tag{4.12}$$

由克拉默法则可得如下定理.

定理 4.8 如果齐次线性方程组(4.12)的系数矩阵的行列式

$$D=|\mathbf{A}|\neq 0$$

那么它没有非零解.

定理 4.9 如果齐次线性方程组(4.12)有非零解,则它的系数矩阵的行列式必为 0.

由此,系数矩阵的行列式 $D=0$ 是齐次线性方程组有非零解的必要条件. 根据第 1 章的定理 1.2 可知,这个条件也是充分的.

例 4.17 问 λ 取何值时,齐次线性方程组

$$\begin{cases} (5-\lambda)x_1+2x_2+2x_3=0 \\ 2x_1+(6-\lambda)x_2=0 \\ 2x_1+(4-\lambda)x_3=0 \end{cases}$$

有非零解?

解 由定理 4.9,如果方程组有非零解,那么它的系数矩阵的行列式

$$D=|\mathbf{A}|=0$$

即

$$D=|\mathbf{A}|=\begin{vmatrix} 5-\lambda & 2 & 2 \\ 2 & 6-\lambda & 0 \\ 2 & 0 & 4-\lambda \end{vmatrix}=-(\lambda-2)(\lambda-5)(\lambda-8)=0$$

由此得

$$\lambda=2 \quad 或 \quad \lambda=5 \quad 或 \quad \lambda=8$$

不难验证,当 $\lambda=2$, $\lambda=5$ 或 $\lambda=8$ 时,所给齐次线性方程组确有非零解.

例 4.18 试证:经过平面上四个横坐标各不相同的点 (x_1, y_1), (x_2, y_2), (x_3, y_3), (x_4, y_4) 的三次曲线 $y=a_0+a_1x+a_2x^2+a_3x^3$ 是唯一的.

证 根据题设条件,有

$$\begin{cases} a_0+a_1x_1+a_2x_1^2+a_3x_1^3=y_1 \\ a_0+a_1x_2+a_2x_2^2+a_3x_2^3=y_2 \\ a_0+a_1x_3+a_2x_3^2+a_3x_3^3=y_3 \\ a_0+a_1x_4+a_2x_4^2+a_3x_4^3=y_4 \end{cases}$$

此方程的系数矩阵的行列式是一个四阶范德蒙德行列式

$$V_4=\begin{vmatrix} 1 & x_1 & x_1^2 & x_1^3 \\ 1 & x_2 & x_2^2 & x_2^3 \\ 1 & x_3 & x_3^2 & x_3^3 \\ 1 & x_4 & x_4^2 & x_4^3 \end{vmatrix}=\prod_{1\leqslant j<i\leqslant 4}(x_i-x_j)$$

由于 x_1, x_2, x_3, x_4 互不相同,故 $V_4\neq 0$,根据克拉默法则,此方程组有唯一解,所以满足条件的三次曲线是唯一的.

4.4 应用实例

本节主要介绍行列式在几何中的简单应用.

1. 向量的向量积

若 $\boldsymbol{a}=(x_1, y_1, z_1)$, $\boldsymbol{b}=(x_2, y_2, z_2)$,则

$$\boldsymbol{a}\times\boldsymbol{b}=\begin{vmatrix} \boldsymbol{i} & \boldsymbol{j} & \boldsymbol{k} \\ x_1 & y_1 & z_1 \\ x_2 & y_2 & z_2 \end{vmatrix}$$

2. 向量的混合积

若 $\boldsymbol{a}=(x_1, y_1, z_1)$, $\boldsymbol{b}=(x_2, y_2, z_2)$, $\boldsymbol{c}=(x_3, y_3, z_3)$,则

$$(\boldsymbol{a}\times\boldsymbol{b})\cdot\boldsymbol{c}=\begin{vmatrix} x_1 & y_1 & z_1 \\ x_2 & y_2 & z_2 \\ x_3 & y_3 & z_3 \end{vmatrix}$$

3. 平面曲线或空间曲面方程

线性方程组理论中有一个基本结论为:未知量个数与方程个数相同的齐次线性方程组有非零解的充分必要条件是系数行列式应等于 0. 我们将应用这一结论并借助于行列式来建立通过已知点的平面曲线或空间曲面方程.

例 4.19 设平面上有不在同一直线上的三个点 (x_1, y_1), (x_2, y_2) 与 (x_3, y_3),由平面解析几何知,通过这三点存在唯一的一个圆,设此圆的方程为

$$a_1(x^2+y^2)+a_2x+a_3y+a_4=0 \tag{4.13}$$

将上述三点坐标代入方程(4.13),得

$$\begin{cases}a_1(x_1^2+y_1^2)+a_2x_1+a_3y_1+a_4=0\\a_1(x_2^2+y_2^2)+a_2x_2+a_3y_2+a_4=0\\a_1(x_3^2+y_3^2)+a_2x_3+a_3y_3+a_4=0\end{cases} \tag{4.14}$$

合并式(4.13)和式(4.14),得到方程组

$$\begin{cases}(x^2+y^2)a_1+xa_2+ya_3+a_4=0\\(x_1^2+y_1^2)a_1+x_1a_2+y_1a_3+a_4=0\\(x_2^2+y_2^2)a_1+x_2a_2+y_2a_3+a_4=0\\(x_3^2+y_3^2)a_1+x_3a_2+y_3a_3+a_4=0\end{cases} \tag{4.15}$$

这是一个关于 a_1, a_2, a_3, a_4 的齐次线性方程组,由于 a_1, a_2, a_3, a_4 不全为 0,即方程组(4.15)有非零解,故此方程组的系数行列式必为 0,即

$$\begin{vmatrix}x^2+y^2 & x & y & 1\\x_1^2+y_1^2 & x_1 & y_1 & 1\\x_2^2+y_2^2 & x_2 & y_2 & 1\\x_3^2+y_3^2 & x_3 & y_3 & 1\end{vmatrix}=0 \tag{4.16}$$

这就是用行列式表示的通过三点(x_1, y_1), (x_2, y_2)与(x_3, y_3)的圆的方程.

例 4.20 已知空间上三个点 $A(x_1, y_1, z_1)$, $B(x_2, y_2, z_2)$, $C(x_3, y_3, z_3)$不共线,求过这三个点的平面方程.

解 设通过这三点的平面方程为

$$a_1x+a_2y+a_3z+a_4=0$$

把上述三点坐标代入方程,得到关于 a_1, a_2, a_3, a_4 的线性齐次方程组,它有非零解,则过这三个点的平面方程可利用行列式表示为

$$\begin{vmatrix}x & y & z & 1\\x_1 & y_1 & z_1 & 1\\x_2 & y_2 & z_2 & 1\\x_3 & y_3 & z_3 & 1\end{vmatrix}=0 \tag{4.17}$$

由行列式的定义可知,方程左边行列式的结果是线性函数,即方程表示平面. 再将三个点的坐标代入,则行列式中必有两行一样. 由行列式的性质可知行列式为 0,即三个点在平面上.

4. 计算面积

例 4.21 已知 xOy 平面上的三个定点 $A(x_1, y_1)$, $B(x_2, y_2)$, $C(x_3, y_3)$,求由三个定点所构成的三角形的面积.

解 三个定点在空间上的坐标为

$$A(x_1, y_1, 0), \quad B(x_2, y_2, 0), \quad C(x_3, y_3, 0)$$

由向量代数的知识可知

$$S_{\triangle ABC}=\frac{1}{2}|\overrightarrow{AB}\times\overrightarrow{AC}|$$

而

$$|\overrightarrow{AB}\times\overrightarrow{AC}|=\left|\begin{vmatrix} \boldsymbol{i} & \boldsymbol{j} & \boldsymbol{k} \\ x_2-x_1 & y_2-y_1 & 0 \\ x_3-x_1 & y_3-y_1 & 0 \end{vmatrix}\right|=\left|\begin{vmatrix} x_2-x_1 & y_2-y_1 \\ x_3-x_1 & y_3-y_1 \end{vmatrix}\boldsymbol{k}\right|$$

$$=\left|\begin{vmatrix} 1 & x_2-x_1 & y_2-y_1 \\ 1 & x_3-x_1 & y_3-y_1 \\ 1 & 0 & 0 \end{vmatrix}\boldsymbol{k}\right|=\left|\begin{vmatrix} 1 & x_2 & y_2 \\ 1 & x_3 & y_3 \\ 1 & x_1 & y_1 \end{vmatrix}\boldsymbol{k}\right|$$

$$=\left|\begin{vmatrix} 1 & x_1 & y_1 \\ 1 & x_2 & y_2 \\ 1 & x_3 & y_3 \end{vmatrix}\boldsymbol{k}\right|$$

故三角形的面积为

$$\frac{1}{2}\left|\begin{vmatrix} 1 & x_1 & y_1 \\ 1 & x_2 & y_2 \\ 1 & x_3 & y_3 \end{vmatrix}\right|$$

习　题　4

A

1．单项选择题.

(1) 已知

$$D_1=\begin{vmatrix} 1 & 0 & 0 \\ a & 4 & 0 \\ b & c & 9 \end{vmatrix}, \quad D_2=\begin{vmatrix} a & 4 & 0 \\ 1 & 0 & 0 \\ b & c & 9 \end{vmatrix}, \quad D_3=\begin{vmatrix} b & c & 9 \\ a & 4 & 0 \\ 1 & 0 & 0 \end{vmatrix}$$

$$D_4=\begin{vmatrix} b & c & 9 \\ 1 & 0 & 0 \\ a & 4 & 0 \end{vmatrix}, \quad D_5=\begin{vmatrix} 0 & 0 & 1 \\ 0 & 4 & a \\ 9 & c & b \end{vmatrix}$$

则与 D_1 相等的行列式是(　　).

A. D_2　　B. D_3　　C. D_4　　D. D_5

(2) 行列式 $\begin{vmatrix} 0 & a & b & 0 \\ a & 0 & 0 & b \\ 0 & c & d & 0 \\ c & 0 & 0 & d \end{vmatrix}=(\quad)$.

A. $(ad-bc)^2$　　B. $-(ad-bc)^2$　　C. $a^2d^2-b^2c^2$　　D. $b^2c^2-a^2d^2$

(3) 已知 $\boldsymbol{A},\boldsymbol{B}$ 均为 n 阶矩阵,则以下命题中错误的是(　　).

A. $|\boldsymbol{A}+\boldsymbol{B}|=|\boldsymbol{A}|+|\boldsymbol{B}|$

B. $|\boldsymbol{AB}|=|\boldsymbol{BA}|$

C. 若 $\boldsymbol{AB}=\boldsymbol{O}$ 且 $|\boldsymbol{A}|\neq 0$,则 $\boldsymbol{B}=\boldsymbol{O}$

D. 若 $|\boldsymbol{A}|\neq 0$,则 $|\boldsymbol{A}^{-1}|=|\boldsymbol{A}|^{-1}$

(4) 矩阵 $\boldsymbol{A}=\begin{pmatrix} -1 & -6 \\ 3 & 9 \end{pmatrix}$ 的伴随矩阵为(　　).

A. $\begin{pmatrix} 9 & 3 \\ -6 & -1 \end{pmatrix}$　　B. $\begin{pmatrix} 9 & 6 \\ -3 & -1 \end{pmatrix}$

C. $\begin{pmatrix} 9 & 6 \\ 3 & -1 \end{pmatrix}$　　D. $\begin{pmatrix} 9 & -6 \\ -3 & -1 \end{pmatrix}$

(5) 已知矩阵 $\boldsymbol{A}$ 的伴随矩阵 $\boldsymbol{A}^*=\begin{pmatrix} 1 & 2 \\ 3 & 4 \end{pmatrix}$,则 $|\boldsymbol{A}|$ 为(　　).

A. -2　　B. -1　　C. 2　　D. 1

(6) 设 $\boldsymbol{A}$ 是 n 阶可逆矩阵,则以下命题中正确的是(　　).

A. $|\boldsymbol{A}^*|=|\boldsymbol{A}|^{n-1}$　　B. $|\boldsymbol{A}^*|=|\boldsymbol{A}|$

C. $|\boldsymbol{A}^*|=|\boldsymbol{A}|^n$　　D. $|\boldsymbol{A}^*|=|\boldsymbol{A}|^{-1}$

2. 填空题.

(1) 如果 $\begin{vmatrix} a_{11} & a_{12} & a_{13} \\ a_{21} & a_{22} & a_{23} \\ a_{31} & a_{32} & a_{33} \end{vmatrix}=3$,则 $\begin{vmatrix} 3a_{21} & 3a_{22} & 3a_{23} \\ 3a_{31} & 3a_{32} & 3a_{33} \\ 3a_{11} & 3a_{12} & 3a_{13} \end{vmatrix}=$______.

(2) 已知四阶方阵 $\boldsymbol{A}$,其第一行元素分别为 $2,3,-4,1$,它们的余子式的值分别为 $2,-3,-1,5$,则行列式 $|\boldsymbol{A}|=$______.

(3) 四阶行列式 $\begin{vmatrix} a_1 & 0 & 0 & b_1 \\ 0 & a_2 & b_2 & 0 \\ 0 & b_3 & a_3 & 0 \\ b_4 & 0 & 0 & a_4 \end{vmatrix}$ 的值为______.

(4) 若 $\begin{vmatrix} a_{11} & a_{12} \\ a_{21} & a_{22} \end{vmatrix}=4$,则 $\begin{vmatrix} a_{12} & 2a_{11} & 0 \\ a_{22} & 2a_{21} & 0 \\ 0 & -2 & -1 \end{vmatrix}=$______.

(5) 设$|\boldsymbol{A}|=\begin{vmatrix} 1 & 2 & -9 & 2 \\ 3 & 2 & -4 & 4 \\ 4 & 2 & 5 & 6 \\ -3 & 2 & 7 & -9 \end{vmatrix}$,则 $A_{14}+A_{24}+A_{34}+A_{44}=$______.

(6) $\boldsymbol{A}$ 为五阶方阵,且$|\boldsymbol{A}|=-2$,则$||\boldsymbol{A}|\boldsymbol{A}|=$______,$||\boldsymbol{A}|\boldsymbol{A}^*|=$______.

(7) 行列式$\begin{vmatrix} \lambda & -1 & 0 & 0 \\ 0 & \lambda & -1 & 0 \\ 0 & 0 & \lambda & -1 \\ 4 & 3 & 2 & \lambda+1 \end{vmatrix}=$______.

(8) 设矩阵$\begin{pmatrix} a & -1 & -1 \\ -1 & a & -1 \\ -1 & -1 & a \end{pmatrix}$与$\begin{pmatrix} 1 & 1 & 0 \\ 0 & -1 & 1 \\ 1 & 0 & 1 \end{pmatrix}$等价,则 $a=$______.

3. 计算下列行列式.

(1) $\begin{vmatrix} 1 & 2 & 2 \\ 2 & 1 & 2 \\ 2 & 2 & 1 \end{vmatrix}$;

(2) $\begin{vmatrix} 1 & a & a^2 \\ 1 & b & b^2 \\ 1 & c & c^2 \end{vmatrix}$;

(3) $\begin{vmatrix} 1 & 2 & 0 & 0 \\ 3 & 4 & 0 & 0 \\ 0 & 0 & -1 & 3 \\ 0 & 0 & 5 & 1 \end{vmatrix}$;

(4) $\begin{vmatrix} 2 & 1 & 4 & 4 \\ 0 & 2 & 1 & 2 \\ 2 & 5 & 10 & 0 \\ 1 & 1 & 0 & 7 \end{vmatrix}$;

(5) $\begin{vmatrix} a & 1 & 0 & 0 \\ -1 & b & 1 & 0 \\ 0 & -1 & c & 1 \\ 0 & 0 & -1 & d \end{vmatrix}$;

(6) $\begin{vmatrix} 1-a & 1 & 1 & 1 \\ 1 & 1+a & 1 & 1 \\ 1 & 1 & 1-b & 1 \\ 1 & 1 & 1 & 1+b \end{vmatrix}$;

(7) $\begin{vmatrix} 0 & 1 & 2 & -1 & 4 \\ 2 & 0 & 1 & 2 & 1 \\ -1 & 3 & 5 & 1 & 2 \\ 3 & 3 & 1 & 2 & 1 \\ 2 & 1 & 0 & 3 & 5 \end{vmatrix}$;

(8) $\begin{vmatrix} a_0 & 1 & 1 & 1 \\ 1 & a_1 & 0 & 0 \\ 1 & 0 & a_2 & 0 \\ 1 & 0 & 0 & a_3 \end{vmatrix}$;

(9) $\begin{vmatrix} x_1-m & x_2 & x_3 & x_4 \\ x_1 & x_2-m & x_3 & x_4 \\ x_1 & x_2 & x_3-m & x_4 \\ x_1 & x_2 & x_3 & x_4-m \end{vmatrix}$;

(10) $\begin{vmatrix} a^2 & (a+1)^2 & (a+2)^2 & (a+3)^2 \\ b^2 & (b+1)^2 & (b+2)^2 & (b+3)^2 \\ c^2 & (c+1)^2 & (c+2)^2 & (c+3)^2 \\ d^2 & (d+1)^2 & (d+2)^2 & (d+3)^2 \end{vmatrix}$.

4. 证明：

(1) $$\begin{vmatrix} ax+by & ay+bz & az+bx \\ ay+bz & az+bx & ax+by \\ az+bx & ax+by & ay+bz \end{vmatrix}=(a^3+b^3)\begin{vmatrix} x & y & z \\ y & z & x \\ z & x & y \end{vmatrix};$$

(2) 设 $bc=a$，则

$$\begin{vmatrix} 1+a & b & & & \\ c & 1+a & b & & \\ & \ddots & \ddots & \ddots & \\ & & c & 1+a & b \\ & & & c & 1+a \end{vmatrix}=1+a+\cdots+a^n$$

5. 计算下列 n 阶行列式.

(1) $$\begin{vmatrix} 1 & 2 & 3 & \cdots & n \\ 2 & 3 & 4 & \cdots & 1 \\ 3 & 4 & 5 & \cdots & 2 \\ \vdots & \vdots & \vdots & & \vdots \\ n & 1 & 2 & \cdots & n-1 \end{vmatrix};$$

(2) $$\begin{vmatrix} a & b & b & \cdots & b \\ b & a & b & \cdots & b \\ b & b & a & \cdots & b \\ \vdots & \vdots & \vdots & & \vdots \\ b & b & b & \cdots & a \end{vmatrix};$$

(3) $$\begin{vmatrix} a_1 & b & b & \cdots & b \\ b & a_2 & & & \\ b & & a_3 & & \\ \vdots & & & \ddots & \\ b & & & & a_n \end{vmatrix}, \text{其中} \prod_{i=1}^{n} a_i \neq 0;$$

(4) $$\begin{vmatrix} x & -1 & 0 & \cdots & 0 & 0 \\ 0 & x & -1 & \cdots & 0 & 0 \\ \vdots & \vdots & \vdots & & \vdots & \vdots \\ 0 & 0 & 0 & \cdots & x & -1 \\ a_n & a_{n-1} & a_{n-2} & \cdots & a_2 & x+a_1 \end{vmatrix}.$$

6. 证明：n 阶行列式 $$\begin{vmatrix} \cos\alpha & 1 & & & \\ 1 & 2\cos\alpha & 1 & & \\ & \ddots & \ddots & \ddots & \\ & & 1 & 2\cos\alpha & 1 \\ & & & 1 & 2\cos\alpha \end{vmatrix}=\cos n\alpha.$$

7. 求下列矩阵的逆矩阵.

(1) $$\begin{pmatrix} 1 & 2 & -1 \\ 3 & 4 & -2 \\ 5 & -4 & 1 \end{pmatrix};$$

(2) $\begin{pmatrix} a_1 & & & 0 \\ & a_2 & & \\ & & \ddots & \\ 0 & & & a_n \end{pmatrix}$ $(a_1a_2\cdots a_n\neq 0)$.

8. 解下列矩阵方程.

(1) $X\begin{pmatrix} 2 & 1 & -1 \\ 1 & 1 & 1 \\ 3 & 2 & 1 \end{pmatrix}=\begin{pmatrix} 1 & -1 & 3 \\ 4 & 3 & 2 \\ 2 & -2 & 5 \end{pmatrix}$;

(2) $\begin{pmatrix} 4 & 1 \\ 2 & -1 \end{pmatrix}X\begin{pmatrix} 0 & 2 \\ 1 & -1 \end{pmatrix}=\begin{pmatrix} 1 & 3 \\ -1 & 0 \end{pmatrix}$.

9. 利用逆矩阵解下列线性方程组.

(1) $\begin{cases} x_1+2x_2+3x_3=1 \\ 2x_1+2x_2+5x_3=2 \\ 3x_1+5x_2+x_3=3 \end{cases}$;

(2) $\begin{cases} x_1-x_2+2x_3=1 \\ -2x_1-x_2-2x_3=3 \\ 4x_1+3x_2+3x_3=-1 \end{cases}$.

10. 已知三阶方阵 $\boldsymbol{A}$ 的逆矩阵为 $\boldsymbol{A}^{-1}=\begin{pmatrix} 1 & 1 & 1 \\ 1 & 2 & 1 \\ 1 & 1 & 3 \end{pmatrix}$,试求其伴随矩阵 $\boldsymbol{A}^*$ 的逆矩阵.

11. 设 $\boldsymbol{A}$ 为 n 阶可逆矩阵,且 $\boldsymbol{A}^2=|\boldsymbol{A}|\boldsymbol{E}$,证明:$\boldsymbol{A}$ 的伴随矩阵 $\boldsymbol{A}^*=\boldsymbol{A}$.

12. 设 $\boldsymbol{A}$ 为 n 阶非零方阵,$\boldsymbol{A}^*$ 是 $\boldsymbol{A}$ 的伴随矩阵,若 $\boldsymbol{A}^*=\boldsymbol{A}^{\mathrm{T}}$,证明:$\boldsymbol{A}$ 是可逆矩阵.

13. 已知实矩阵 $\boldsymbol{A}=(a_{ij})_{3\times 3}$ 满足条件 $A_{ij}=a_{ij}\ (i,j=1,2,3)$,其中 A_{ij} 是 a_{ij} 的代数余子式,且 $a_{11}\neq 0$,计算 $|\boldsymbol{A}|$.

14. 已知 $\boldsymbol{A}=\begin{pmatrix} 1 & 1 & -1 \\ -1 & 1 & 1 \\ 1 & -1 & 1 \end{pmatrix}$,矩阵 $\boldsymbol{X}$ 满足 $\boldsymbol{A}^*\boldsymbol{X}=\boldsymbol{A}^{-1}+2\boldsymbol{X}$,求矩阵 $\boldsymbol{X}$.

15. 求下列矩阵的秩,并求一个最高阶非零子式.

(1) $\begin{pmatrix} 1 & -1 & 2 & 1 & 0 \\ 2 & -2 & 4 & -2 & 0 \\ 3 & 0 & 6 & -1 & 1 \\ 2 & 1 & 4 & 2 & 1 \end{pmatrix}$;

(2) $\begin{pmatrix} 2 & 1 & 8 & 3 & 7 \\ 2 & -3 & 0 & 7 & -5 \\ 3 & -2 & 5 & 8 & 0 \\ 1 & 0 & 3 & 2 & 0 \end{pmatrix}$.

16. 用克拉默法则解下列方程组.

(1) $\begin{cases} 2x_1+2x_2-x_3+x_4=4 \\ 4x_1+3x_2-x_3+2x_4=6 \\ 8x_1+5x_2-3x_3+4x_4=12 \\ 3x_1+3x_2-2x_3+2x_4=6 \end{cases}$;

(2) $\begin{cases} 2x_1+3x_2+11x_3+5x_4=2 \\ x_1+x_2+5x_3+2x_4=1 \\ 2x_1+x_2+3x_3+2x_4=-3 \\ x_1+x_2+3x_3+4x_4=-3 \end{cases}$.

17. 问 λ, μ 为何值时,齐次线性方程组

$$\begin{cases} \lambda x_1+x_2+x_3=0 \\ x_1+\mu x_2+x_3=0 \\ x_1+2\mu x_2+x_3=0 \end{cases}$$

有非零解?

18. 设 $\boldsymbol{A}$ 为 $m\times n$ 矩阵,证明:若 $\boldsymbol{AX}=\boldsymbol{AY}$,且 $R(\boldsymbol{A})=n$,则 $\boldsymbol{X}=\boldsymbol{Y}$.

19. 求通过三点(1, 3), (1, −7)与(6, −2)的圆的方程.

20. 利用行列式计算面积.

(1) 已知 $A(1,2)$, $B(3,3)$, $C(2,-1)$,求$\triangle ABC$ 的面积;

(2) 已知 $A(0,0)$, $B(1,4)$, $C(5,3)$, $D(4,1)$,求四边形 $ABCD$ 的面积.

21. 设

$$f(x)=a_0+a_1x+\cdots+a_nx^n$$

证明:若 $f(x)$有 $n+1$ 个不同的零点,则$f(x)=0$.

B

1. 单项选择题.

(1) 设 $\boldsymbol{A}$ 为三阶矩阵,$\boldsymbol{A}^*$为 $\boldsymbol{A}$ 的伴随矩阵,$\boldsymbol{A}$ 的行列式$|\boldsymbol{A}|=2$,则$|-2\boldsymbol{A}^*|=$(   ).

A. -2^5 B. -2^3 C. 2^3 D. 2^5

(2) 设 $\boldsymbol{A}$, $\boldsymbol{B}$ 均为二阶矩阵,$\boldsymbol{A}^*$, $\boldsymbol{B}^*$分别为 $\boldsymbol{A}$, $\boldsymbol{B}$ 的伴随矩阵,若$|\boldsymbol{A}|=2$, $|\boldsymbol{B}|=3$,则分块矩阵$\begin{pmatrix} \boldsymbol{O} & \boldsymbol{A} \\ \boldsymbol{B} & \boldsymbol{O} \end{pmatrix}$的伴随矩阵为(   ).

A. $\begin{pmatrix} \boldsymbol{O} & 3\boldsymbol{B}^* \\ 2\boldsymbol{A}^* & \boldsymbol{O} \end{pmatrix}$ B. $\begin{pmatrix} \boldsymbol{O} & 2\boldsymbol{B}^* \\ 3\boldsymbol{A}^* & \boldsymbol{O} \end{pmatrix}$

C. $\begin{pmatrix} \boldsymbol{O} & 3\boldsymbol{A}^* \\ 2\boldsymbol{B}^* & \boldsymbol{O} \end{pmatrix}$ D. $\begin{pmatrix} \boldsymbol{O} & 2\boldsymbol{A}^* \\ 3\boldsymbol{B}^* & \boldsymbol{O} \end{pmatrix}$

(3) 设 $\boldsymbol{A}$ 为 n ($n\geqslant 2$)阶可逆矩阵,交换 $\boldsymbol{A}$ 的第一行与第二行得矩阵 $\boldsymbol{B}$, $\boldsymbol{A}^*$, $\boldsymbol{B}^*$分别为 $\boldsymbol{A}$, $\boldsymbol{B}$ 的伴随矩阵,则(   ).

A. 交换 $\boldsymbol{A}^*$的第一列与第二列得 $\boldsymbol{B}^*$

B. 交换 $\boldsymbol{A}^*$的第一行与第二行得 $\boldsymbol{B}^*$

C. 交换 $\boldsymbol{A}^*$的第一列与第二列得$-\boldsymbol{B}^*$

D. 交换 $\boldsymbol{A}^*$的第一行与第二行得$-\boldsymbol{B}^*$

(4) 设矩阵 $\boldsymbol{A}=(a_{ij})_{3\times 3}$满足 $\boldsymbol{A}^*=\boldsymbol{A}^{\mathrm{T}}$,其中 $\boldsymbol{A}^*$为 $\boldsymbol{A}$ 的伴随矩阵,$\boldsymbol{A}^{\mathrm{T}}$ 为 $\boldsymbol{A}$ 的转置矩阵. 若 a_{11}, a_{12}, a_{13}为三个相等的正数,则 a_{11}为(   ).

A. $\frac{\sqrt{3}}{3}$　　B. 3　　C. $\frac{1}{3}$　　D. $\sqrt{3}$

(5) 设 $\boldsymbol{A}$ 是 $m\times n$ 矩阵,$\boldsymbol{B}$ 是 $n\times m$ 矩阵,且 $\boldsymbol{AB}=\boldsymbol{E}$,则(　　).

A. $R(\boldsymbol{A})=R(\boldsymbol{B})=m$　　B. $R(\boldsymbol{A})=m,R(\boldsymbol{B})=n$

C. $R(\boldsymbol{A})=n,R(\boldsymbol{B})=m$　　D. $R(\boldsymbol{A})=R(\boldsymbol{B})=n$

(6) 设 $\boldsymbol{A}=(\boldsymbol{\alpha}_1,\boldsymbol{\alpha}_2,\boldsymbol{\alpha}_3,\boldsymbol{\alpha}_4)$是四阶矩阵,$\boldsymbol{A}^*$ 为 $\boldsymbol{A}$ 的伴随矩阵,若$(1,0,1,0)^{\mathrm{T}}$ 是方程组 $\boldsymbol{Ax}=\boldsymbol{0}$ 的一个基础解系,则 $\boldsymbol{A}^*\boldsymbol{x}=\boldsymbol{0}$ 的基础解系可为(　　).

A. $\boldsymbol{\alpha}_1,\boldsymbol{\alpha}_2$　　B. $\boldsymbol{\alpha}_1,\boldsymbol{\alpha}_3$　　C. $\boldsymbol{\alpha}_1,\boldsymbol{\alpha}_2,\boldsymbol{\alpha}_3$　　D. $\boldsymbol{\alpha}_2,\boldsymbol{\alpha}_3,\boldsymbol{\alpha}_4$

(7) 设 $\boldsymbol{A},\boldsymbol{B}$ 为 n 阶矩阵,记 $R(\boldsymbol{X})$为矩阵的秩,$(\boldsymbol{X},\boldsymbol{Y})$表示分块矩阵,则(　　).

A. $R(\boldsymbol{A},\boldsymbol{AB})=R(\boldsymbol{A})$　　B. $R(\boldsymbol{A},\boldsymbol{BA})=R(\boldsymbol{A})$

C. $R(\boldsymbol{A},\boldsymbol{B})=\max\{R(\boldsymbol{A}),R(\boldsymbol{B})\}$ D. $R(\boldsymbol{A},\boldsymbol{B})=R(\boldsymbol{A}^{\mathrm{T}},\boldsymbol{B}^{\mathrm{T}})$

2. 填空题.

(1) $\boldsymbol{A}$ 为四阶方阵,且 $|\boldsymbol{A}|=2$,则 $\left|\frac{1}{2}\boldsymbol{A}^*-4\boldsymbol{A}^{-1}\right|=$ ______.

(2) 设 $\boldsymbol{a}_1,\boldsymbol{a}_2,\boldsymbol{a}_3$ 均为三维列向量,记矩阵

$$\boldsymbol{A}=(\boldsymbol{a}_1,\boldsymbol{a}_2,\boldsymbol{a}_3)$$

$$\boldsymbol{B}=(\boldsymbol{a}_1+\boldsymbol{a}_2+\boldsymbol{a}_3,\boldsymbol{a}_1+2\boldsymbol{a}_2+4\boldsymbol{a}_3,\boldsymbol{a}_1+3\boldsymbol{a}_2+9\boldsymbol{a}_3)$$

如果 $|\boldsymbol{A}|=1$,那么 $|\boldsymbol{B}|=$ ______.

(3) 设矩阵 $\boldsymbol{A}=\begin{pmatrix}2&1\\-1&2\end{pmatrix}$,$\boldsymbol{E}$ 为二阶单位矩阵,矩阵 $\boldsymbol{B}$ 满足

$$\boldsymbol{BA}=\boldsymbol{B}+2\boldsymbol{E}$$

则 $|\boldsymbol{B}|=$ ______.

(4) 设 $\boldsymbol{A}=(a_{ij})_{3\times 3}$且 $\boldsymbol{A}\neq\boldsymbol{O}$,$A_{ij}$ 为 a_{ij} 的代数余子式,若 $a_{ij}+A_{ij}=0\ (i,j=1,2,3)$,则 $|\boldsymbol{A}|=$ ________.

(5) n 阶行列式 $\begin{vmatrix}2&0&\cdots&0&2\\-1&2&\cdots&0&2\\\vdots&\vdots&&\vdots&\vdots\\0&0&\cdots&2&2\\0&0&\cdots&-1&2\end{vmatrix}=$ ________.

(6) 设行向量组 $(2,1,1,1),(2,1,a,a),(3,2,1,a),(4,3,2,1)$ 线性相关,且 $a\neq 1$,则 $a=$ ______.

(7) $\boldsymbol{A}=\begin{pmatrix}1&0&1\\1&1&2\\0&1&1\end{pmatrix}$,$\boldsymbol{\alpha}_1,\boldsymbol{\alpha}_2,\boldsymbol{\alpha}_3$ 是三维线性无关的列向量,则$(\boldsymbol{A\alpha}_1,\boldsymbol{A\alpha}_2,\boldsymbol{A\alpha}_3)$的秩为 ________.

3. 已知 $\boldsymbol{A}=\begin{pmatrix}1 & a & 0 & 0\\ 0 & 1 & a & 0\\ 0 & 0 & 1 & a\\ a & 0 & 0 & 1\end{pmatrix}$，$\boldsymbol{\beta}=\begin{pmatrix}1\\ -1\\ 0\\ 0\end{pmatrix}$.

(1) 计算行列式 $|\boldsymbol{A}|$；

(2) 当实数 a 为何值时，方程组 $\boldsymbol{Ax}=\boldsymbol{\beta}$ 有无穷多解，并求其通解.

4. 当 λ 取何值时，线性方程组

$$\begin{cases}(\lambda+3)x_1+x_2+2x_3=\lambda\\ \lambda x_1+(\lambda-1)x_2+x_3=\lambda\\ 3(\lambda+1)x_1+\lambda x_2+(\lambda+3)x_3=3\end{cases}$$

有唯一解、无解、有无穷多解，当方程组有无穷多解时，求其通解.

5. 设 $\boldsymbol{A},\boldsymbol{B}$ 均为 $s\times n$ 矩阵，证明：$R(\boldsymbol{A}+\boldsymbol{B})\leqslant R(\boldsymbol{A})+R(\boldsymbol{B})$.

6. 设 $\boldsymbol{A}$ 为 n 阶矩阵，且 $\boldsymbol{A}^2=\boldsymbol{A}$，$\boldsymbol{E}$ 为 n 阶单位矩阵，证明：$R(\boldsymbol{A})+R(\boldsymbol{A}-\boldsymbol{E})=n$.

7. 设 $\boldsymbol{A}$ 为 n 阶矩阵，证明：$R(\boldsymbol{A}+\boldsymbol{E})+R(\boldsymbol{A}-\boldsymbol{E})\geqslant n$.

8. 当 $\boldsymbol{A}=\boldsymbol{\alpha\alpha}^{\mathrm{T}}+\boldsymbol{\beta\beta}^{\mathrm{T}}$，$\boldsymbol{\alpha},\boldsymbol{\beta}$ 是三维列向量，$\boldsymbol{\alpha}^{\mathrm{T}}$ 为 $\boldsymbol{\alpha}$ 的转置，$\boldsymbol{\beta}^{\mathrm{T}}$ 为 $\boldsymbol{\beta}$ 的转置. 证明：

(1) $R(\boldsymbol{A})\leqslant 2$；

(2) 若 $\boldsymbol{\alpha},\boldsymbol{\beta}$ 线性相关，则 $R(\boldsymbol{A})<2$.

9. 设 $\boldsymbol{A},\boldsymbol{B},\boldsymbol{C},\boldsymbol{D}$ 都是 n 阶矩阵，且 $|\boldsymbol{A}|\neq 0$，$\boldsymbol{AC}=\boldsymbol{CA}$. 证明：$\begin{vmatrix}\boldsymbol{A} & \boldsymbol{B}\\ \boldsymbol{C} & \boldsymbol{D}\end{vmatrix}=|\boldsymbol{AD}-\boldsymbol{CB}|$.

10. 历史上欧拉提出这样一个问题：如何用四面体的六条棱长去表示它的体积？请用线性代数及行列式的知识解决这个问题，并计算棱长为 10 m，15 m，12 m，14 m，13 m，11 m 的四面体形状的花岗岩巨石的体积.

11. 一个牧场，12 头牛 4 周吃草 10/3 格尔，21 头牛 9 周吃草 10 格尔，问 24 格尔牧草，多少头牛 18 周吃完(注：格尔——牧场的面积单位，1 格尔约等于 2 500 m^2)？

第 5 章 矩阵特征值问题及二次型

本章我们讨论的矩阵均为方阵. 对于方阵 $\boldsymbol{A}$,尽管线性变换 $\boldsymbol{x}\to\boldsymbol{A}\boldsymbol{x}$ 可能会把向量 $\boldsymbol{x}$ 往各种方向上移动,但其中存在一些特殊的向量,$\boldsymbol{A}$ 在其上的作用十分简单.

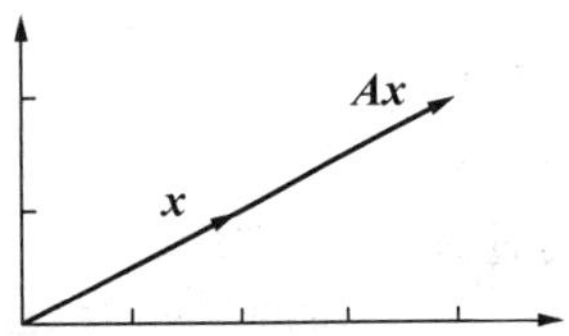

图 5.1

例如,设 $\boldsymbol{A}=\begin{pmatrix}3 & -2\\ 1 & 0\end{pmatrix}$, $\boldsymbol{x}=\begin{pmatrix}2\\ 1\end{pmatrix}$,则 $\boldsymbol{A}\boldsymbol{x}=2\boldsymbol{x}$,即 $\boldsymbol{A}$ 在 $\boldsymbol{x}$ 上的作用相当于将向量 $\boldsymbol{x}$ 拉伸为原来的两倍,如图 5.1 所示.

在本章中,我们要研究形如 $\boldsymbol{A}\boldsymbol{x}=\lambda\boldsymbol{x}$ (λ 为一常量)的方程,并且求那些被 $\boldsymbol{A}$ 作用相当于被数乘作用的向量,此即为方阵的特征值与特征向量问题,它们不仅在纯数学和应用数学中有广泛的应用,而且在工程设计、生态系统分析等许多学科领域中具有广泛的应用前景.

5.1 方阵的特征值与特征向量

定义 5.1 设 $\boldsymbol{A}$ 是 n 阶方阵,如果数 λ 和 n 维非零列向量 $\boldsymbol{x}$,使

$$\boldsymbol{A}\boldsymbol{x}=\lambda\boldsymbol{x} \tag{5.1}$$

成立,那么这样的数 λ 称为矩阵 $\boldsymbol{A}$ 的特征值,非零向量 $\boldsymbol{x}$ 称为 $\boldsymbol{A}$ 的对应于特征值 λ 的特征向量.

将式(5.1)改写为

$$(\lambda\boldsymbol{E}-\boldsymbol{A})\boldsymbol{x}=\boldsymbol{0}$$

这是 n 个未知数、n 个方程的齐次线性方程组,它有非零解的充分必要条件是系数行列式

$$|\lambda\boldsymbol{E}-\boldsymbol{A}|=0 \tag{5.2}$$

即

$$\begin{vmatrix}\lambda-a_{11} & -a_{12} & \cdots & -a_{1n}\\ -a_{21} & \lambda-a_{22} & \cdots & -a_{2n}\\ \vdots & \vdots & & \vdots\\ -a_{n1} & -a_{n2} & \cdots & \lambda-a_{nn}\end{vmatrix}=0$$

式(5.2)是以 λ 为未知数的一元 n 次方程,称为矩阵 $\boldsymbol{A}$ 的特征方程. 其左端 $|\lambda\boldsymbol{E}-\boldsymbol{A}|$ 是 λ 的 n 次多项式,记为 $f(\lambda)$,称为矩阵 $\boldsymbol{A}$ 的特征多项式. 显然 $\boldsymbol{A}$ 的特征值就是特征方程的解. 特征方程在复数范围内恒有解,其个数为方程的次数(重根按重次计算),因此,n 阶矩阵 $\boldsymbol{A}$ 在复数范围内有 n 个特征值.

设 $\lambda=\lambda_i$ 为矩阵 $\boldsymbol{A}$ 的一个特征值，则由方程

$$(\lambda_i \boldsymbol{E}-\boldsymbol{A})\boldsymbol{x}=\boldsymbol{0}$$

可求得非零解 $\boldsymbol{x}=\boldsymbol{p}_i$，那么 $\boldsymbol{p}_i$ 便是 $\boldsymbol{A}$ 的对应于特征值 λ_i 的特征向量(若 λ_i 为实数，则 $\boldsymbol{p}_i$ 可取实向量；若 λ_i 为复数，则 $\boldsymbol{p}_i$ 为复向量).

例 5.1 求矩阵 $\boldsymbol{A}=\begin{pmatrix}5 & -2\\ 6 & -2\end{pmatrix}$ 的特征值和特征向量.

解 $\boldsymbol{A}$ 的特征多项式为

$$|\lambda \boldsymbol{E}-\boldsymbol{A}|=\begin{vmatrix}\lambda-5 & 2\\ -6 & \lambda+2\end{vmatrix}=(\lambda-5)(\lambda+2)+12$$

$$=\lambda^2-3\lambda+2=(\lambda-1)(\lambda-2)$$

所以 $\boldsymbol{A}$ 的特征值为

$$\lambda_1=1,\qquad \lambda_2=2$$

当 $\lambda_1=1$ 时，对应的特征向量应满足

$$\begin{pmatrix}1-5 & 2\\ -6 & 1+2\end{pmatrix}\begin{pmatrix}x_1\\ x_2\end{pmatrix}=\begin{pmatrix}0\\ 0\end{pmatrix}$$

即

$$\begin{pmatrix}-4 & 2\\ -6 & 3\end{pmatrix}\begin{pmatrix}x_1\\ x_2\end{pmatrix}=\begin{pmatrix}0\\ 0\end{pmatrix}$$

解得 $2x_1=x_2$，所以对应的特征向量可取为

$$\boldsymbol{p}_1=\left(\frac{1}{2},\ 1\right)^{\mathrm{T}}$$

当 $\lambda_2=2$ 时，由

$$\begin{pmatrix}2-5 & 2\\ -6 & 2+2\end{pmatrix}\begin{pmatrix}x_1\\ x_2\end{pmatrix}=\begin{pmatrix}0\\ 0\end{pmatrix}$$

即

$$\begin{pmatrix}-3 & 2\\ -6 & 4\end{pmatrix}\begin{pmatrix}x_1\\ x_2\end{pmatrix}=\begin{pmatrix}0\\ 0\end{pmatrix}$$

解得 $3x_1=2x_2$，所以对应的特征向量可取为

$$\boldsymbol{p}_2=\left(\frac{2}{3},\ 1\right)^{\mathrm{T}}$$

显然，若 $\boldsymbol{p}_i$ 是矩阵 $\boldsymbol{A}$ 的对应于特征值 λ_i 的特征向量，则 $k\boldsymbol{p}_i\ (k\neq 0)$ 也是对应于 λ_i 的特征向量.

例 5.2 求矩阵 $\boldsymbol{A}=\begin{pmatrix}1 & -2 & 2\\ -2 & -2 & 4\\ 2 & 4 & -2\end{pmatrix}$ 的特征值和特征向量.

解 $\boldsymbol{A}$ 的特征多项式为

$$|\lambda\boldsymbol{E}-\boldsymbol{A}|=\begin{vmatrix}\lambda-1 & 2 & -2\\ 2 & \lambda+2 & -4\\ -2 & -4 & \lambda+2\end{vmatrix}=(\lambda-2)^2(\lambda+7)$$

所以 $\boldsymbol{A}$ 的特征值为

$$\lambda_1=\lambda_2=2,\qquad \lambda_3=-7$$

当 $\lambda_1=\lambda_2=2$ 时,解方程组 $(2\boldsymbol{E}-\boldsymbol{A})\boldsymbol{x}=\boldsymbol{0}$. 由

$$2\boldsymbol{E}-\boldsymbol{A}=\begin{pmatrix}1 & 2 & -2\\ 2 & 4 & -4\\ -2 & -4 & 4\end{pmatrix}\xrightarrow{r}\begin{pmatrix}1 & 2 & -2\\ 0 & 0 & 0\\ 0 & 0 & 0\end{pmatrix}$$

得基础解系

$$\boldsymbol{p}_1=\begin{pmatrix}-2\\ 1\\ 0\end{pmatrix},\qquad \boldsymbol{p}_2=\begin{pmatrix}2\\ 0\\ 1\end{pmatrix}$$

所以对应于 $\lambda_1=\lambda_2=2$ 的全部特征向量为 $k_1\boldsymbol{p}_1+k_2\boldsymbol{p}_2$ (k_1, k_2 不同时为 0).

当 $\lambda_3=-7$ 时,解方程组 $(-7\boldsymbol{E}-\boldsymbol{A})\boldsymbol{x}=\boldsymbol{0}$. 由

$$-7\boldsymbol{E}-\boldsymbol{A}=\begin{pmatrix}-8 & 2 & -2\\ 2 & -5 & -4\\ -2 & -4 & -5\end{pmatrix}\xrightarrow{r}\begin{pmatrix}1 & 0 & 1/2\\ 0 & 1 & 1\\ 0 & 0 & 0\end{pmatrix}$$

得基础解系

$$\boldsymbol{p}_3=(-1,\ -2,\ 2)^{\mathrm{T}}$$

故对应 $\lambda_3=-7$ 的全部特征向量为 $k_3\boldsymbol{p}_3$ ($k_3\neq0$).

例 5.3 求矩阵 $\boldsymbol{A}=\begin{pmatrix}-1 & 0 & 1\\ 1 & 2 & 0\\ -4 & 0 & 3\end{pmatrix}$ 的特征值和特征向量.

解 $\boldsymbol{A}$ 的特征多项式为

$$|\lambda\boldsymbol{E}-\boldsymbol{A}|=\begin{vmatrix}\lambda+1 & 0 & -1\\ -1 & \lambda-2 & 0\\ 4 & 0 & \lambda-3\end{vmatrix}=(\lambda-1)^2(\lambda-2)$$

所以 $\boldsymbol{A}$ 的特征值为 $\lambda_1=\lambda_2=1$, $\lambda_3=2$.

当 $\lambda_1=\lambda_2=1$ 时,解方程组 $(\boldsymbol{E}-\boldsymbol{A})\boldsymbol{x}=\boldsymbol{0}$,由

$$\boldsymbol{E}-\boldsymbol{A}=\begin{pmatrix}2 & 0 & -1\\ -1 & -1 & 0\\ 4 & 0 & -2\end{pmatrix}\xrightarrow{r}\begin{pmatrix}1 & 0 & -1/2\\ 0 & 1 & 1/2\\ 0 & 0 & 0\end{pmatrix}$$

得基础解系

$$p_1=(1,\ -1,\ 2)^{\mathrm{T}}$$

所以 $k_1\boldsymbol{p}_1$ $(k_1\neq 0)$是对应 $\lambda_1=\lambda_2=1$ 的全部特征向量.

当 $\lambda_3=2$ 时,解方程组$(2\boldsymbol{E}-\boldsymbol{A})\boldsymbol{x}=\boldsymbol{0}$,由

$$2\boldsymbol{E}-\boldsymbol{A}=\begin{pmatrix}3&0&-1\\-1&0&0\\4&0&-1\end{pmatrix}\xrightarrow{r}\begin{pmatrix}1&0&0\\0&0&1\\0&0&0\end{pmatrix}$$

得基础解系

$$\boldsymbol{p}_3=(0,\ 1,\ 0)^{\mathrm{T}}$$

故 $k_3\boldsymbol{p}_3$ $(k_3\neq 0)$是对应 $\lambda_3=2$ 的全部特征向量.

矩阵的特征值与特征向量有如下定理:

定理 5.1 设 λ_i 是 n 阶方阵 $\boldsymbol{A}$ 的 r_i 重特征值(称 r_i 为特征值 λ_i 的代数重数),对应 λ_i 有 s_i 个线性无关的特征向量(称 s_i 为特征值 λ_i 的几何重数),则 $1\leqslant s_i\leqslant r_i$.

证明略.

对于例 5.2 中的矩阵 $\boldsymbol{A}$,对应二重特征值 2 有两个线性无关的特征向量,而例 5.3 中的矩阵 $\boldsymbol{A}$ 对应二重特征值 1 只有一个线性无关的特征向量.

定理 5.2 设 $\boldsymbol{A}$ 为 n 阶方阵,$\boldsymbol{A}$ 的 n 个特征值为 $\lambda_1,\ \lambda_2,\ \cdots,\ \lambda_n$,对应的特征向量分别为 $\boldsymbol{x}_1,\ \boldsymbol{x}_2,\ \cdots,\ \boldsymbol{x}_n$,又设

$$f(\lambda)=a_s\lambda^s+a_{s-1}\lambda^{s-1}+\cdots+a_1\lambda+a_0$$

为一多项式,则 $f(\boldsymbol{A})$ 的特征值为 $f(\lambda_1),\ f(\lambda_2),\ \cdots,\ f(\lambda_n)$,对应的特征向量仍为 $\boldsymbol{x}_1,\ \boldsymbol{x}_2,\ \cdots,\boldsymbol{x}_n$. 如果 $f(\boldsymbol{A})=\boldsymbol{O}$,则 $\boldsymbol{A}$ 的任一特征值 λ_i 满足 $f(\lambda_i)=0$.

证 因为 $\boldsymbol{A}\boldsymbol{x}_i=\lambda_i\boldsymbol{x}_i$ $(i=1,\ 2,\ \cdots,\ n)$,所以对正整数 k,有

$$\boldsymbol{A}^k\boldsymbol{x}_i=\boldsymbol{A}^{k-1}(\boldsymbol{A}\boldsymbol{x}_i)=\lambda_i\boldsymbol{A}^{k-1}\boldsymbol{x}_i=\cdots=\lambda_i^k\boldsymbol{x}_i$$

则

$$\begin{aligned}f(\boldsymbol{A})\boldsymbol{x}_i&=(a_s\boldsymbol{A}^s+a_{s-1}\boldsymbol{A}^{s-1}+\cdots+a_1\boldsymbol{A}+a_0\boldsymbol{E})\boldsymbol{x}_i\\&=a_s\boldsymbol{A}^s\boldsymbol{x}_i+a_{s-1}\boldsymbol{A}^{s-1}\boldsymbol{x}_i+\cdots+a_1\boldsymbol{A}\boldsymbol{x}_i+a_0\boldsymbol{x}_i\\&=(a_s\lambda_i^s+a_{s-1}\lambda_i^{s-1}+\cdots+a_1\lambda_i+a_0)\boldsymbol{x}_i\\&=f(\lambda_i)\boldsymbol{x}_i\end{aligned}$$

当 $f(\boldsymbol{A})=\boldsymbol{O}$ 时,有

$$\boldsymbol{0}=f(\boldsymbol{A})\boldsymbol{x}_i=f(\lambda_i)\boldsymbol{x}_i$$

由 $\boldsymbol{x}_i\neq\boldsymbol{0}$ 知

$$f(\lambda_i)=0$$

定理 5.3 设 $\lambda_1,\ \lambda_2,\ \cdots,\ \lambda_s$ 是方阵 $\boldsymbol{A}$ 的互不相同的特征值,$\boldsymbol{x}_1,\ \boldsymbol{x}_2,\ \cdots,\ \boldsymbol{x}_s$ 是分别与之对应的特征向量,则 $\boldsymbol{x}_1,\ \boldsymbol{x}_2,\ \cdots,\ \boldsymbol{x}_s$ 线性无关.

证 对 s 用数学归纳法证明.

当 $s=1$ 时,因为 $\boldsymbol{x}_1\neq\boldsymbol{0}$,所以 $\boldsymbol{x}_1$ 线性无关,即定理成立.假定对 $s-1$ 个互不相同的特征值定理成立,下证对 s 个互不相同的特征值定理也成立.为此,设有常数 $k_1, k_2, \cdots, k_s$,使

$$k_1\boldsymbol{x}_1+k_2\boldsymbol{x}_2+\cdots+k_s\boldsymbol{x}_s=\boldsymbol{0}$$

由于 $\boldsymbol{A}\boldsymbol{x}_i=\lambda_i\boldsymbol{x}_i\ (i=1, 2, \cdots, s)$,用 $\boldsymbol{A}$ 左乘上式,得

$$k_1\lambda_1\boldsymbol{x}_1+k_2\lambda_2\boldsymbol{x}_2+\cdots+k_s\lambda_s\boldsymbol{x}_s=\boldsymbol{0}$$

从上面两个等式消去 $\boldsymbol{x}_s$,得

$$k_1(\lambda_1-\lambda_s)\boldsymbol{x}_1+k_2(\lambda_2-\lambda_s)\boldsymbol{x}_2+\cdots+k_{s-1}(\lambda_{s-1}-\lambda_s)\boldsymbol{x}_{s-1}=\boldsymbol{0}$$

由归纳假定,$\boldsymbol{x}_1, \boldsymbol{x}_2, \cdots, \boldsymbol{x}_{s-1}$ 线性无关,又因为

$$\lambda_i-\lambda_s\neq 0\quad (i=1, 2, \cdots, s-1)$$

所以

$$k_1=k_2=\cdots=k_{s-1}=0$$

进而可得 $k_s=0$,故 $\boldsymbol{x}_1, \boldsymbol{x}_2, \cdots, \boldsymbol{x}_s$ 线性无关.

定理 5.4 设 n 阶方阵 $\boldsymbol{A}=(a_{ij})_{n\times n}$ 的特征值为 $\lambda_1, \lambda_2, \cdots, \lambda_n$,则

(1) $a_{11}+a_{22}+\cdots+a_{nn}=\lambda_1+\lambda_2+\cdots+\lambda_n$.

(2) $|\boldsymbol{A}|=\lambda_1\lambda_2\cdots\lambda_n$.

(3) $\boldsymbol{A}^{\mathrm{T}}$ 的特征值是 $\lambda_1, \lambda_2, \cdots, \lambda_n$.

证 由行列式的定义知,在 $|\lambda\boldsymbol{E}-\boldsymbol{A}|$ 的展开式中,有一项是主对角线上的元素的乘积

$$(\lambda-a_{11})(\lambda-a_{22})\cdots(\lambda-a_{nn})$$

而展开式中其余各项至多包含 $n-2$ 个对角线上的元素.如果某一项含有 $a_{ij}\ (i\neq j)$,则该项就不能含有 $\lambda-a_{ii}$ 和 $\lambda-a_{jj}$,因此这些项关于 λ 的次数最多为 $n-2$,于是

$$|\lambda\boldsymbol{E}-\boldsymbol{A}|=\lambda^n-(a_{11}+a_{22}+\cdots+a_{nn})\lambda^{n-1}+\cdots$$

又因为 $\lambda_1, \lambda_2, \cdots, \lambda_n$ 是 $|\lambda\boldsymbol{E}-\boldsymbol{A}|$ 的 n 个根,所以

$$\begin{aligned}|\lambda\boldsymbol{E}-\boldsymbol{A}|&=(\lambda-\lambda_1)(\lambda-\lambda_2)\cdots(\lambda-\lambda_n)\\&=\lambda^n-(\lambda_1+\lambda_2+\cdots+\lambda_n)\lambda^{n-1}+\cdots\end{aligned}\tag{5.3}$$

于是

$$a_{11}+a_{22}+\cdots+a_{nn}=\lambda_1+\lambda_2+\cdots+\lambda_n$$

在式(5.3)中令 $\lambda=0$,得

$$|-\boldsymbol{A}|=(-1)^n\lambda_1\lambda_2\cdots\lambda_n$$

从而

$$|\boldsymbol{A}|=\lambda_1\lambda_2\cdots\lambda_n$$

最后,由

$$|\lambda_i\boldsymbol{E}-\boldsymbol{A}^{\mathrm{T}}|=|(\lambda_i\boldsymbol{E}-\boldsymbol{A})^{\mathrm{T}}|=|\lambda_i\boldsymbol{E}-\boldsymbol{A}|=0$$

知 $\lambda_1, \lambda_2, \cdots, \lambda_n$ 是 $\boldsymbol{A}^{\mathrm{T}}$ 的特征值.

推论 5.1 设 $\boldsymbol{A}$ 为 n 阶方阵，则 0 是 $\boldsymbol{A}$ 的特征值的充分必要条件是 $|\boldsymbol{A}|=0$.

例 5.4 设 $\boldsymbol{A}$ 为 n 阶方阵，$\lambda=2,4,\cdots,2n$ 是 $\boldsymbol{A}$ 的 n 个特征值，试求出行列式 $|\boldsymbol{A}-3\boldsymbol{E}|$.

解 由于 $\boldsymbol{A}$ 是一个抽象矩阵，要直接求出行列式 $|\boldsymbol{A}-3\boldsymbol{E}|$ 是不可能的，但是如果能设法求出矩阵 $\boldsymbol{A}-3\boldsymbol{E}$ 的特征值，问题就可以迎刃而解了.

设向量 $\boldsymbol{p}_i$ 为 $\boldsymbol{A}$ 的与 λ_i $(i=1,2,\cdots,n)$ 对应的特征向量，则有

$$\boldsymbol{A}\boldsymbol{p}_i=\lambda_i\boldsymbol{p}_i \qquad (i=1,2,\cdots,n)$$

$$-3\boldsymbol{E}\boldsymbol{p}_i=(-3)\boldsymbol{p}_i \quad (i=1,2,\cdots,n)$$

将上面两式相加，得

$$(\boldsymbol{A}-3\boldsymbol{E})\boldsymbol{p}_i=(\lambda_i-3)\boldsymbol{p}_i \quad (i=1,2,\cdots,n)$$

可知矩阵 $\boldsymbol{A}-3\boldsymbol{E}$ 的全部特征值为 λ_i-3 $(i=1,2,\cdots,n)$，即 $-1,1,3,\cdots,2n-3$，故

$$|\boldsymbol{A}-3\boldsymbol{E}|=\prod_{i=1}^{n}(\lambda_i-3)=(-1)\times1\times3\times\cdots\times(2n-3)=-(2n-3)!!$$

5.2 相似对角化

对角矩阵是最简单的一类矩阵，对于任一 n 阶方阵 $\boldsymbol{A}$，是否可将它化为对角矩阵，并保持 $\boldsymbol{A}$ 的许多原有性质，在理论和应用方面都具有重要意义.

定义 5.2 设 $\boldsymbol{A},\boldsymbol{B}$ 都是 n 阶方阵，若有可逆矩阵 $\boldsymbol{P}$，使

$$\boldsymbol{P}^{-1}\boldsymbol{A}\boldsymbol{P}=\boldsymbol{B}$$

则称 $\boldsymbol{B}$ 是 $\boldsymbol{A}$ 的相似矩阵，或者说矩阵 $\boldsymbol{A}$ 与 $\boldsymbol{B}$ 相似. 对 $\boldsymbol{A}$ 进行运算 $\boldsymbol{P}^{-1}\boldsymbol{A}\boldsymbol{P}$ 称为对 $\boldsymbol{A}$ 进行相似变换，可逆矩阵 $\boldsymbol{P}$ 称为把 $\boldsymbol{A}$ 变成 $\boldsymbol{B}$ 的相似变换矩阵.

定理 5.5 若 n 阶方阵 $\boldsymbol{A}$ 与 $\boldsymbol{B}$ 相似，则 $\boldsymbol{A}$ 与 $\boldsymbol{B}$ 的特征多项式相同，从而 $\boldsymbol{A}$ 与 $\boldsymbol{B}$ 的特征值也相同.

证 令 $\boldsymbol{B}=\boldsymbol{P}^{-1}\boldsymbol{A}\boldsymbol{P}$，其中 $\boldsymbol{P}$ 为一个可逆矩阵. 由于

$$\begin{aligned}|\lambda\boldsymbol{E}-\boldsymbol{B}|&=|\boldsymbol{P}^{-1}(\lambda\boldsymbol{E})\boldsymbol{P}-\boldsymbol{P}^{-1}\boldsymbol{A}\boldsymbol{P}|=|\boldsymbol{P}^{-1}(\lambda\boldsymbol{E}-\boldsymbol{A})\boldsymbol{P}|\\&=|\boldsymbol{P}^{-1}||\lambda\boldsymbol{E}-\boldsymbol{A}||\boldsymbol{P}|=|\lambda\boldsymbol{E}-\boldsymbol{A}|\end{aligned} \tag{5.4}$$

则 $\boldsymbol{P}^{-1}\boldsymbol{A}\boldsymbol{P}$ 与 $\boldsymbol{A}$ 有相同的特征多项式，从而有相同的特征值.

推论 5.2 若 n 阶方阵 $\boldsymbol{A}$ 与对角阵

$$\boldsymbol{D}=\begin{pmatrix}\lambda_1&&&\\&\lambda_2&&\\&&\ddots&\\&&&\lambda_n\end{pmatrix}$$

相似，则 $\lambda_1,\lambda_2,\cdots,\lambda_n$ 是 $\boldsymbol{A}$ 的 n 个特征值.

证 因 $\lambda_1,\lambda_2,\cdots,\lambda_n$ 是 $\boldsymbol{D}$ 的 n 个特征值，由定理 5.5 知 $\lambda_1,\lambda_2,\cdots,\lambda_n$ 也是 $\boldsymbol{A}$ 的 n 个特征值.

注意 1：尽管相似矩阵总有相同的特征多项式，但有相同的特征多项式的两个矩阵并

不一定是相似的.例如,

$$\boldsymbol{A}=\begin{pmatrix}1 & 0\\ 1 & 1\end{pmatrix},\qquad \boldsymbol{E}=\begin{pmatrix}1 & 0\\ 0 & 1\end{pmatrix}$$

$\boldsymbol{A}$ 和 $\boldsymbol{E}$ 有相同的特征多项式,因而有相同的特征值.若 $\boldsymbol{A}$ 与 $\boldsymbol{E}$ 是相似的,则存在二阶可逆矩阵 $\boldsymbol{P}$,使

$$\boldsymbol{E}=\boldsymbol{P}^{-1}\boldsymbol{A}\boldsymbol{P}$$

但等式 $\boldsymbol{E}=\boldsymbol{P}^{-1}\boldsymbol{A}\boldsymbol{P}$ 等价于 $\boldsymbol{P}=\boldsymbol{A}\boldsymbol{P}$,从而

$$\boldsymbol{P}\boldsymbol{P}^{-1}=\boldsymbol{A},\qquad \boldsymbol{E}=\boldsymbol{A}$$

这样,$\boldsymbol{A}$ 和 $\boldsymbol{E}$ 不可能相似.

注意 2:虽然相似矩阵有相同的特征值,但是它们不一定有相同的特征向量.如令 $\boldsymbol{B}=\boldsymbol{P}^{-1}\boldsymbol{A}\boldsymbol{P}$ 且 $\boldsymbol{B}\boldsymbol{x}=\lambda\boldsymbol{x}$,则

$$\boldsymbol{P}^{-1}\boldsymbol{A}\boldsymbol{P}\boldsymbol{x}=\lambda\boldsymbol{x}$$

即

$$\boldsymbol{A}(\boldsymbol{P}\boldsymbol{x})=\lambda(\boldsymbol{P}\boldsymbol{x})$$

于是,若 $\boldsymbol{x}$ 是 $\boldsymbol{B}$ 的对应特征值 λ 的一个特征向量,则 $\boldsymbol{P}\boldsymbol{x}$ 是 $\boldsymbol{A}$ 的对应于 λ 的一个特征向量.

通过矩阵的相似关系,可将矩阵的相关计算问题转化为与之相似的较简单的矩阵的计算问题.

若 $\boldsymbol{A}=\boldsymbol{P}\boldsymbol{B}\boldsymbol{P}^{-1}$,则

$$\boldsymbol{A}^k=\boldsymbol{P}\boldsymbol{B}^k\boldsymbol{P}^{-1}$$

$\boldsymbol{A}$ 的多项式

$$\varphi(\boldsymbol{A})=\boldsymbol{P}\varphi(\boldsymbol{B})\boldsymbol{P}^{-1}$$

特别地,若有可逆矩阵 $\boldsymbol{P}$ 使 $\boldsymbol{P}^{-1}\boldsymbol{A}\boldsymbol{P}=\boldsymbol{D}$ 为对角阵,则

$$\boldsymbol{A}^k=\boldsymbol{P}\boldsymbol{D}^k\boldsymbol{P}^{-1},\qquad \varphi(\boldsymbol{A})=\boldsymbol{P}\varphi(\boldsymbol{D})\boldsymbol{P}^{-1}$$

而对于对角阵 $\boldsymbol{D}$,有

$$\boldsymbol{D}^k=\begin{pmatrix}\lambda_1^k & & & \\ & \lambda_2^k & & \\ & & \ddots & \\ & & & \lambda_n^k\end{pmatrix},\qquad \varphi(\boldsymbol{D})=\begin{pmatrix}\varphi(\lambda_1) & & & \\ & \varphi(\lambda_2) & & \\ & & \ddots & \\ & & & \varphi(\lambda_n)\end{pmatrix}$$

由此,可方便地计算 $\boldsymbol{A}$ 的多项式 $\varphi(\boldsymbol{A})$.

下面要讨论的主要问题是:对 n 阶方阵 $\boldsymbol{A}$,寻求相似变换矩阵 $\boldsymbol{P}$,使 $\boldsymbol{P}^{-1}\boldsymbol{A}\boldsymbol{P}=\boldsymbol{D}$ 为对角阵,这称为把矩阵 $\boldsymbol{A}$ 对角化.

假设已经找到可逆矩阵 $\boldsymbol{P}$,使 $\boldsymbol{P}^{-1}\boldsymbol{A}\boldsymbol{P}=\boldsymbol{D}$ 为对角阵,下面讨论 $\boldsymbol{P}$ 应满足什么关系.把 $\boldsymbol{P}$ 用其列向量表示为

$$\boldsymbol{P}=(\boldsymbol{p}_1,\ \boldsymbol{p}_2,\ \cdots,\ \boldsymbol{p}_n)$$

由 $\boldsymbol{P}^{-1}\boldsymbol{A}\boldsymbol{P}=\boldsymbol{D}$,得 $\boldsymbol{A}\boldsymbol{P}=\boldsymbol{P}\boldsymbol{D}$,即

$$A(p_1, p_2, \cdots, p_n)=(p_1, p_2, \cdots, p_n)\begin{pmatrix}\lambda_1 & & & \\ & \lambda_2 & & \\ & & \ddots & \\ & & & \lambda_n\end{pmatrix}$$

$$=(\lambda_1 p_1, \lambda_2 p_2, \cdots, \lambda_n p_n)$$

于是有

$$Ap_i=\lambda_i p_i \quad (i=1, 2, \cdots, n)$$

可见 λ_i 是 A 的特征值,而 P 的列向量 p_i 就是 A 的对应于特征值 λ_i 的特征向量.

反之,由 5.1 节知 A 恰好有 n 个特征值,并可对应地求得 n 个特征向量,这 n 个特征向量即可构成矩阵 P,使 $AP=PD$(因为特征向量不是唯一的,所以矩阵 P 也不是唯一的,并且 P 可能是复矩阵).

余下的问题是:P 是否可逆?即 $p_1, p_2, \cdots, p_n$ 是否线性无关?如果 P 可逆,那么便有 $P^{-1}AP=D$,即 A 与对角阵相似.

由上面的讨论,即有如下定理.

定理 5.6 n 阶方阵 A 与对角阵相似(即 A 能对角化)的充分必要条件是 A 有 n 个线性无关的特征向量.

结合定理 5.3,可得如下推论.

推论 5.3 如果 n 阶方阵 A 的 n 个特征值互不相等,则 A 与对角阵相似.

当 A 的特征方程有重根时,就不一定有 n 个线性无关的特征向量,从而不一定能对角化.例如,在例 5.3 中 A 的特征方程有重根,只有两个线性无关的特征向量,因此 A 不能对角化;而在例 5.2 中 A 的特征方程也有重根,但能找到三个线性无关的特征向量,因此 A 能对角化.

例 5.5 设矩阵

$$A=\begin{pmatrix}3 & 2 & -2\\ -k & -1 & k\\ 4 & 2 & -3\end{pmatrix}$$

问当 k 为何值时,矩阵 A 能对角化?并求出相似变换矩阵 P.

解

$$|\lambda E-A|=\begin{vmatrix}\lambda-3 & -2 & 2\\ k & \lambda+1 & -k\\ -4 & -2 & \lambda+3\end{vmatrix}$$

$$=\lambda^3+\lambda^2-\lambda-1=(\lambda-1)(\lambda+1)^2$$

解得

$$\lambda_1=\lambda_2=-1, \qquad \lambda_3=1$$

对应单根 $\lambda_3=1$,可求得线性无关的特征向量恰有一个,故矩阵 A 可对角化的充分必要条件是对应二重根 $\lambda_1=\lambda_2=-1$,有两个线性无关的特征向量,即方程组 $(-E-A)x=0$ 有两个线性无关的解,也就是系数矩阵 $-E-A$ 的秩 $R(-E-A)=1$,由

$$-\boldsymbol{E}-\boldsymbol{A}=\begin{pmatrix}-4 & -2 & 2\\ k & 0 & -k\\ -4 & -2 & 2\end{pmatrix}\xrightarrow{r}\begin{pmatrix}-4 & -2 & 2\\ k & 0 & -k\\ 0 & 0 & 0\end{pmatrix}$$

要满足 $R(-\boldsymbol{E}-\boldsymbol{A})=1$,则

$$k=0$$

故得同解方程组:$x_1+\frac{1}{2}x_2-\frac{1}{2}x_3=0$,解得对应的特征向量为

$$\boldsymbol{p}_1=\begin{pmatrix}-1\\ 2\\ 0\end{pmatrix},\quad \boldsymbol{p}_2=\begin{pmatrix}1\\ 0\\ 2\end{pmatrix}$$

对于 $\lambda_3=1$,解方程组 $(\boldsymbol{E}-\boldsymbol{A})\boldsymbol{x}=\boldsymbol{0}$,求得对应的特征向量 $\boldsymbol{p}_3=(1,0,1)^{\mathrm{T}}$.

令 $\boldsymbol{P}=(\boldsymbol{p}_1,\ \boldsymbol{p}_2,\ \boldsymbol{p}_3)=\begin{pmatrix}-1 & 1 & 1\\ 2 & 0 & 0\\ 0 & 2 & 1\end{pmatrix}$,则有

$$\boldsymbol{P}^{-1}\boldsymbol{A}\boldsymbol{P}=\begin{pmatrix}-1 & 0 & 0\\ 0 & -1 & 0\\ 0 & 0 & 1\end{pmatrix}$$

例 5.6 设 $\boldsymbol{A}=\begin{pmatrix}4 & 0 & 0\\ 0 & 3 & 1\\ 0 & 1 & 3\end{pmatrix}$,求 $\boldsymbol{A}^{100}$.

解 由

$$|\lambda\boldsymbol{E}-\boldsymbol{A}|=\begin{vmatrix}\lambda-4 & 0 & 0\\ 0 & \lambda-3 & -1\\ 0 & -1 & \lambda-3\end{vmatrix}=(\lambda-4)(\lambda^2-6\lambda+8)=(\lambda-2)(\lambda-4)^2$$

求得 $\boldsymbol{A}$ 的特征值为

$$\lambda_1=2,\qquad \lambda_2=\lambda_3=4$$

对于 $\lambda_1=2$,解方程组 $(2\boldsymbol{E}-\boldsymbol{A})\boldsymbol{x}=\boldsymbol{0}$,由

$$2\boldsymbol{E}-\boldsymbol{A}=\begin{pmatrix}-2 & 0 & 0\\ 0 & -1 & -1\\ 0 & -1 & -1\end{pmatrix}\xrightarrow{r}\begin{pmatrix}1 & 0 & 0\\ 0 & 1 & 1\\ 0 & 0 & 0\end{pmatrix}$$

得到对应的特征向量

$$\boldsymbol{\xi}_1=\begin{pmatrix}0\\ 1\\ -1\end{pmatrix}$$

对于 $\lambda_2=\lambda_3=4$,解方程组 $(4\boldsymbol{E}-\boldsymbol{A})\boldsymbol{x}=\boldsymbol{0}$,由

$$4\boldsymbol{E}-\boldsymbol{A}=\begin{pmatrix}0&0&0\\0&1&-1\\0&-1&1\end{pmatrix}\xrightarrow{r}\begin{pmatrix}0&0&0\\0&1&-1\\0&0&0\end{pmatrix}$$

得到对应的特征向量

$$\boldsymbol{\xi}_2=\begin{pmatrix}1\\0\\0\end{pmatrix},\qquad \boldsymbol{\xi}_3=\begin{pmatrix}0\\1\\1\end{pmatrix}$$

令

$$\boldsymbol{P}=(\boldsymbol{\xi}_1,\boldsymbol{\xi}_2,\boldsymbol{\xi}_3)=\begin{pmatrix}0&1&0\\1&0&1\\-1&0&1\end{pmatrix}$$

则

$$\boldsymbol{P}^{-1}\boldsymbol{A}\boldsymbol{P}=\begin{pmatrix}2&0&0\\0&4&0\\0&0&4\end{pmatrix}$$

于是

$$\boldsymbol{A}^{100}=\boldsymbol{P}\begin{pmatrix}2&0&0\\0&4&0\\0&0&4\end{pmatrix}^{100}\boldsymbol{P}^{-1}=\begin{pmatrix}0&1&0\\1&0&1\\-1&0&1\end{pmatrix}\begin{pmatrix}2^{100}&0&0\\0&4^{100}&0\\0&0&4^{100}\end{pmatrix}\begin{pmatrix}0&\frac{1}{2}&-\frac{1}{2}\\1&0&0\\0&\frac{1}{2}&\frac{1}{2}\end{pmatrix}$$

$$=\begin{pmatrix}2^{200}&0&0\\0&2^{99}+2^{199}&-2^{99}+2^{199}\\0&-2^{99}+2^{199}&2^{99}+2^{199}\end{pmatrix}$$

5.3 对称矩阵的对角化

由 5.2 节可知，n 阶方阵不一定能够对角化. 但是对称矩阵一定可以对角化，而且对称矩阵的对角化能通过一种特殊矩阵——正交矩阵来实现.

定义 5.3 设 $\boldsymbol{Q}$ 是 n 阶方阵，若 $\boldsymbol{Q}$ 是可逆的且 $\boldsymbol{Q}^{-1}=\boldsymbol{Q}^{\mathrm{T}}$，则称 $\boldsymbol{Q}$ 是正交矩阵，简称正交阵.

定义 5.3 可以重述如下：n 阶方阵 $\boldsymbol{Q}$ 是正交的当且仅当 $\boldsymbol{Q}^{\mathrm{T}}\boldsymbol{Q}=\boldsymbol{E}$.

上式用 $\boldsymbol{Q}$ 的列向量表示，记 $\boldsymbol{Q}=(\boldsymbol{q}_1,\boldsymbol{q}_2,\cdots,\boldsymbol{q}_n)$，则

$$\boldsymbol{Q}^{\mathrm{T}}\boldsymbol{Q}=\begin{pmatrix}\boldsymbol{q}_1^{\mathrm{T}}\\\boldsymbol{q}_2^{\mathrm{T}}\\\vdots\\\boldsymbol{q}_n^{\mathrm{T}}\end{pmatrix}(\boldsymbol{q}_1,\ \boldsymbol{q}_2,\ \cdots,\ \boldsymbol{q}_n)=\begin{pmatrix}\boldsymbol{q}_1^{\mathrm{T}}\boldsymbol{q}_1&\boldsymbol{q}_1^{\mathrm{T}}\boldsymbol{q}_2&\cdots&\boldsymbol{q}_1^{\mathrm{T}}\boldsymbol{q}_n\\\boldsymbol{q}_2^{\mathrm{T}}\boldsymbol{q}_1&\boldsymbol{q}_2^{\mathrm{T}}\boldsymbol{q}_2&\cdots&\boldsymbol{q}_2^{\mathrm{T}}\boldsymbol{q}_n\\\vdots&\vdots&&\vdots\\\boldsymbol{q}_n^{\mathrm{T}}\boldsymbol{q}_1&\boldsymbol{q}_n^{\mathrm{T}}\boldsymbol{q}_2&\cdots&\boldsymbol{q}_n^{\mathrm{T}}\boldsymbol{q}_n\end{pmatrix}=\boldsymbol{E}$$

也即$(\boldsymbol{q}_i^{\mathrm{T}}\boldsymbol{q}_j)=(\delta_{ij})$,包含 n^2 个关系式

$$\boldsymbol{q}_i^{\mathrm{T}}\boldsymbol{q}_j=\delta_{ij}=\begin{cases}1, & i=j\\ 0, & i\neq j\end{cases}\quad (i,\ j=1,\ 2,\ \cdots,\ n)$$

这就说明:方阵 $\boldsymbol{Q}$ 为正交阵的充分必要条件是 $\boldsymbol{Q}$ 的列向量都是单位向量,且两两正交.

因为 $\boldsymbol{Q}^{\mathrm{T}}\boldsymbol{Q}=\boldsymbol{E}$ 与 $\boldsymbol{Q}\boldsymbol{Q}^{\mathrm{T}}=\boldsymbol{E}$ 等价,所以上述结论对 $\boldsymbol{Q}$ 的行向量也成立. 由此可见,n 阶正交阵 $\boldsymbol{Q}$ 的 n 个列(行)向量构成向量空间 $\mathbf{R}^n$ 的一个标准正交基.

例 5.7 验证矩阵

$$\boldsymbol{Q}=\frac{1}{\sqrt{2}}\begin{pmatrix}1 & 0 & 1\\ 0 & \sqrt{2} & 0\\ -1 & 0 & 1\end{pmatrix}$$

是正交矩阵.

证

$$\boldsymbol{Q}^{\mathrm{T}}\boldsymbol{Q}=\frac{1}{2}\begin{pmatrix}1 & 0 & -1\\ 0 & \sqrt{2} & 0\\ 1 & 0 & 1\end{pmatrix}\begin{pmatrix}1 & 0 & 1\\ 0 & \sqrt{2} & 0\\ -1 & 0 & 1\end{pmatrix}=\boldsymbol{E}$$

正交矩阵有下述性质:

(1) 若 $\boldsymbol{Q}$ 是正交矩阵,则$|\boldsymbol{Q}|=\pm 1$.

(2) 若 $\boldsymbol{Q}_1$ 和 $\boldsymbol{Q}_2$ 都是正交矩阵,则 $\boldsymbol{Q}_1\boldsymbol{Q}_2$ 也是正交矩阵.

这些性质都可以根据正交矩阵的定义直接证得,请读者证明.

定义 5.4 若 $\boldsymbol{Q}$ 为正交矩阵,则称 $\boldsymbol{x}\to\boldsymbol{Q}\boldsymbol{x}$ 是从 $\mathbf{R}^n$ 到 $\mathbf{R}^n$ 的正交变换.

设 $\boldsymbol{Q}$ 是正交矩阵,$\boldsymbol{x}\in\mathbf{R}^n$,则有

$$\|\boldsymbol{Q}\boldsymbol{x}\|=\sqrt{(\boldsymbol{Q}\boldsymbol{x})^{\mathrm{T}}(\boldsymbol{Q}\boldsymbol{x})}=\sqrt{\boldsymbol{x}^{\mathrm{T}}\boldsymbol{Q}^{\mathrm{T}}\boldsymbol{Q}\boldsymbol{x}}=\sqrt{\boldsymbol{x}^{\mathrm{T}}\boldsymbol{x}}=\|\boldsymbol{x}\|$$

$\|\boldsymbol{x}\|$ 表示向量的长度,相当于线段的长度,因此,$\|\boldsymbol{Q}\boldsymbol{x}\|=\|\boldsymbol{x}\|$ 说明经正交变换线段长度保持不变,这正是正交变换的优良特性.

引理 5.1 对称矩阵的特征值为实数.

证 设复数 λ 为对称矩阵 $\boldsymbol{A}$ 的特征值,复向量 $\boldsymbol{x}$ 为对应的特征向量,即

$$\boldsymbol{A}\boldsymbol{x}=\lambda\boldsymbol{x}\quad(\boldsymbol{x}\neq 0)$$

用$\bar{\lambda}$表示 λ 的共轭复数,$\bar{\boldsymbol{x}}$表示 $\boldsymbol{x}$ 的共轭复向量,而 $\boldsymbol{A}$ 为实方阵,有$\boldsymbol{A}=\overline{\boldsymbol{A}}$,故

$$\boldsymbol{A}\bar{\boldsymbol{x}}=\overline{\boldsymbol{A}}\bar{\boldsymbol{x}}=\overline{\boldsymbol{A}\boldsymbol{x}}=\overline{\lambda\boldsymbol{x}}=\bar{\lambda}\bar{\boldsymbol{x}}$$

于是有

$$(\bar{\boldsymbol{x}})^{\mathrm{T}}\boldsymbol{A}\boldsymbol{x}=(\bar{\boldsymbol{x}})^{\mathrm{T}}(\boldsymbol{A}\boldsymbol{x})=(\bar{\boldsymbol{x}})^{\mathrm{T}}\lambda\boldsymbol{x}=\lambda(\bar{\boldsymbol{x}})^{\mathrm{T}}\boldsymbol{x}$$

及

$$(\bar{\boldsymbol{x}})^{\mathrm{T}}\boldsymbol{A}\boldsymbol{x}=[(\bar{\boldsymbol{x}})^{\mathrm{T}}\boldsymbol{A}^{\mathrm{T}}]\boldsymbol{x}=(\boldsymbol{A}\,\bar{\boldsymbol{x}})^{\mathrm{T}}\boldsymbol{x}=(\bar{\lambda}\bar{\boldsymbol{x}}^{\mathrm{T}})\boldsymbol{x}=\bar{\lambda}(\bar{\boldsymbol{x}})^{\mathrm{T}}\boldsymbol{x}$$

两式相减,得$(\lambda-\bar{\lambda})(\bar{\boldsymbol{x}})^{\mathrm{T}}\boldsymbol{x}=0$,但因 $\boldsymbol{x}\neq\boldsymbol{0}$,所以

$$(\bar{\boldsymbol{x}})^{\mathrm{T}}\boldsymbol{x}=\sum_{i=1}^{n}\overline{x_i}x_i=\sum_{i=1}^{n}|x_i|^2\neq 0$$

故 $\lambda-\bar{\lambda}=0$，即 $\lambda=\bar{\lambda}$，这就说明 λ 是实数.

引理 5.2　设 λ_1,λ_2 是对称矩阵 $\boldsymbol{A}$ 的两个特征值，$\boldsymbol{p}_1,\boldsymbol{p}_2$ 是对应的特征向量，若 $\lambda_1\neq\lambda_2$，则 $\boldsymbol{p}_1$ 与 $\boldsymbol{p}_2$ 正交.

证　$$\lambda_1\boldsymbol{p}_1=\boldsymbol{A}\boldsymbol{p}_1,\qquad \lambda_2\boldsymbol{p}_2=\boldsymbol{A}\boldsymbol{p}_2,\qquad \lambda_1\neq\lambda_2$$

因 $\boldsymbol{A}$ 对称，故

$$\lambda_1\boldsymbol{p}_1^{\mathrm{T}}=(\lambda_1\boldsymbol{p}_1)^{\mathrm{T}}=(\boldsymbol{A}\boldsymbol{p}_1)^{\mathrm{T}}=\boldsymbol{p}_1^{\mathrm{T}}\boldsymbol{A}$$

于是

$$\lambda_1\boldsymbol{p}_1^{\mathrm{T}}\boldsymbol{p}_2=\boldsymbol{p}_1^{\mathrm{T}}\boldsymbol{A}\boldsymbol{p}_2=\boldsymbol{p}_1^{\mathrm{T}}(\lambda_2\boldsymbol{p}_2)=\lambda_2(\boldsymbol{p}_1^{\mathrm{T}}\boldsymbol{p}_2)$$

即

$$(\lambda_1-\lambda_2)\boldsymbol{p}_1^{\mathrm{T}}\boldsymbol{p}_2=0$$

但 $\lambda_1\neq\lambda_2$，故 $\boldsymbol{p}_1^{\mathrm{T}}\boldsymbol{p}_2=0$，即 $\boldsymbol{p}_1$ 与 $\boldsymbol{p}_2$ 正交.

定理 5.7　设 $\boldsymbol{A}$ 是方阵，且仅有实特征值，则存在正交矩阵 $\boldsymbol{Q}$，使

$$\boldsymbol{Q}^{\mathrm{T}}\boldsymbol{A}\boldsymbol{Q}=\boldsymbol{T}$$

其中：$\boldsymbol{T}$ 是一个上三角矩阵.

证明略.

借助定理 5.7，证明任何对称矩阵均可对角化将变得容易.

定理 5.8　设 $\boldsymbol{A}$ 是一个方阵.

(1) 若 $\boldsymbol{A}$ 是对称的，则存在正交矩阵 $\boldsymbol{Q}$ 使 $\boldsymbol{Q}^{\mathrm{T}}\boldsymbol{A}\boldsymbol{Q}=\boldsymbol{D}$，其中 $\boldsymbol{D}$ 是对角矩阵.

(2) 若 $\boldsymbol{Q}^{\mathrm{T}}\boldsymbol{A}\boldsymbol{Q}=\boldsymbol{D}$，其中 $\boldsymbol{Q}$ 是正交矩阵，$\boldsymbol{D}$ 是对角阵，则 $\boldsymbol{A}$ 是对称矩阵.

证　(1) 设 $\boldsymbol{A}$ 是对称矩阵，则由引理 5.1 知 $\boldsymbol{A}$ 仅有实特征值，这样由定理 5.7，存在正交矩阵 $\boldsymbol{Q}$，使

$$\boldsymbol{Q}^{\mathrm{T}}\boldsymbol{A}\boldsymbol{Q}=\boldsymbol{M}$$

这里 $\boldsymbol{M}$ 是一个上三角矩阵，由 $\boldsymbol{A}^{\mathrm{T}}=\boldsymbol{A}$，得

$$\boldsymbol{M}^{\mathrm{T}}=(\boldsymbol{Q}^{\mathrm{T}}\boldsymbol{A}\boldsymbol{Q})^{\mathrm{T}}=\boldsymbol{Q}^{\mathrm{T}}\boldsymbol{A}^{\mathrm{T}}\boldsymbol{Q}=\boldsymbol{Q}^{\mathrm{T}}\boldsymbol{A}\boldsymbol{Q}=\boldsymbol{M}$$

这样，因 $\boldsymbol{M}$ 是上三角矩阵，故 $\boldsymbol{M}$ 是一个对角矩阵.

(2)　设

$$\boldsymbol{Q}^{\mathrm{T}}\boldsymbol{A}\boldsymbol{Q}=\boldsymbol{D}$$

其中：$\boldsymbol{Q}$ 是正交矩阵，$\boldsymbol{D}$ 是对角矩阵. 因 $\boldsymbol{D}$ 是对角矩阵，故 $\boldsymbol{D}^{\mathrm{T}}=\boldsymbol{D}$，这样

$$\boldsymbol{Q}^{\mathrm{T}}\boldsymbol{A}\boldsymbol{Q}=\boldsymbol{D}=\boldsymbol{D}^{\mathrm{T}}=(\boldsymbol{Q}^{\mathrm{T}}\boldsymbol{A}\boldsymbol{Q})^{\mathrm{T}}=\boldsymbol{Q}^{\mathrm{T}}\boldsymbol{A}^{\mathrm{T}}\boldsymbol{Q}$$

从而

$$\boldsymbol{Q}(\boldsymbol{Q}^{\mathrm{T}}\boldsymbol{A}\boldsymbol{Q})\boldsymbol{Q}^{\mathrm{T}}=\boldsymbol{Q}(\boldsymbol{Q}^{\mathrm{T}}\boldsymbol{A}^{\mathrm{T}}\boldsymbol{Q})\boldsymbol{Q}^{\mathrm{T}}$$

则

$$(\boldsymbol{Q}\boldsymbol{Q}^{\mathrm{T}})\boldsymbol{A}(\boldsymbol{Q}\boldsymbol{Q}^{\mathrm{T}})=(\boldsymbol{Q}\boldsymbol{Q}^{\mathrm{T}})\boldsymbol{A}^{\mathrm{T}}(\boldsymbol{Q}\boldsymbol{Q}^{\mathrm{T}})$$

得

$$\boldsymbol{A}=\boldsymbol{A}^{\mathrm{T}}$$

因此，$\boldsymbol{A}$ 是对称矩阵.

推论 5.4 设 $\boldsymbol{A}$ 为 n 阶对称矩阵,λ 是 $\boldsymbol{A}$ 的特征方程的 k 重根,则矩阵 $\lambda\boldsymbol{E}-\boldsymbol{A}$ 的秩 $R(\lambda\boldsymbol{E}-\boldsymbol{A})=n-k$,从而对应特征值 λ 恰有 k 个线性无关的特征向量.

依据定理 5.8 和推论 5.4,有下述将对称矩阵 $\boldsymbol{A}$ 对角化的步骤:

(1) 求出 $\boldsymbol{A}$ 的全部互不相等的特征值 $\lambda_1,\lambda_2,\cdots,\lambda_s$,它们的重数依次为 $k_1,k_2,\cdots,k_s(k_1+k_2+\cdots+k_s=n)$.

(2) 对每个 k_i 重特征值 λ_i,求方程 $(\lambda_i\boldsymbol{E}-\boldsymbol{A})\boldsymbol{x}=\boldsymbol{0}$ 的基础解系,得 k_i 个线性无关的特征向量,再把它们正交化、单位化,得 k_i 个两两正交的单位特征向量.因 $k_1+k_2+\cdots+k_s=n$,故总共可得 n 个两两正交的单位特征向量.

(3) 把这 n 个两两正交的单位特征向量按列排放构成正交矩阵 $\boldsymbol{Q}$,便有 $\boldsymbol{Q}^{-1}\boldsymbol{A}\boldsymbol{Q}=\boldsymbol{Q}^{\mathrm{T}}\boldsymbol{A}\boldsymbol{Q}=\boldsymbol{D}$.注意 $\boldsymbol{D}$ 中对角元的排列次序应与 $\boldsymbol{Q}$ 中列向量的排列次序相对应.

例 5.8 设 $\boldsymbol{A}=\begin{pmatrix}0&-1&1\\-1&0&1\\1&1&0\end{pmatrix}$,求一个正交矩阵 $\boldsymbol{Q}$ 使 $\boldsymbol{Q}^{-1}\boldsymbol{A}\boldsymbol{Q}=\boldsymbol{D}$ 为对角矩阵.

解 由

$$|\lambda\boldsymbol{E}-\boldsymbol{A}|=\begin{vmatrix}\lambda&1&-1\\1&\lambda&-1\\-1&-1&\lambda\end{vmatrix}$$

$$=(\lambda-1)(\lambda^2+\lambda-2)=(\lambda+2)(\lambda-1)^2$$

求得 $\boldsymbol{A}$ 的特征值为

$$\lambda_1=-2,\qquad \lambda_2=\lambda_3=1$$

对于 $\lambda_1=-2$,解方程 $(-2\boldsymbol{E}-\boldsymbol{A})\boldsymbol{x}=\boldsymbol{0}$,由

$$-2\boldsymbol{E}-\boldsymbol{A}=\begin{pmatrix}-2&1&-1\\1&-2&-1\\-1&-1&-2\end{pmatrix}\xrightarrow{r}\begin{pmatrix}1&0&1\\0&1&1\\0&0&0\end{pmatrix}$$

得基础解系 $\boldsymbol{\xi}_1=(-1,-1,1)^{\mathrm{T}}$,将 $\boldsymbol{\xi}_1$ 单位化,得

$$\boldsymbol{q}_1=\frac{1}{\sqrt{3}}(-1,-1,1)^{\mathrm{T}}$$

对于 $\lambda_2=\lambda_3=1$,解方程 $(\boldsymbol{E}-\boldsymbol{A})\boldsymbol{x}=\boldsymbol{0}$,由

$$\boldsymbol{E}-\boldsymbol{A}=\begin{pmatrix}1&1&-1\\1&1&-1\\-1&-1&1\end{pmatrix}\xrightarrow{r}\begin{pmatrix}1&1&-1\\0&0&0\\0&0&0\end{pmatrix}$$

得基础解系

$$\boldsymbol{\xi}_2=(-1,\ 1,\ 0)^{\mathrm{T}},\qquad \boldsymbol{\xi}_3=(1,\ 0,\ 1)^{\mathrm{T}}$$

由引理 5.2 知 $\boldsymbol{\xi}_1$ 与 $\boldsymbol{\xi}_2,\boldsymbol{\xi}_3$ 正交,故现将 $\boldsymbol{\xi}_2,\boldsymbol{\xi}_3$ 正交化:取

$$\boldsymbol{\eta}_2=\boldsymbol{\xi}_2,\quad \boldsymbol{\eta}_3=\boldsymbol{\xi}_3-\frac{\boldsymbol{\eta}_2^{\mathrm{T}}\boldsymbol{\xi}_3}{\boldsymbol{\eta}_2^{\mathrm{T}}\boldsymbol{\eta}_2}\boldsymbol{\eta}_2=\frac{1}{2}\begin{pmatrix}1\\1\\2\end{pmatrix}$$

再将 $\boldsymbol{\eta}_2$，$\boldsymbol{\eta}_3$ 单位化，得

$$\boldsymbol{q}_2=\frac{1}{\sqrt{2}}(-1,\ 1,\ 0)^{\mathrm{T}},\qquad \boldsymbol{q}_3=\frac{1}{\sqrt{6}}(1,\ 1,\ 2)^{\mathrm{T}}$$

将 $\boldsymbol{q}_1$，$\boldsymbol{q}_2$，$\boldsymbol{q}_3$ 构成正交矩阵，得

$$\boldsymbol{Q}=(\boldsymbol{q}_1,\ \boldsymbol{q}_2,\ \boldsymbol{q}_3)=\begin{pmatrix}-\frac{1}{\sqrt{3}} & -\frac{1}{\sqrt{2}} & \frac{1}{\sqrt{6}}\\ -\frac{1}{\sqrt{3}} & \frac{1}{\sqrt{2}} & \frac{1}{\sqrt{6}}\\ \frac{1}{\sqrt{3}} & 0 & \frac{2}{\sqrt{6}}\end{pmatrix}$$

有

$$\boldsymbol{Q}^{-1}\boldsymbol{A}\boldsymbol{Q}=\boldsymbol{Q}^{\mathrm{T}}\boldsymbol{A}\boldsymbol{Q}=\begin{pmatrix}-2 & 0 & 0\\ 0 & 1 & 0\\ 0 & 0 & 1\end{pmatrix}$$

5.4 二次型及其标准形

5.4.1 二次型的概念

定义 5.5 含有 n 个变量 $x_1,\ x_2,\ \cdots,\ x_n$ 的二次齐次函数

$$\begin{aligned}f(x_1,\ x_2,\ \cdots,\ x_n)=&a_{11}x_1^2+2a_{12}x_1x_2+2a_{13}x_1x_3+\cdots+2a_{1n}x_1x_n\\&+a_{22}x_2^2+2a_{23}x_2x_3+\cdots+2a_{2n}x_2x_n+\cdots+a_{nn}x_n^2\end{aligned}\tag{5.5}$$

称为 n 元二次型，简称二次型. a_{ij} 为实数时，称 f 为实二次型；a_{ij} 为复数时，称 f 为复二次型. 本书只讨论实二次型.

令 $a_{ij}=a_{ji}$，则式(5.5)可写成

$$\begin{aligned}f(x_1,\ x_2,\ \cdots,\ x_n)=&a_{11}x_1^2+a_{12}x_1x_2+a_{13}x_1x_3+\cdots+a_{1n}x_1x_n\\&+a_{21}x_2x_1+a_{22}x_2^2+a_{23}x_2x_3+\cdots+a_{2n}x_2x_n+\cdots\\&+a_{n1}x_nx_1+a_{n2}x_nx_2+\cdots+a_{nn}x_n^2\\=&(x_1,\ x_2,\ \cdots,\ x_n)\begin{pmatrix}a_{11} & a_{12} & \cdots & a_{1n}\\ a_{21} & a_{22} & \cdots & a_{2n}\\ \vdots & \vdots & & \vdots\\ a_{n1} & a_{n2} & \cdots & a_{nn}\end{pmatrix}\begin{pmatrix}x_1\\x_2\\ \vdots\\x_n\end{pmatrix}\end{aligned}$$

用矩阵表示为

$$f=\boldsymbol{x}^{\mathrm{T}}\boldsymbol{A}\boldsymbol{x} \tag{5.6}$$

其中

$$\boldsymbol{A}=\begin{pmatrix} a_{11} & a_{12} & \cdots & a_{1n} \\ a_{21} & a_{22} & \cdots & a_{2n} \\ \vdots & \vdots & & \vdots \\ a_{n1} & a_{n2} & \cdots & a_{nn} \end{pmatrix}, \qquad \boldsymbol{x}=\begin{pmatrix} x_1 \\ x_2 \\ \vdots \\ x_n \end{pmatrix}$$

式(5.6)将二次型与一个对称矩阵建立了一一对应的关系.因此,对称矩阵 $\boldsymbol{A}$ 称为二次型 f 的矩阵,矩阵 $\boldsymbol{A}$ 的秩称为二次型 f 的秩.

例 5.9 写出下列二次型的矩阵.

$$f(x_1, x_2, x_3, x_4)=x_1^2+3x_2^2-x_3^2+x_4^2+2x_1x_2+2x_1x_3+3x_2x_3$$

解 由已知的二次型的系数得矩阵元素,为

$$a_{11}=1,\quad a_{22}=3,\quad a_{33}=-1,\quad a_{44}=1$$

$$a_{12}=a_{21}=1,\quad a_{13}=a_{31}=1,\quad a_{14}=a_{41}=0$$

$$a_{23}=a_{32}=\frac{3}{2},\quad a_{24}=a_{42}=0,\quad a_{34}=a_{43}=0$$

故得 f 的矩阵为

$$\boldsymbol{A}=\begin{pmatrix} 1 & 1 & 1 & 0 \\ 1 & 3 & \frac{3}{2} & 0 \\ 1 & \frac{3}{2} & -1 & 0 \\ 0 & 0 & 0 & 1 \end{pmatrix}$$

例 5.10 已知二次型

$$f(x_1, x_2, x_3)=5x_1^2+5x_2^2+cx_3^2-2x_1x_2+6x_1x_3-6x_2x_3$$

的秩为 2,求参数 c.

解 二次型 f 的矩阵为

$$\boldsymbol{A}=\begin{pmatrix} 5 & -1 & 3 \\ -1 & 5 & -3 \\ 3 & -3 & c \end{pmatrix}$$

由 $R(\boldsymbol{A})=2$,知 $|\boldsymbol{A}|=0$,解得 $c=3$.

5.4.2 二次型的标准形及惯性定理

二次型的中心问题是:对于给定的二次型 $f=\boldsymbol{x}^{\mathrm{T}}\boldsymbol{A}\boldsymbol{x}$,求一个可逆的线性变换

$$\begin{cases} x_1 = c_{11}y_1 + c_{12}y_2 + \cdots + c_{1n}y_n \\ x_2 = c_{21}y_1 + c_{22}y_2 + \cdots + c_{2n}y_n \\ \quad\cdots\cdots \\ x_n = c_{n1}y_1 + c_{n2}y_2 + \cdots + c_{nn}y_n \end{cases}$$

即 $\boldsymbol{x}=\boldsymbol{C}\boldsymbol{y}$，其中 $\boldsymbol{C}=(c_{ij})_{n\times n}$，将二次型化为只含平方项的形式，从而给出下面的定义.

定义 5.6 若秩为 r 的二次型 $f=\boldsymbol{x}^{\mathrm{T}}\boldsymbol{A}\boldsymbol{x}$，通过可逆线性变换 $\boldsymbol{x}=\boldsymbol{C}\boldsymbol{y}$，可化为只含平方项的二次型，即

$$f=\boldsymbol{x}^{\mathrm{T}}\boldsymbol{A}\boldsymbol{x}=\boldsymbol{y}^{\mathrm{T}}(\boldsymbol{C}^{\mathrm{T}}\boldsymbol{A}\boldsymbol{C})\boldsymbol{y}=d_1y_1^2+d_2y_2^2+\cdots+d_ry_r^2 \tag{5.7}$$

那么，此二次型称为 f 的标准形.

定义 5.7 设 $\boldsymbol{A}$ 和 $\boldsymbol{B}$ 是 n 阶矩阵，若有可逆矩阵 $\boldsymbol{C}$，使 $\boldsymbol{B}=\boldsymbol{C}^{\mathrm{T}}\boldsymbol{A}\boldsymbol{C}$，则称矩阵 $\boldsymbol{A}$ 与 $\boldsymbol{B}$ 合同.

显然，若 $\boldsymbol{A}$ 为对称矩阵，则 $\boldsymbol{B}=\boldsymbol{C}^{\mathrm{T}}\boldsymbol{A}\boldsymbol{C}$ 也为对称矩阵，且 $R(\boldsymbol{A})=R(\boldsymbol{B})$. 事实上，

$$\boldsymbol{B}^{\mathrm{T}}=(\boldsymbol{C}^{\mathrm{T}}\boldsymbol{A}\boldsymbol{C})^{\mathrm{T}}=\boldsymbol{C}^{\mathrm{T}}\boldsymbol{A}^{\mathrm{T}}\boldsymbol{C}=\boldsymbol{C}^{\mathrm{T}}\boldsymbol{A}\boldsymbol{C}=\boldsymbol{B}$$

即 $\boldsymbol{B}$ 为对称矩阵. 又因为 $\boldsymbol{B}=\boldsymbol{C}^{\mathrm{T}}\boldsymbol{A}\boldsymbol{C}$，而 $\boldsymbol{C}$ 可逆，从而 $\boldsymbol{C}^{\mathrm{T}}$ 也可逆，由矩阵的性质即知 $R(\boldsymbol{A})=R(\boldsymbol{B})$.

由此可知，经可逆变换 $\boldsymbol{x}=\boldsymbol{C}\boldsymbol{y}$ 后，二次型 f 的矩阵由 $\boldsymbol{A}$ 变为与 $\boldsymbol{A}$ 合同的矩阵 $\boldsymbol{C}^{\mathrm{T}}\boldsymbol{A}\boldsymbol{C}$，且二次型的秩不变.

要使二次型 f 经可逆变换 $\boldsymbol{x}=\boldsymbol{C}\boldsymbol{y}$ 变成标准形，这就是要使

$$\begin{aligned}\boldsymbol{y}^{\mathrm{T}}\boldsymbol{C}^{\mathrm{T}}\boldsymbol{A}\boldsymbol{C}\boldsymbol{y} &= k_1y_1^2+k_2y_2^2+\cdots+k_ny_n^2 \\ &= (y_1, y_2, \cdots, y_n)\begin{pmatrix} k_1 & & & \\ & k_2 & & \\ & & \ddots & \\ & & & k_n \end{pmatrix}\begin{pmatrix} y_1 \\ y_2 \\ \vdots \\ y_n \end{pmatrix}\end{aligned}$$

也就是要使 $\boldsymbol{C}^{\mathrm{T}}\boldsymbol{A}\boldsymbol{C}$ 成为对角矩阵. 因此，我们的主要问题就是：对于对称矩阵 $\boldsymbol{A}$，寻求可逆矩阵 $\boldsymbol{C}$，使 $\boldsymbol{C}^{\mathrm{T}}\boldsymbol{A}\boldsymbol{C}$ 为对角矩阵. 这个问题称为把对称矩阵 $\boldsymbol{A}$ 合同对角化.

例 5.11 设二次型 $f=2x_1^2+x_2^2-4x_1x_2-4x_2x_3$，分别作下列两个可逆线性变换，求新二次型.

(1) $\begin{pmatrix} x_1 \\ x_2 \\ x_3 \end{pmatrix}=\begin{pmatrix} 1 & 1 & -2 \\ 0 & 1 & -2 \\ 0 & 0 & 1 \end{pmatrix}\begin{pmatrix} y_1 \\ y_2 \\ y_3 \end{pmatrix}=\boldsymbol{B}\boldsymbol{y}$；

(2) $\begin{pmatrix} x_1 \\ x_2 \\ x_3 \end{pmatrix}=\begin{pmatrix} \dfrac{1}{\sqrt{2}} & 1 & -1 \\ 0 & 1 & -1 \\ 0 & 0 & \dfrac{1}{2} \end{pmatrix}\begin{pmatrix} y_1 \\ y_2 \\ y_3 \end{pmatrix}=\boldsymbol{C}\boldsymbol{y}$.

解 (1) 二次型 f 的矩阵为

$$A=\begin{pmatrix} 2 & -2 & 0 \\ -2 & 1 & -2 \\ 0 & -2 & 0 \end{pmatrix}$$

则

$$\begin{aligned} f &= x^{\mathrm{T}}Ax=(By)^{\mathrm{T}}A(By)=y^{\mathrm{T}}(B^{\mathrm{T}}AB)y \\ &=(y_1,\ y_2,\ y_3)\begin{pmatrix} 1 & 0 & 0 \\ 1 & 1 & 0 \\ -2 & -2 & 1 \end{pmatrix}\begin{pmatrix} 2 & -2 & 0 \\ -2 & 1 & -2 \\ 0 & -2 & 0 \end{pmatrix}\begin{pmatrix} 1 & 1 & -2 \\ 0 & 1 & -2 \\ 0 & 0 & 1 \end{pmatrix}\begin{pmatrix} y_1 \\ y_2 \\ y_3 \end{pmatrix} \\ &=(y_1,\ y_2,\ y_3)\begin{pmatrix} 2 & & \\ & -1 & \\ & & 4 \end{pmatrix}\begin{pmatrix} y_1 \\ y_2 \\ y_3 \end{pmatrix}=2y_1^2-y_2^2+4y_3^2 \end{aligned}$$

(2) 因为

$$\begin{aligned} C^{\mathrm{T}}AC &= \begin{pmatrix} \frac{1}{\sqrt{2}} & 0 & 0 \\ 1 & 1 & 0 \\ -1 & -1 & \frac{1}{2} \end{pmatrix}\begin{pmatrix} 2 & -2 & 0 \\ -2 & 1 & -2 \\ 0 & -2 & 0 \end{pmatrix}\begin{pmatrix} \frac{1}{\sqrt{2}} & 1 & -1 \\ 0 & 1 & -1 \\ 0 & 0 & \frac{1}{2} \end{pmatrix} \\ &= \begin{pmatrix} \frac{2}{\sqrt{2}} & -\frac{2}{\sqrt{2}} & 0 \\ 0 & -1 & -2 \\ 0 & 0 & 2 \end{pmatrix}\begin{pmatrix} \frac{1}{\sqrt{2}} & 1 & -1 \\ 0 & 1 & -1 \\ 0 & 0 & \frac{1}{2} \end{pmatrix}=\begin{pmatrix} 1 & & \\ & -1 & \\ & & 1 \end{pmatrix} \end{aligned}$$

所以

$$f=(y_1, y_2, y_3)\begin{pmatrix} 1 & & \\ & -1 & \\ & & 1 \end{pmatrix}\begin{pmatrix} y_1 \\ y_2 \\ y_3 \end{pmatrix}=y_1^2-y_2^2+y_3^2$$

此例表明:二次型 f 的标准形不是唯一的.

定义 5.8 设秩为 r 的二次型 $f=x^{\mathrm{T}}Ax$,通过可逆线性变换 $x=Cy$ 化为下面的标准形

$$f=k_1y_1^2+k_2y_2^2+\cdots+k_py_p^2-k_{p+1}y_{p+1}^2-\cdots-k_ry_r^2$$

其中:$k_i>0$ $(i=1, 2, \cdots, r)$.若再作如下的可逆变换

$$y_i=\frac{1}{\sqrt{k_i}}z_i \quad (i=1, 2, \cdots, r)$$

则上面的标准形可进一步化为如下的形式

$$f=z_1^2+z_2^2+\cdots+z_p^2-z_{p+1}^2-\cdots-z_r^2$$

这个二次型称为二次型 $f=\boldsymbol{x}^{\mathrm{T}}\boldsymbol{A}\boldsymbol{x}$ 的规范形，显然它是唯一的.

定理 5.9 （惯性定理）秩为 r 的二次型 $f=\boldsymbol{x}^{\mathrm{T}}\boldsymbol{A}\boldsymbol{x}$，总可通过可逆线性变换化为如下的标准形

$$f=k_1y_1^2+k_2y_2^2+\cdots+k_py_p^2-k_{p+1}y_{p+1}^2-\cdots-k_ry_r^2$$

其中：$k_i>0$ $(i=1, 2, \cdots, r)$，且数 p 由二次型 f 确定，称为实二次型 f 的正惯性指数；$q=r-p$，称为负惯性指数.

惯性定理指出：二次型的标准形中系数为正的平方项的个数是唯一确定的，它等于正惯性指数，而系数为负的平方项的个数也是唯一确定的，它等于负惯性指数.

5.4.3 化二次型为标准形的方法

1. 正交变换法

设 $f=\boldsymbol{x}^{\mathrm{T}}\boldsymbol{A}\boldsymbol{x}$ 为二次型，则存在正交变换 $\boldsymbol{x}=\boldsymbol{P}\boldsymbol{y}$，使

$$f=\boldsymbol{x}^{\mathrm{T}}\boldsymbol{A}\boldsymbol{x}=\lambda_1y_1^2+\lambda_2y_2^2+\cdots+\lambda_ny_n^2$$

其中：$\lambda_1,\lambda_2,\cdots,\lambda_n$ 为对称矩阵 $\boldsymbol{A}$ 的特征值.

正交变换法的具体步骤如下：

(1) 写出二次型 f 的矩阵 $\boldsymbol{A}$，并由特征方程 $|\lambda\boldsymbol{E}-\boldsymbol{A}|=0$ 求出全部特征值 λ_i $(i=1, 2, \cdots, n)$.

(2) 求出 $\boldsymbol{A}$ 的对应于 λ_i $(i=1, 2, \cdots, n)$ 的特征向量，即求齐次线性方程组

$$(\lambda_i\boldsymbol{E}-\boldsymbol{A})\boldsymbol{x}=\boldsymbol{0}$$

的一个基础解系. 如果某些 λ_i 是重根，则将其对应的特征向量正交化、单位化. 这样便可得到 n 个两两正交的单位特征向量 $\boldsymbol{\eta}_1, \boldsymbol{\eta}_2, \cdots, \boldsymbol{\eta}_n$.

(3) 令 $\boldsymbol{P}=(\boldsymbol{\eta}_1, \boldsymbol{\eta}_2, \cdots, \boldsymbol{\eta}_n)$，则 $\boldsymbol{P}$ 是正交矩阵，二次型 $f=\boldsymbol{x}^{\mathrm{T}}\boldsymbol{A}\boldsymbol{x}$ 通过正交变换 $\boldsymbol{x}=\boldsymbol{P}\boldsymbol{y}$ 化为标准形

$$f=\lambda_1y_1^2+\lambda_2y_2^2+\cdots+\lambda_ny_n^2$$

2. 配方法

如果二次型中含有变量 x_i 的平方项，则先把含有 x_i 的各项集中，按 x_i 配方，然后按此法对其他变量配方，直至都配成平方项.

如果二次型中不含平方项，但某个 $a_{ij}\neq 0$ $(i\neq j)$，则先作如下的可逆变换

$$\begin{cases}x_i=y_i+y_j\\x_j=y_i-y_j\\x_k=y_k\end{cases}\quad(k\neq i, j)$$

使二次型 f 出现平方项，再按上面方法配方.

此外还有初等变换法等多种方法，这几种方法所用的可逆线性变换和产生的标准形一般是不同的. 在线性代数理论和工程实际中，主要用到正交变换产生的标准形，所以对其他方法这里不一一叙述. 下面的例子将对上述两种方法进行比较.

例 5.12 设 $\boldsymbol{A}=\begin{pmatrix}5 & -2\\ -2 & 5\end{pmatrix}$，令 $\boldsymbol{A}$ 的二次型 $\boldsymbol{x}^{\mathrm{T}}\boldsymbol{A}\boldsymbol{x}$ 等于常数 48，即

$$\begin{aligned}f&=\boldsymbol{x}^{\mathrm{T}}\boldsymbol{A}\boldsymbol{x}=(x_1, x_2)\begin{pmatrix}5 & -2\\ -2 & 5\end{pmatrix}\begin{pmatrix}x_1\\ x_2\end{pmatrix}\\&=5x_1^2-4x_1x_2+5x_2^2=48\end{aligned}$$

试判断这是一个椭圆的方程.

解法一 正交变换法.

由 $|\lambda\boldsymbol{E}-\boldsymbol{A}|=0$，解得 $\boldsymbol{A}$ 的特征值为 $\lambda_1=3$，$\lambda_2=7$. 当 $\lambda_1=3$ 时，由

$$\boldsymbol{A}\boldsymbol{\xi}_1'=\lambda_1\boldsymbol{\xi}_1'$$

解得 $\boldsymbol{\xi}_1'=\begin{pmatrix}1\\1\end{pmatrix}$ 为 $\boldsymbol{A}$ 的对应于 $\lambda_1=3$ 的特征向量；当 $\lambda_2=7$ 时，由

$$\boldsymbol{A}\boldsymbol{\xi}_2'=\lambda_2\boldsymbol{\xi}_2'$$

解得 $\boldsymbol{\xi}_2'=\begin{pmatrix}1\\-1\end{pmatrix}$ 为 $\boldsymbol{A}$ 的对应于 $\lambda_2=7$ 的特征向量.

将 $\boldsymbol{\xi}_1'$，$\boldsymbol{\xi}_2'$ 单位化，得到

$$\boldsymbol{\xi}_1=\begin{pmatrix}\dfrac{1}{\sqrt{2}}\\[2mm] \dfrac{1}{\sqrt{2}}\end{pmatrix},\qquad \boldsymbol{\xi}_2=\begin{pmatrix}\dfrac{1}{\sqrt{2}}\\[2mm] -\dfrac{1}{\sqrt{2}}\end{pmatrix}$$

所以正交矩阵 $\boldsymbol{T}=\begin{pmatrix}\dfrac{1}{\sqrt{2}} & \dfrac{1}{\sqrt{2}}\\[2mm] \dfrac{1}{\sqrt{2}} & -\dfrac{1}{\sqrt{2}}\end{pmatrix}$ 对应的正交变换为

$$\begin{pmatrix}x_1\\ x_2\end{pmatrix}=\begin{pmatrix}\dfrac{1}{\sqrt{2}} & \dfrac{1}{\sqrt{2}}\\[2mm] \dfrac{1}{\sqrt{2}} & -\dfrac{1}{\sqrt{2}}\end{pmatrix}\begin{pmatrix}y_1\\ y_2\end{pmatrix}$$

二次型为

$$f=(y_1, y_2)\begin{pmatrix}3 & 0\\ 0 & 7\end{pmatrix}\begin{pmatrix}y_1\\ y_2\end{pmatrix}=3y_1^2+7y_2^2=48$$

解法二 配方法.

$$\begin{aligned}f(x_1, x_2)&=5x_1^2-4x_1x_2+5x_2^2\\&=5\left(x_1-\frac{2}{5}x_2\right)^2+\frac{21}{5}x_2^2\end{aligned}$$

令

$$y_1=x_1-\frac{2}{5}x_2,\qquad y_2=x_2$$

则有

$$\begin{pmatrix}y_1\\y_2\end{pmatrix}=\begin{pmatrix}1&-\frac{2}{5}\\0&1\end{pmatrix}\begin{pmatrix}x_1\\x_2\end{pmatrix}$$

即

$$\begin{pmatrix}x_1\\x_2\end{pmatrix}=\begin{pmatrix}1&\frac{2}{5}\\0&1\end{pmatrix}\begin{pmatrix}y_1\\y_2\end{pmatrix}$$

得

$$f=\boldsymbol{x}^{\mathrm{T}}\boldsymbol{A}\boldsymbol{x}=(y_1,\ y_2)\begin{pmatrix}5&0\\0&\frac{21}{5}\end{pmatrix}\begin{pmatrix}y_1\\y_2\end{pmatrix}=5y_1^2+\frac{21}{5}y_2^2=48$$

例 5.13 求一个正交变换化二次型

$$4x_1^2+4x_2^2+4x_3^2+2x_1x_2+2x_1x_3+2x_2x_3$$

为标准形.

解 二次型 $4x_1^2+4x_2^2+4x_3^2+2x_1x_2+2x_1x_3+2x_2x_3$ 的矩阵为

$$\boldsymbol{A}=\begin{pmatrix}4&1&1\\1&4&1\\1&1&4\end{pmatrix}$$

由 $|\lambda\boldsymbol{E}-\boldsymbol{A}|=0$,解得 $\boldsymbol{A}$ 的特征值为 $\lambda_1=6,\lambda_2=\lambda_3=3$. 当 $\lambda_1=6$ 时,由

$$(6\boldsymbol{E}-\boldsymbol{A})\boldsymbol{X}=\boldsymbol{0}$$

解得 $\boldsymbol{\xi}_1'=\begin{pmatrix}1\\1\\1\end{pmatrix}$为 $\boldsymbol{A}$ 的对应于 $\lambda_1=6$ 的特征向量;当 $\lambda_2=\lambda_3=3$ 时,由

$$(3\boldsymbol{E}-\boldsymbol{A})\boldsymbol{X}=\boldsymbol{0}$$

解得 $\boldsymbol{\xi}_2'=\begin{pmatrix}-1\\1\\0\end{pmatrix},\boldsymbol{\xi}_3'=\begin{pmatrix}-1\\0\\1\end{pmatrix}$为 $\boldsymbol{A}$ 的对应于 $\lambda_2=\lambda_3=3$ 的特征向量,将 $\boldsymbol{\xi}_2',\boldsymbol{\xi}_3'$ 正交化,得

$$\boldsymbol{\xi}_2=\boldsymbol{\xi}_2'=\begin{pmatrix}-1\\1\\0\end{pmatrix},\qquad \boldsymbol{\xi}_3=\boldsymbol{\xi}_3'-\frac{\boldsymbol{\xi}_2^{\mathrm{T}}\boldsymbol{\xi}_3'}{\boldsymbol{\xi}_2^{\mathrm{T}}\boldsymbol{\xi}_2}\boldsymbol{\xi}_2=\begin{pmatrix}-\frac{1}{2}\\-\frac{1}{2}\\1\end{pmatrix}$$

再将 $\boldsymbol{\xi}_1',\boldsymbol{\xi}_2,\boldsymbol{\xi}_3$ 单位化,得

$$\boldsymbol{q}_1=\begin{pmatrix}\frac{\sqrt{3}}{3}\\ \frac{\sqrt{3}}{3}\\ \frac{\sqrt{3}}{3}\end{pmatrix},\quad \boldsymbol{q}_2=\begin{pmatrix}-\frac{\sqrt{2}}{2}\\ \frac{\sqrt{2}}{2}\\ 0\end{pmatrix},\quad \boldsymbol{q}_3=\begin{pmatrix}-\frac{\sqrt{6}}{6}\\ -\frac{\sqrt{6}}{6}\\ \frac{\sqrt{6}}{3}\end{pmatrix}$$

所求的正交矩阵为

$$\boldsymbol{Q}=\begin{pmatrix}\frac{\sqrt{3}}{3} & -\frac{\sqrt{2}}{2} & -\frac{\sqrt{6}}{6}\\ \frac{\sqrt{3}}{3} & \frac{\sqrt{2}}{2} & -\frac{\sqrt{6}}{6}\\ \frac{\sqrt{3}}{3} & 0 & \frac{\sqrt{6}}{3}\end{pmatrix}$$

而

$$\boldsymbol{Q}^{\mathrm{T}}\boldsymbol{A}\boldsymbol{Q}=\begin{pmatrix}6 & 0 & 0\\ 0 & 3 & 0\\ 0 & 0 & 3\end{pmatrix}$$

故对应的正交变换为

$$\begin{pmatrix}x_1\\ x_2\\ x_3\end{pmatrix}=\begin{pmatrix}\frac{\sqrt{3}}{3} & -\frac{\sqrt{2}}{2} & -\frac{\sqrt{6}}{6}\\ \frac{\sqrt{3}}{3} & \frac{\sqrt{2}}{2} & -\frac{\sqrt{6}}{6}\\ \frac{\sqrt{3}}{3} & 0 & \frac{\sqrt{6}}{3}\end{pmatrix}\begin{pmatrix}y_1\\ y_2\\ y_3\end{pmatrix}$$

二次型为

$$f=(y_1,y_2,y_3)\begin{pmatrix}6 & 0 & 0\\ 0 & 3 & 0\\ 0 & 0 & 3\end{pmatrix}\begin{pmatrix}y_1\\ y_2\\ y_3\end{pmatrix}=6y_1^2+3y_2^2+3y_3^2$$

5.4.4 二次型的正定和负定

定义 5.9 若对任意给定的 $\boldsymbol{x}\neq\boldsymbol{0}$.

(1) 恒有 $f=\boldsymbol{x}^{\mathrm{T}}\boldsymbol{A}\boldsymbol{x}>0$ (<0)，则称 $f=\boldsymbol{x}^{\mathrm{T}}\boldsymbol{A}\boldsymbol{x}$ 为正定(负定)二次型，此时对称矩阵 $\boldsymbol{A}$ 称为正定(负定)矩阵.

(2) 恒有 $f=\boldsymbol{x}^{\mathrm{T}}\boldsymbol{A}\boldsymbol{x}\geqslant 0$ $(\leqslant 0)$，则称 f 为半正定(半负定)二次型，此时对称矩阵 $\boldsymbol{A}$ 称为半正定(半负定)矩阵.

(3) 其他的二次型称为不定二次型.

定理 5.10 n 元二次型 $f=\boldsymbol{x}^{\mathrm{T}}\boldsymbol{A}\boldsymbol{x}$ 正定的充要条件是它的标准形中的 n 个系数为正，或 f 的正惯性指数为 n.

证　设 $f=\boldsymbol{x}^{\mathrm{T}}\boldsymbol{A}\boldsymbol{x}$ 经过可逆线性变换 $\boldsymbol{x}=\boldsymbol{C}\boldsymbol{y}$ 化为标准形

$$f = d_1y_1^2 + d_2y_2^2 + \cdots + d_ny_n^2$$

充分性. 若 $d_i>0$ $(i=1,2,\cdots,n)$，对任意 $\boldsymbol{x}\neq\boldsymbol{0}$，有 $\boldsymbol{y}=\boldsymbol{C}^{-1}\boldsymbol{x}\neq\boldsymbol{0}$，则

$$f = d_1y_1^2 + d_2y_2^2 + \cdots + d_ny_n^2 > 0$$

必要性. 设 f 为正定二次型. 假设有 $d_k\leqslant 0$ $(1\leqslant k\leqslant n)$，取 $\boldsymbol{y}=\boldsymbol{e}_k$ 时，

$$\boldsymbol{x}=\boldsymbol{C}^{-1}\boldsymbol{e}_k\neq\boldsymbol{0}$$

从而 $f=d_k\leqslant 0$，这与 f 是正定的矛盾，则 $d_i>0$ $(i=1,2,\cdots,n)$.

推论 5.5　对称矩阵 $\boldsymbol{A}$ 正定的充分必要条件是 $\boldsymbol{A}$ 的特征值全大于 0.

定义 5.10　设 $\boldsymbol{A}=(a_{ij})$ 为 n 阶方阵，依次取 $\boldsymbol{A}$ 的前 k 行与前 k 列所构成的行列式

$$\Delta_k=\begin{vmatrix} a_{11} & a_{12} & \cdots & a_{1k} \\ a_{21} & a_{22} & \cdots & a_{2k} \\ \vdots & \vdots & & \vdots \\ a_{k1} & a_{k2} & \cdots & a_{kk} \end{vmatrix}$$

称为 $\boldsymbol{A}$ 的 k 阶顺序主子式. $\boldsymbol{A}$ 共有 n 个顺序主子式.

这里不加证明地给出下面二次型正定的判定定理.

定理 5.11　设有 n 元二次型 $f=\boldsymbol{x}^{\mathrm{T}}\boldsymbol{A}\boldsymbol{x}$，则下列命题等价：

(1) f 为正定二次型.

(2) f 的标准形中的 n 个系数全为正.

(3) 对称矩阵 $\boldsymbol{A}$ 的特征值全大于 0.

(4) 正惯性指数 $p=n$.

(5) 对称矩阵 $\boldsymbol{A}$ 的各阶顺序主子式全大于 0，即

$$a_{11}>0,\ \begin{vmatrix} a_{11} & a_{12} \\ a_{21} & a_{22} \end{vmatrix}>0,\ \cdots,\ |\boldsymbol{A}|>0$$

其中，(5)称为赫尔维茨(Hurwitz)定理.

类似地，对于 n 元二次型 $f=\boldsymbol{x}^{\mathrm{T}}\boldsymbol{A}\boldsymbol{x}$，下列结论等价：

(1) f 为负定二次型.

(2) f 的标准形中的 n 个系数全为负.

(3) 对称矩阵 $\boldsymbol{A}$ 的特征值全小于 0.

(4) 负惯性指数 $q=n$.

(5) 对称矩阵 $\boldsymbol{A}$ 的各阶顺序主子式中，奇数阶的全小于 0，偶数阶的全大于 0.

例 5.14　判断二次型 $f=-5x^2-6y^2-6z^2+4xy+4xz$ 的负定性.

解　二次型 f 的矩阵为

$$\boldsymbol{A}=\begin{pmatrix} -5 & 2 & 2 \\ 2 & -6 & 0 \\ 2 & 0 & -6 \end{pmatrix}$$

由

$$a_{11}=-5<0,\quad \begin{vmatrix} a_{11} & a_{12} \\ a_{21} & a_{22} \end{vmatrix}=\begin{vmatrix} -5 & 2 \\ 2 & -6 \end{vmatrix}=26>0,\quad |\boldsymbol{A}|=-132<0$$

可知 f 为负定二次型.

注意:本题也可以通过判断 $-\boldsymbol{A}$ 为正定矩阵来求解.

例 5.15 求 λ 的取值,使二次型

$$f(x_1, x_2, x_3)=x_1^2+2x_2^2+3x_3^2+2x_1x_2-2x_1x_3+2\lambda x_2x_3$$

为正定二次型.

解 二次型 f 的矩阵为

$$\boldsymbol{A}=\begin{pmatrix} 1 & 1 & -1 \\ 1 & 2 & \lambda \\ -1 & \lambda & 3 \end{pmatrix}$$

由于 f 为正定二次型,故所有顺序主子式全大于 0,即

$$1>0,\quad \begin{vmatrix} 1 & 1 \\ 1 & 2 \end{vmatrix}>0$$

$$|\boldsymbol{A}|=-\lambda^2-2\lambda+1=-(\lambda+1+\sqrt{2})(\lambda+1-\sqrt{2})>0$$

解得

$$-(1+\sqrt{2})<\lambda<\sqrt{2}-1$$

5.5 应用实例

5.5.1 人口迁移模型

例 5.16 假设在一个大城市中的总人口数是固定的,人口的分布则因居民在市区和郊区之间的迁徙而变化.每年会有 10%的市区居民搬到郊区去住,而有 20%的郊区居民搬到市区.若开始时有 30%住在市区,70%的居民住在郊区,问随着时间的增加,市区和郊区人口之比最终是否会趋向一个"稳定状态",即是否会趋向一个稳定值?

分析 要解决这个问题,首先要将此问题转化为数学语言来描述.设 x_{ck} 为从开始时间到第 k 年时市区人口的比例,x_{sk} 为第 k 年时郊区人口的比例.于是第 k 年人口变量 $\boldsymbol{x}_k=\begin{pmatrix} x_{ck} \\ x_{sk} \end{pmatrix}$,在 $k=0$ 的初始状态为

$$\boldsymbol{x}_0=\begin{pmatrix} x_{c0} \\ x_{s0} \end{pmatrix}=\begin{pmatrix} 0.3 \\ 0.7 \end{pmatrix}$$

一年以后,市区人口为

$$x_{c1}=(1-10\%)x_{c0}+20\%x_{s0}$$

郊区人口为

$$x_{s1}=10\%x_{c0}+(1-20\%)x_{s0}$$

用矩阵乘法可写成

$$\boldsymbol{x}_1=\begin{pmatrix}x_{c1}\\x_{s1}\end{pmatrix}=\begin{pmatrix}0.9&0.2\\0.1&0.8\end{pmatrix}\begin{pmatrix}0.3\\0.7\end{pmatrix}=\boldsymbol{A}\boldsymbol{x}_0$$

从初始时间到第 k 年,人口迁徙的规律不变,故 $\boldsymbol{A}$ 不变,因此

$$\boldsymbol{x}_k=\boldsymbol{A}\boldsymbol{x}_{k-1}=\boldsymbol{A}^2\boldsymbol{x}_{k-2}=\cdots=\boldsymbol{A}^k\boldsymbol{x}_0$$

随时间的增加,要讨论的人口变量转化为求 $\boldsymbol{A}^k$. 如何求出 $\boldsymbol{A}^k$ 呢?针对这个问题中的 $\boldsymbol{A}$,计算 $\boldsymbol{A}$ 的特征多项式

$$|\lambda\boldsymbol{E}-\boldsymbol{A}|=\begin{vmatrix}\lambda-0.9&-0.2\\-0.1&\lambda-0.8\end{vmatrix}=(\lambda-1)(\lambda-0.7)$$

由于 $\boldsymbol{A}$ 有两个相异的特征值 1 和 0.7,$\boldsymbol{A}$ 能对角化. 对于 $\lambda_1=1$,解

$$(\boldsymbol{E}-\boldsymbol{A})\boldsymbol{x}=\boldsymbol{0}$$

可得 $\boldsymbol{A}$ 的属于 1 的一个特征向量 $\boldsymbol{\xi}_1=\begin{pmatrix}2\\1\end{pmatrix}$;对于 $\lambda_2=0.7$,解

$$(0.7\boldsymbol{E}-\boldsymbol{A})\boldsymbol{x}=\boldsymbol{0}$$

可得 $\boldsymbol{A}$ 的属于 0.7 的一个特征向量 $\boldsymbol{\xi}_2=\begin{pmatrix}1\\-1\end{pmatrix}$.

令 $\boldsymbol{P}=(\boldsymbol{\xi}_1,\boldsymbol{\xi}_2)$,有 $\boldsymbol{A}=\boldsymbol{P}\begin{pmatrix}1&\\&0.7\end{pmatrix}\boldsymbol{P}^{-1}$,且

$$\begin{aligned}\boldsymbol{A}^k&=\boldsymbol{P}\begin{pmatrix}1&\\&0.7^k\end{pmatrix}\boldsymbol{P}^{-1}=\begin{pmatrix}2&1\\1&-1\end{pmatrix}\begin{pmatrix}1&0\\0&0.7^k\end{pmatrix}\cdot\frac{1}{3}\begin{pmatrix}1&1\\1&-2\end{pmatrix}\\&=\frac{1}{3}\begin{pmatrix}2+(0.7)^k&2-2\times(0.7)^k\\1-(0.7)^k&1+2\times(0.7)^k\end{pmatrix}\end{aligned}$$

从而

$$\boldsymbol{x}_k=\boldsymbol{A}^k\boldsymbol{x}_0=\frac{1}{3}\begin{pmatrix}2+(0.7)^k&2-2\times(0.7)^k\\1-(0.7)^k&1+2\times(0.7)^k\end{pmatrix}\begin{pmatrix}0.3\\0.7\end{pmatrix}$$

$$x_{ck}=\frac{1}{3}[2-1.1\times(0.7)^k]$$

$$x_{sk}=\frac{1}{3}[1+1.1\times(0.7)^k]$$

数列 $\{x_{ck}\}$,$\{x_{sk}\}$ 的极限为

$$\lim_{k\to\infty}x_{ck}=\frac{2}{3},\qquad \lim_{k\to\infty}x_{sk}=\frac{1}{3}$$

故经过若干年后，市区人口与郊区人口的分布会趋于一个稳定状态：大约有$\frac{2}{3}$为市区人口，$\frac{1}{3}$为郊区人口.

注意：这个应用问题实际上是马尔可夫过程的一个例子.所得到的向量序列$\boldsymbol{x}_1$，$\boldsymbol{x}_2$，…，$\boldsymbol{x}_k$称为马尔可夫链.马尔可夫过程的特点是：k时刻的系统状态$\boldsymbol{x}_k$完全可以由其前一个时刻的状态$\boldsymbol{x}_{k-1}$所决定，与$k-1$时刻之前的系统状态无关.

5.5.2 比赛名次问题

例 5.17 6名选手A,B,C,D,E,F进行围棋单循环比赛，其比赛结果如下：

A战胜B,D,E,F，　　B战胜D,E,F

C战胜A,B,D，　　D战胜E,F

E战胜C,F，　　F战胜C

请给六名选手排一个合理的名次.

分析 按通常的方法，可以给选手们排一个初步的名次，即每战胜一名选手得1分，按总得分排名次. 6名选手的得分排成一个向量，则

$$\boldsymbol{S}_1=(4,\ 3,\ 3,\ 2,\ 2,\ 1)^{\mathrm{T}}$$

得到的初步名次为

1. A，　2. B，　3. C，　4. D，　5. E，　6. F

那么这样排名次是否合理？并列名次怎么处理？

排名次的一个重要根据是每战胜一名选手得1分.事实上这一根据并不十分合理，胜"强者"的得分比胜"弱者"应该多些.那么谁是"强者"，谁是"弱者"呢？得分又应该给多少呢？

还可以按初步得到的得分$\boldsymbol{S}_1$判定强弱，得分就按照$\boldsymbol{S}_1$的分量大小给定.例如，A强于B,D,E,F，而$\boldsymbol{S}_1$中对应于B,D,E,F的分值分别是3,2,2,1，所以A的得分分别为3,2,2,1，A的总得分为8.类似地，可以得出其他选手的得分，于是得到得分向量

$$\boldsymbol{S}_2=(8,\ 5,\ 9,\ 3,\ 4,\ 3)^{\mathrm{T}}$$

是否应该按$\boldsymbol{S}_2$来排定名次呢？我们是按"胜强者得分高"这一原则来给出得分的，既然$\boldsymbol{S}_2$比$\boldsymbol{S}_1$更合理，就应该按照这一原则根据$\boldsymbol{S}_2$再计算一遍.例如，A的得分为$5+3+4+3=15$，B的得分为$3+4+3=10$，其余类推得到

$$\boldsymbol{S}_3=(15,10,16,7,12,\ 9)^{\mathrm{T}}$$

可以算出按$\boldsymbol{S}_1$，$\boldsymbol{S}_2$和$\boldsymbol{S}_3$排出的名次不一致，也就是说，排名出现了波动现象，那么上述过程进行到什么时候为止呢？

一个直观的想法是计算$\boldsymbol{S}_k$的极限，如果极限存在，可以依照极限来排名次.按照上面的方法计算$\boldsymbol{S}_k$很麻烦，我们想办法来给出$\boldsymbol{S}_k$的通式，把各选手的成绩写成下面的矩阵形式

$$A=\begin{pmatrix}0&1&0&1&1&1\\0&0&0&1&1&1\\1&1&0&1&0&0\\0&0&0&0&1&1\\0&0&1&0&0&1\\0&0&1&0&0&0\end{pmatrix}$$

显然 $\boldsymbol{S}_k=\boldsymbol{A}\boldsymbol{S}_{k-1}\ (k=2,3,\cdots)$. 如果记 $\boldsymbol{S}_0=(1,1,1,1,1,1)^{\mathrm{T}}$，则有 $\boldsymbol{S}_1=\boldsymbol{A}\boldsymbol{S}_0$，所以 $\boldsymbol{S}_k=\boldsymbol{A}\boldsymbol{S}_{k-1}$ 对 $k=1$ 也成立.

练习 编程计算 $\boldsymbol{S}_k$，观察 $\boldsymbol{S}_k$ 的极限是否存在.

由于我们关心的是各选手的名次，而 $\boldsymbol{S}_k$ 的各个分量同时除以一个正数并不影响它们的名次排列. 但这样做可以保证 $\boldsymbol{S}_k$ 的分量的绝对值在迭代过程中不趋向于无穷大. 一种常用的方法是每次除以绝对值最大的那个分量，这个过程称为归一化，这样可使计算时，绝对值最大的那个分量一直为 1.

记 $m(\boldsymbol{S}_n)$ 为 $\boldsymbol{S}_n$ 的绝对值最大的分量(若有超过一个分量的绝对值都是最大，则取最前面的分量). 归一迭代过程如下：

对矩阵 $\boldsymbol{A}$ 及初始向量 $\boldsymbol{S}_0$，令

$$\boldsymbol{S}_1=\boldsymbol{A}\boldsymbol{S}_0,\qquad \boldsymbol{t}_1=\frac{\boldsymbol{S}_1}{m(\boldsymbol{S}_1)}$$

若已经得到 $\boldsymbol{S}_k$，$\boldsymbol{t}_k$，则令

$$\boldsymbol{S}_{k+1}=\boldsymbol{A}\boldsymbol{t}_k,\qquad \boldsymbol{t}_{k+1}=\frac{\boldsymbol{S}_{k+1}}{m(\boldsymbol{S}_{k+1})}$$

如果 $\{\boldsymbol{t}_n\}$ 的极限存在，那么它的极限是什么呢?

若 $\{\boldsymbol{t}_n\}$ 的极限存在，显然 $m(\boldsymbol{S}_n)$ 的极限也存在，记

$$\lim_{n\to\infty}\boldsymbol{t}_n=\boldsymbol{t},\qquad \lim_{n\to\infty}m(\boldsymbol{S}_n)=\lambda$$

对

$$\boldsymbol{t}_n=\frac{1}{m(\boldsymbol{S}_n)}\boldsymbol{A}\boldsymbol{t}_{n-1}$$

两边同时取极限，有

$$\boldsymbol{t}=\frac{1}{\lambda}\boldsymbol{A}\boldsymbol{t}$$

即

$$\boldsymbol{A}\boldsymbol{t}=\lambda\boldsymbol{t}$$

这说明 $\boldsymbol{t}$ 是对应于 $\boldsymbol{A}$ 的某个特征值的特征向量. 那么归一化迭代过程在什么情况下收敛呢? 下面的定理给出了一个收敛的充分条件.

定理 5.12 设 m 阶实方阵 $\boldsymbol{A}$ 有 m 个线性无关的特征向量 $\boldsymbol{\xi}_1,\boldsymbol{\xi}_2,\cdots,\boldsymbol{\xi}_m$，$\boldsymbol{A}$ 的 m 个特征向量满足下列关系[λ_i 对应的特征向量为 $\boldsymbol{\xi}_i\ (i=1,2,\cdots,m)$]

$$|\lambda_1|>|\lambda_2|\geqslant\cdots\geqslant|\lambda_m|$$

则对任意的非零初始向量

$$\boldsymbol{x}_0=a_1\boldsymbol{\xi}_1+a_2\boldsymbol{\xi}_2+\cdots+a_m\boldsymbol{\xi}_m\quad(a_1\neq 0)$$

按上述迭代过程得 $\boldsymbol{x}_1$, $\boldsymbol{x}_2$, $\cdots$, $\boldsymbol{x}_m$ 及 $\boldsymbol{y}_1$, $\boldsymbol{y}_2$, $\cdots$, $\boldsymbol{y}_m$,有

$$\lim_{n\to\infty}\boldsymbol{y}_n=a\boldsymbol{\xi}_1\ (a\text{ 为非零常数}),\qquad \lim_{n\to\infty}m(\boldsymbol{x}_n)=\lambda_1$$

归一化迭代的方法实际上求出了矩阵 $\boldsymbol{A}$ 的绝对值最大的特征值及对应的特征向量. 这种求特征值即对应特征向量的方法称为乘幂法. 这样,序列收敛于迭代矩阵的最大特征值的特征向量. 因此,在一定条件下可以用该特征向量来得出比赛选手的名次. 计算出 $\boldsymbol{A}$ 的最大特征值 $\lambda=2.232$,对应的特征向量为

$$\boldsymbol{t}=(0.238,\ 0.164,\ 0.231,\ 0.113,\ 0.150,\ 0.104)^{\mathrm{T}}$$

用此向量来确定选手的名次

1. A, 2. C, 3. B, 4. E, 5. D, 6. F

习 题 5

A

1. 单项选择题

(1) 设三阶矩阵 $\boldsymbol{A}$ 有特征值 $1,-1,2$,则下列矩阵中行列式不为零的矩阵是( ).

A. $\boldsymbol{E}-\boldsymbol{A}$　　B. $\boldsymbol{E}+\boldsymbol{A}$　　C. $2\boldsymbol{E}-\boldsymbol{A}$　　D. $2\boldsymbol{E}+\boldsymbol{A}$

(2) 设矩阵 $\boldsymbol{A}=\begin{pmatrix}0&1&0&0\\1&0&0&0\\0&0&k&1\\0&0&1&2\end{pmatrix}$,已知 $\boldsymbol{A}$ 的一个特征值为 3,则 k 为( ).

A. 0　　B. 2　　C. 3　　D. 4

(3) 设 $\lambda=2$ 是矩阵 $\boldsymbol{A}$ 的一个特征值,则 $\frac{1}{3}\boldsymbol{A}^2-\boldsymbol{E}$ 有一个特征值等于( ).

A. $\frac{4}{3}$　　B. $\frac{1}{3}$　　C. $-\frac{1}{3}$　　D. $\frac{2}{3}$

(4) 已知三阶矩阵 $\boldsymbol{A}$ 的特征值 $\lambda_1=0,\lambda_2=1,\lambda_3=-1$,其对应的特征向量分别是 $\boldsymbol{\xi}_1,\boldsymbol{\xi}_2,\boldsymbol{\xi}_3$. 令 $\boldsymbol{P}=(\boldsymbol{\xi}_1,\boldsymbol{\xi}_2,\boldsymbol{\xi}_3)$,则 $\boldsymbol{P}^{-1}\boldsymbol{A}\boldsymbol{P}=$( ).

A. $\begin{pmatrix}0&0&0\\0&1&0\\0&0&-1\end{pmatrix}$　　B. $\begin{pmatrix}-1&0&0\\0&0&0\\0&0&1\end{pmatrix}$

C. $\begin{pmatrix}-1&0&0\\0&1&0\\0&0&0\end{pmatrix}$　　D. $\begin{pmatrix}1&0&0\\0&-1&0\\0&0&0\end{pmatrix}$

(5) n 阶矩阵 $\boldsymbol{A}$ 具有 n 个不同的特征值是 $\boldsymbol{A}$ 与对角矩阵相似的(　　).

A. 充分但不必要条件　　B. 既不充分也不必要条件

C. 充分必要条件　　D. 必要但不充分条件

(6) 设 $\boldsymbol{A}$ 是 n 阶对称矩阵, $\boldsymbol{P}$ 是 n 阶可逆矩阵. 已知 n 维列向量 $\boldsymbol{\alpha}$ 是 $\boldsymbol{A}$ 的对应于特征值 λ 的特征向量, 则矩阵 $(\boldsymbol{P}^{-1}\boldsymbol{A}\boldsymbol{P})^{\mathrm{T}}$ 的对应于特征值 λ 的特征向量是(　　).

A. $\boldsymbol{P}^{-1}\boldsymbol{\alpha}$　　B. $\boldsymbol{P}^{\mathrm{T}}\boldsymbol{\alpha}$　　C. $\boldsymbol{P}\boldsymbol{\alpha}$　　D. $(\boldsymbol{P}^{-1})^{\mathrm{T}}\boldsymbol{\alpha}$

(7) 二次型 $f(x_1,x_2,x_3)=(x_1+x_2)^2$ 的矩阵为(　　).

A. $\begin{pmatrix}1&2\\0&1\end{pmatrix}$　　B. $\begin{pmatrix}1&2&0\\0&1&0\\0&0&0\end{pmatrix}$　　C. $\begin{pmatrix}1&0&0\\0&0&0\\0&0&0\end{pmatrix}$　　D. $\begin{pmatrix}1&1&0\\1&1&0\\0&0&0\end{pmatrix}$

(8) 设 $\boldsymbol{A},\boldsymbol{B}$ 都是 n 阶对称矩阵, 则 $\boldsymbol{A},\boldsymbol{B}$ 合同的充要条件是(　　).

A. $\boldsymbol{A},\boldsymbol{B}$ 的秩相同　　B. $\boldsymbol{A},\boldsymbol{B}$ 都合同于对角矩阵

C. $\boldsymbol{A},\boldsymbol{B}$ 的全部特征值相同　　D. $\boldsymbol{A},\boldsymbol{B}$ 的正、负惯性指数相同

(9) 与矩阵 $\begin{pmatrix}1&2&0\\2&1&0\\0&0&1\end{pmatrix}$ 合同的矩阵为(　　).

A. $\begin{pmatrix}1&0&0\\0&1&0\\0&0&1\end{pmatrix}$　　B. $\begin{pmatrix}1&0&0\\0&1&0\\0&0&-1\end{pmatrix}$

C. $\begin{pmatrix}1&0&0\\0&-1&0\\0&0&-1\end{pmatrix}$　　D. $\begin{pmatrix}-1&0&0\\0&-1&0\\0&0&-1\end{pmatrix}$

(10) 设二阶对称矩阵 $\boldsymbol{A}$ 的特征值 $\lambda_1=-1,\lambda_2=1$, 其对应的特征向量分别是 $\boldsymbol{\xi}_1=\begin{pmatrix}0\\1\end{pmatrix},\boldsymbol{\xi}_2=\begin{pmatrix}1\\a\end{pmatrix}$, 则 a 是(　　).

A. 0　　B. 1　　C. -1　　D. 2

2. 填空题.

(1) 设 $\boldsymbol{\alpha}=\begin{pmatrix}1\\1\end{pmatrix}$ 是 $\boldsymbol{A}=\begin{pmatrix}a&2\\0&b\end{pmatrix}$ 的对应于特征值 $\lambda=3$ 的特征向量, 则 $a=$________, $b=$________.

(2) 设三阶矩阵 $\boldsymbol{A}$ 的特征值为 $1,-1,2$, 则 $\boldsymbol{A}+3\boldsymbol{E}$ 的特征值是________, $|\boldsymbol{A}+3\boldsymbol{E}|=$________.

(3) 设 $\boldsymbol{A}$ 相似于 $\begin{pmatrix}1&0&0\\0&-1&0\\0&0&1\end{pmatrix}$, 则 $\boldsymbol{A}^2=$________.

(4) 已知矩阵 $\boldsymbol{A}=\begin{pmatrix}1&a\\0&1\end{pmatrix}$ 相似于对角矩阵, 则 $a=$________.

(5) 矩阵$\begin{pmatrix}1 & -1 & 2\\ -1 & 1 & 1\\ 2 & 1 & 2\end{pmatrix}$所对应的二次型为________.

(6) 二次型 $f(x_1,x_2,x_3)=(x_1,x_2,x_3)\begin{pmatrix}1 & 2 & 3\\ 0 & 1 & 2\\ 1 & 0 & 3\end{pmatrix}\begin{pmatrix}x_1\\ x_2\\ x_3\end{pmatrix}$所对应的矩阵为________.

(7) 二次型 $f(x_1,x_2,x_3)=x_1^2-3x_2^2-2x_1x_2+2x_1x_3-6x_2x_3$ 的秩为________,正惯性指数是________.

(8) 若二次型 $f(x_1,x_2,x_3)=2x_1^2+x_2^2+x_3^2+2x_1x_2+tx_2x_3$ 是正定的,则 t 的取值范围是________.

3. 设 $\boldsymbol{A}=\begin{pmatrix}5 & -4 & -2\\ -4 & 5 & 2\\ -2 & 2 & 2\end{pmatrix}$,$\boldsymbol{v}_1=\begin{pmatrix}-2\\ 2\\ 1\end{pmatrix}$,$\boldsymbol{v}_2=\begin{pmatrix}1\\ 1\\ 0\end{pmatrix}$. 判断 $\boldsymbol{v}_1$ 和 $\boldsymbol{v}_2$ 是 $\boldsymbol{A}$ 的特征向量.

4. 求下列矩阵的特征值和特征向量.

(1) $\begin{pmatrix}1 & -1\\ 2 & 4\end{pmatrix}$;

(2) $\begin{pmatrix}1 & 2 & 3\\ 2 & 1 & 3\\ 3 & 3 & 6\end{pmatrix}$;

(3) $\begin{pmatrix}2 & 2 & -2\\ 2 & 5 & -4\\ -2 & -4 & 5\end{pmatrix}$;

(4) $\begin{pmatrix}-1 & 1 & 0\\ -4 & 3 & 0\\ 1 & 0 & 2\end{pmatrix}$.

5. 设 λ_1 和 λ_2 是矩阵 $\boldsymbol{A}$ 的两个不同的特征值,对应的特征向量依次为 $\boldsymbol{p}_1$ 和 $\boldsymbol{p}_2$,证明:$\boldsymbol{p}_1+\boldsymbol{p}_2$ 不是 $\boldsymbol{A}$ 的特征向量.

6. 证明:若 λ 是矩阵 $\boldsymbol{A}$ 的特征值,则

(1) λ^m 是 $\boldsymbol{A}^m$ 的特征值(m 是任意正整数);

(2) 当 $\boldsymbol{A}$ 可逆时,λ^{-1}是 $\boldsymbol{A}^{-1}$的特征值.

7. 设矩阵 $\boldsymbol{A}=\begin{pmatrix}1 & -1 & 2\\ 0 & 2 & 1\\ 0 & 0 & -1\end{pmatrix}$,求:

(1) $\boldsymbol{A}$ 及 $2\boldsymbol{A}^3+\boldsymbol{A}-5\boldsymbol{E}$ 的特征值;

(2) $\boldsymbol{E}+\boldsymbol{A}^{-1}$的特征值.

8. 设 $\boldsymbol{A}$ 为 n 阶矩阵,证明:$\boldsymbol{A}^{\mathrm{T}}$ 与 $\boldsymbol{A}$ 的特征值相同.

9. 设三阶对称矩阵 $\boldsymbol{A}$ 的特征值为 1,2,3,求$|\boldsymbol{A}^3-5\boldsymbol{A}^2+7\boldsymbol{A}|$.

10. 已知 $\boldsymbol{\alpha}=\begin{pmatrix}1\\ 1\\ -1\end{pmatrix}$为三阶矩阵 $\boldsymbol{A}=\begin{pmatrix}2 & -1 & 2\\ 5 & a & 3\\ -1 & b & -2\end{pmatrix}$的一个特征向量.

(1) 求参数 a,b 的值及特征向量 $\boldsymbol{\alpha}$ 所对应的特征值;

(2) 问 $\boldsymbol{A}$ 能不能相似于对角矩阵?并说明理由.

11. 设方阵 $\boldsymbol{A}=\begin{pmatrix}1&-2&-4\\-2&x&-2\\-4&-2&1\end{pmatrix}$与 $\boldsymbol{\Lambda}=\begin{pmatrix}5&0&0\\0&y&0\\0&0&-4\end{pmatrix}$相似，求 x，y.

12. 设方阵 $\boldsymbol{A}=\begin{pmatrix}0&0&1\\1&1&x\\1&0&0\end{pmatrix}$，问 x 为何值时，矩阵 $\boldsymbol{A}$ 能对角化？

13. 设三阶方阵 $\boldsymbol{A}$ 的特征值为 $\lambda_1=1$，$\lambda_2=0$，$\lambda_3=-1$，对应的特征向量依次为

$$\boldsymbol{p}_1=\begin{pmatrix}1\\2\\2\end{pmatrix},\qquad \boldsymbol{p}_2=\begin{pmatrix}2\\-2\\1\end{pmatrix},\qquad \boldsymbol{p}_3=\begin{pmatrix}-2\\-1\\2\end{pmatrix}$$

求 $\boldsymbol{A}$.

14. 判断下列矩阵是否为正交矩阵.

(1) $\begin{pmatrix}1&-\frac{1}{2}&\frac{1}{3}\\-\frac{1}{2}&1&\frac{1}{2}\\\frac{1}{3}&\frac{1}{2}&-1\end{pmatrix}$；　　(2) $\begin{pmatrix}\frac{1}{9}&-\frac{8}{9}&-\frac{4}{9}\\-\frac{8}{9}&\frac{1}{9}&-\frac{4}{9}\\-\frac{4}{9}&-\frac{4}{9}&\frac{7}{9}\end{pmatrix}$.

15. 设 1，1，−1 是三阶对称矩阵 $\boldsymbol{A}$ 的三个特征值，$\boldsymbol{\alpha}_1=\begin{pmatrix}1\\1\\1\end{pmatrix}$，$\boldsymbol{\alpha}_2=\begin{pmatrix}2\\2\\1\end{pmatrix}$是 $\boldsymbol{A}$ 的对应于特征值 1 的特征向量，求 $\boldsymbol{A}$ 的对应于特征值−1 的特征向量，并求 $\boldsymbol{A}$.

16. 设三阶对称矩阵 $\boldsymbol{A}$ 的特征值为 6，3，3，与特征值 6 对应的特征向量为

$$\boldsymbol{p}_1=(1,1,1)^{\mathrm{T}}$$

求 $\boldsymbol{A}$.

17. 试求一个正交的相似变换矩阵，将下列对称矩阵化为对角矩阵.

(1) $\begin{pmatrix}2&-2&0\\-2&1&-2\\0&-2&0\end{pmatrix}$；　　(2) $\begin{pmatrix}2&2&-2\\2&5&-4\\-2&-4&5\end{pmatrix}$.

18. (1) 设 $\boldsymbol{A}=\begin{pmatrix}3&-2\\-2&3\end{pmatrix}$，求 $\varphi(\boldsymbol{A})=\boldsymbol{A}^{10}-5\boldsymbol{A}^9$；

(2) 设 $\boldsymbol{A}=\begin{pmatrix}2&1&2\\1&2&2\\2&2&1\end{pmatrix}$，求 $\varphi(\boldsymbol{A})=\boldsymbol{A}^{10}-6\boldsymbol{A}^9+5\boldsymbol{A}^8$.

19. 用矩阵记号表示下列二次型.

(1) $f=x^2+4xy+4y^2+2xz+z^2+4yz$；

(2) $f=x^2+y^2-7z^2-2xy-4xz-4yz$；

(3) $f=x_1^2+x_2^2+x_3^2+x_4^2-2x_1x_2+4x_1x_3-2x_1x_4+6x_2x_3-4x_2x_4$.

20. 求一个正交变换将下列二次型化成标准形.

(1) $f=2x_1^2+3x_2^2+3x_3^2+4x_2x_3$;

(2) $f=x_1^2+x_2^2+x_3^2+x_4^2+2x_1x_2-2x_1x_4-2x_2x_3+2x_3x_4$.

21. 下列哪些矩阵是合同的?

(1) $\begin{pmatrix}1&1\\1&1\end{pmatrix}$; (2) $\begin{pmatrix}1&0\\0&1\end{pmatrix}$; (3) $\begin{pmatrix}1&0\\0&-1\end{pmatrix}$;

(4) $\begin{pmatrix}1&0\\0&0\end{pmatrix}$; (5) $\begin{pmatrix}0&0\\0&2\end{pmatrix}$; (6) $\begin{pmatrix}1&1\\0&1\end{pmatrix}$.

22. 判断下列二次型是否正定.

(1) $f(x_1,x_2,x_3)=-2x_1^2-6x_2^2-4x_3^2+2x_1x_2+2x_1x_3$;

(2) $f(x_1,x_2,x_3)=x_1^2+3x_2^2+9x_3^2+19x_4^2-2x_1x_2+4x_1x_3+2x_1x_4-6x_2x_4-12x_3x_4$.

23. 已知二次型

$$f(x_1,x_2,x_3)=2x_1^2+3x_2^2+3x_3^2+2ax_2x_3 \quad (a>0)$$

通过正交变换化为标准形

$$f(x_1,x_2,x_3)=y_1^2+2y_2^2+5y_3^2$$

求参数 a 及所用的正交变换.

B

1. 单项选择题.

(1) 设 λ_1,λ_2 是矩阵 $\mathbf{A}$ 的两个不同的特征值,对应的特征向量分别为 $\boldsymbol{\alpha}_1$, $\boldsymbol{\alpha}_2$,则 $\boldsymbol{\alpha}_1$, $\mathbf{A}(\boldsymbol{\alpha}_1+\boldsymbol{\alpha}_2)$线性无关的充分必要条件是( ).

A. $\lambda_1\neq0$ B. $\lambda_2\neq0$ C. $\lambda_1=0$ D. $\lambda_2=0$

(2) 设 $\mathbf{A}$ 是四阶对称矩阵,且 $\mathbf{A}^2+\mathbf{A}=\mathbf{O}$,若 $R(\mathbf{A})=3$,则 $\mathbf{A}$ 相似于( ).

A. $\begin{pmatrix}1&0&0&0\\0&1&0&0\\0&0&1&0\\0&0&0&0\end{pmatrix}$ B. $\begin{pmatrix}1&0&0&0\\0&1&0&0\\0&0&-1&0\\0&0&0&0\end{pmatrix}$

C. $\begin{pmatrix}1&0&0&0\\0&-1&0&0\\0&0&-1&0\\0&0&0&0\end{pmatrix}$ D. $\begin{pmatrix}-1&0&0&0\\0&-1&0&0\\0&0&-1&0\\0&0&0&0\end{pmatrix}$

(3) 矩阵$\begin{pmatrix}1&a&1\\a&b&a\\1&a&1\end{pmatrix}$与矩阵$\begin{pmatrix}2&0&0\\0&b&0\\0&0&0\end{pmatrix}$相似的充要条件是( ).

A. $a=0,b=2$ B. $a=0$,b 为任意常数

C. $a=2,b=0$ D. $a=2$,b 为任意常数

(4) 设 $\boldsymbol{A},\boldsymbol{B}$ 是可逆矩阵,且 $\boldsymbol{A}$ 与 $\boldsymbol{B}$ 相似,则下列结论错误的是(　　).

A. $\boldsymbol{A}^{\mathrm{T}}$ 与 $\boldsymbol{B}^{\mathrm{T}}$ 相似　　B. $\boldsymbol{A}^{-1}$ 与 $\boldsymbol{B}^{-1}$ 相似

C. $\boldsymbol{A}+\boldsymbol{A}^{\mathrm{T}}$ 与 $\boldsymbol{B}+\boldsymbol{B}^{\mathrm{T}}$ 相似　　D. $\boldsymbol{A}+\boldsymbol{A}^{-1}$ 与 $\boldsymbol{B}+\boldsymbol{B}^{-1}$ 相似

(5) 设 $\boldsymbol{A}$, $\boldsymbol{P}$ 均为三阶矩阵, $\boldsymbol{P}^{\mathrm{T}}$ 为 $\boldsymbol{P}$ 的转置矩阵,且

$$\boldsymbol{P}^{\mathrm{T}}\boldsymbol{A}\boldsymbol{P}=\begin{pmatrix}1&0&0\\0&1&0\\0&0&2\end{pmatrix}$$

若 $\boldsymbol{P}=(\boldsymbol{\alpha}_1,\ \boldsymbol{\alpha}_2,\ \boldsymbol{\alpha}_3)$, $\boldsymbol{Q}=(\boldsymbol{\alpha}_1+\boldsymbol{\alpha}_2,\boldsymbol{\alpha}_2,\boldsymbol{\alpha}_3)$,则 $\boldsymbol{Q}^{\mathrm{T}}\boldsymbol{A}\boldsymbol{Q}$ 为(　　).

A. $\begin{pmatrix}2&1&0\\1&1&0\\0&0&2\end{pmatrix}$　　B. $\begin{pmatrix}1&1&0\\1&2&0\\0&0&2\end{pmatrix}$

C. $\begin{pmatrix}2&0&0\\0&1&0\\0&0&2\end{pmatrix}$　　D. $\begin{pmatrix}1&0&0\\0&2&0\\0&0&2\end{pmatrix}$

(6) 设 $\boldsymbol{A}=\begin{pmatrix}1&2\\2&1\end{pmatrix}$,则在实数域上与 $\boldsymbol{A}$ 合同的矩阵为(　　).

A. $\begin{pmatrix}-2&1\\1&-2\end{pmatrix}$　　B. $\begin{pmatrix}2&-1\\-1&2\end{pmatrix}$

C. $\begin{pmatrix}2&1\\1&2\end{pmatrix}$　　D. $\begin{pmatrix}1&-2\\-2&1\end{pmatrix}$

(7) 设二次型 $f(x_1,x_2,x_3)$ 在正交变换 $\boldsymbol{x}=\boldsymbol{P}\boldsymbol{y}$ 下的标准形为 $2y_1^2+y_2^2-y_3^2$,其中 $\boldsymbol{P}=(\boldsymbol{e}_1,\boldsymbol{e}_2,\boldsymbol{e}_3)$,若 $\boldsymbol{Q}=(\boldsymbol{e}_1,-\boldsymbol{e}_3,\boldsymbol{e}_2)$,则 $f(x_1,x_2,x_3)$ 在正交变换 $\boldsymbol{x}=\boldsymbol{Q}\boldsymbol{y}$ 下的标准形为(　　).

A. $2y_1^2-y_2^2+y_3^2$　　B. $2y_1^2+y_2^2-y_3^2$

C. $2y_1^2-y_2^2-y_3^2$　　D. $2y_1^2+y_2^2+y_3^2$

(8) 设二次型 $f(x_1,x_2,x_3)=x_1^2+x_2^2+x_3^2+4x_1x_2+4x_1x_3+4x_2x_3$,则 $f(x_1,x_2,x_3)=2$ 在空间直角坐标下表示的二次曲面为(　　).

A. 单叶双曲面　　B. 双叶双曲面

C. 椭球面　　D. 柱面

(9) 设二次型 $f(x_1,x_2,x_3)=a(x_1^2+x_2^2+x_3^2)+2x_1x_2+2x_1x_3+2x_2x_3$ 的正、负惯性指数分别为 1,2,则(　　).

A. $a>1$　　B. $a<-2$

C. $-2<a<1$　　D. $a=1$ 或 $a=-2$

(10) 设 n 阶矩阵 $\boldsymbol{A},\boldsymbol{B}$ 满足 $R(\boldsymbol{A})+R(\boldsymbol{B})<n$,则(　　).

A. $\boldsymbol{A}$ 与 $\boldsymbol{B}$ 无公共的特征值

B. $\boldsymbol{A}$ 与 $\boldsymbol{B}$ 无公共的特征向量

C. $\boldsymbol{A}$ 与 $\boldsymbol{B}$ 有公共的特征值和公共的特征向量

D. $\boldsymbol{A}$ 与 $\boldsymbol{B}$ 有公共的特征值,但不一定有公共的特征向量

(11) 下列矩阵中,与矩阵 $\begin{pmatrix}1&1&0\\0&1&1\\0&0&1\end{pmatrix}$ 相似的为(　　).

A. $\begin{pmatrix}1&1&-1\\0&1&1\\0&0&1\end{pmatrix}$　　B. $\begin{pmatrix}1&0&-1\\0&1&1\\0&0&1\end{pmatrix}$

C. $\begin{pmatrix}1&1&-1\\0&1&0\\0&0&1\end{pmatrix}$　　D. $\begin{pmatrix}1&0&-1\\0&1&0\\0&0&1\end{pmatrix}$

2. 填空题.

(1) 若三维向量 $\boldsymbol{\alpha}$, $\boldsymbol{\beta}$ 满足 $\boldsymbol{\alpha}^{\mathrm{T}}\boldsymbol{\beta}=2$,其中 $\boldsymbol{\alpha}^{\mathrm{T}}$ 为 $\boldsymbol{\alpha}$ 的转置,则矩阵 $\boldsymbol{\beta}\boldsymbol{\alpha}^{\mathrm{T}}$ 的非零特征值为______.

(2) 设 $\boldsymbol{A}$ 为二阶矩阵,$\boldsymbol{\alpha}_1$, $\boldsymbol{\alpha}_2$ 为线性无关的二维列向量,

$$\boldsymbol{A}\boldsymbol{\alpha}_1=\boldsymbol{0},\quad \boldsymbol{A}\boldsymbol{\alpha}_2=2\boldsymbol{\alpha}_1+\boldsymbol{\alpha}_2$$

则 $\boldsymbol{A}$ 的非零特征值为______.

(3) 设三阶矩阵 $\boldsymbol{A}$ 的特征值为 1,2,2,则 $|4\boldsymbol{A}^{-1}-\boldsymbol{E}|=$______.

(4) 设 $\boldsymbol{\alpha}$ 为三维单位向量,则矩阵 $\boldsymbol{E}-\boldsymbol{\alpha}\boldsymbol{\alpha}^{\mathrm{T}}$ 的秩为______.

(5) 二阶矩阵 $\boldsymbol{A}$ 有两个不同特征值,$\boldsymbol{\alpha}_1$,$\boldsymbol{\alpha}_2$ 是 $\boldsymbol{A}$ 的线性无关的特征向量,$\boldsymbol{A}^2(\boldsymbol{\alpha}_1+\boldsymbol{\alpha}_2)=\boldsymbol{\alpha}_1+\boldsymbol{\alpha}_2$,则 $|\boldsymbol{A}|=$______.

(6) 设 $\boldsymbol{A}$ 为三阶矩阵,$\boldsymbol{\alpha}_1$,$\boldsymbol{\alpha}_2$,$\boldsymbol{\alpha}_3$ 是线性无关的向量组,若 $\boldsymbol{A}\boldsymbol{\alpha}_1=2\boldsymbol{\alpha}_1+\boldsymbol{\alpha}_2+\boldsymbol{\alpha}_3$,$\boldsymbol{A}\boldsymbol{\alpha}_2=\boldsymbol{\alpha}_2+2\boldsymbol{\alpha}_3$,$\boldsymbol{A}\boldsymbol{\alpha}_3=-\boldsymbol{\alpha}_2+\boldsymbol{\alpha}_3$,则 $\boldsymbol{A}$ 的实特征值为______,$|\boldsymbol{A}|=$______.

(7) 设二次型

$$f(x_1,x_2,x_3)=x_1^2-x_2^2+2ax_1x_3+4x_2x_3$$

的负惯性指数是 1,则 a 的取值范围为______.

(8) 若二次曲面的方程

$$x^2+3y^2+z^2+2axy+2xz+2yz=4$$

经正交变换化为 $y_1^2+4z_1^2=4$,则 $a=$______.

3. 设三阶矩阵 $\boldsymbol{A}=(\boldsymbol{\alpha}_1,\boldsymbol{\alpha}_2,\boldsymbol{\alpha}_3)$有三个不同的特征值,且 $\boldsymbol{\alpha}_3=\boldsymbol{\alpha}_1+2\boldsymbol{\alpha}_2$.

(1) 证明 $R(\boldsymbol{A})=2$;

(2) 若 $\boldsymbol{\beta}=\boldsymbol{\alpha}_1+\boldsymbol{\alpha}_2+\boldsymbol{\alpha}_3$,求方程组 $\boldsymbol{A}\boldsymbol{x}=\boldsymbol{\beta}$ 的通解.

4. 设向量 $\boldsymbol{\beta}=(1,1,2)^{\mathrm{T}}$ 是矩阵 $\boldsymbol{A}=\begin{pmatrix}1&a&-1\\1&1&-1\\0&4&b\end{pmatrix}$ 的特征向量.

(1) 求 a,b 的值;

(2) 求方程组 $\boldsymbol{A}^2\boldsymbol{x}=\boldsymbol{\beta}$ 的通解.

5. 设矩阵 $\boldsymbol{A}=\begin{pmatrix}0 & 2 & -3\\ -1 & 3 & -3\\ 1 & -2 & a\end{pmatrix}$ 相似于矩阵 $\boldsymbol{B}=\begin{pmatrix}1 & -2 & 0\\ 0 & b & 0\\ 0 & 3 & 1\end{pmatrix}$.

(1) 求 a,b 的值;

(2) 求可逆矩阵 $\boldsymbol{P}$,使 $\boldsymbol{P}^{-1}\boldsymbol{A}\boldsymbol{P}$ 为对角矩阵.

6. 设 $\boldsymbol{A}$ 是三阶对称矩阵,$R(\boldsymbol{A})=2$ 且 $\boldsymbol{A}\begin{pmatrix}1 & 1\\ 0 & 0\\ -1 & 1\end{pmatrix}=\begin{pmatrix}-1 & 1\\ 0 & 0\\ 1 & 1\end{pmatrix}$.

(1) 求 $\boldsymbol{A}$ 的特征值和特征向量;

(2) 求 $\boldsymbol{A}$.

7. 证明:n 阶矩阵 $\begin{pmatrix}1 & 1 & \cdots & 1\\ 1 & 1 & \cdots & 1\\ \vdots & \vdots & & \vdots\\ 1 & 1 & \cdots & 1\end{pmatrix}$ 与 $\begin{pmatrix}0 & \cdots & 0 & 1\\ 0 & \cdots & 0 & 2\\ \vdots & & \vdots & \vdots\\ 0 & \cdots & 0 & n\end{pmatrix}$ 相似.

8. 已知 $\boldsymbol{A}=\begin{pmatrix}1 & 0 & 1\\ 0 & 1 & 1\\ -1 & 0 & a\\ 0 & a & -1\end{pmatrix}$,二次型 $f(x_1,x_2,x_3)=\boldsymbol{x}^{\mathrm{T}}(\boldsymbol{A}^{\mathrm{T}}\boldsymbol{A})\boldsymbol{x}$ 的秩为 2.

(1) 求 a 的值;

(2) 求正交变换 $\boldsymbol{x}=\boldsymbol{Q}\boldsymbol{y}$,将 f 化为标准形.

9. 设二次型

$$f(x_1,x_2,x_3)=2(a_1x_1+a_2x_2+a_3x_3)^2+(b_1x_1+b_2x_2+b_3x_3)^2$$

记 $\boldsymbol{\alpha}=\begin{pmatrix}a_1\\ a_2\\ a_3\end{pmatrix},\boldsymbol{\beta}=\begin{pmatrix}b_1\\ b_2\\ b_3\end{pmatrix}$.

(1) 证明:二次型 f 对应的矩阵为 $2\boldsymbol{\alpha}\boldsymbol{\alpha}^{\mathrm{T}}+\boldsymbol{\beta}\boldsymbol{\beta}^{\mathrm{T}}$;

(2) 若 $\boldsymbol{\alpha},\boldsymbol{\beta}$ 正交且为单位向量,证明:f 在正交变换下的标准形为 $2y_1^2+y_2^2$.

10. 设二次型 $f(x_1,x_2,x_3)=\boldsymbol{x}^{\mathrm{T}}\boldsymbol{A}\boldsymbol{x}$ 在正交变换 $\boldsymbol{x}=\boldsymbol{Q}\boldsymbol{y}$ 下的标准形为 $y_1^2+y_2^2$,且 $\boldsymbol{Q}$ 的第三列为 $\left(\frac{\sqrt{2}}{2},0,\frac{\sqrt{2}}{2}\right)^{\mathrm{T}}$.

(1) 求 $\boldsymbol{A}$;

(2) 证明:$\boldsymbol{A}+\boldsymbol{E}$ 为正定矩阵.

11. 证明:二次型 $f=\boldsymbol{x}^{\mathrm{T}}\boldsymbol{A}\boldsymbol{x}$ 在 $\|\boldsymbol{x}\|=1$ 时的最大值为矩阵 $\boldsymbol{A}$ 的最大特征值.

12. 设 $\boldsymbol{U}$ 为可逆矩阵,$\boldsymbol{A}=\boldsymbol{U}^{\mathrm{T}}\boldsymbol{U}$,证明:$f=\boldsymbol{x}^{\mathrm{T}}\boldsymbol{A}\boldsymbol{x}$ 为正定二次型.

13. 设对称矩阵 $\boldsymbol{A}$ 为正定矩阵,证明:存在可逆矩阵 $\boldsymbol{U}$,使 $\boldsymbol{A}=\boldsymbol{U}^{\mathrm{T}}\boldsymbol{U}$.

14. 设四阶方阵 $\boldsymbol{A}$ 满足条件:$\det(3\boldsymbol{E}+\boldsymbol{A})=0$, $\boldsymbol{A}\boldsymbol{A}^{\mathrm{T}}=2\boldsymbol{E}$, $\det\boldsymbol{A}<0$. 求 $\boldsymbol{A}^*$ 的一个特征值.

15. 设 n 阶对称矩阵 $\boldsymbol{A}$ 满足 $\boldsymbol{A}^2=\boldsymbol{A}$,且 $\boldsymbol{A}$ 的秩为 r,试求行列式 $\det(2\boldsymbol{E}-\boldsymbol{A})$ 的值.

16. 求一正交变换,将二次型

$$f(x_1, x_2, x_3)=5x_1^2+5x_2^2+3x_3^2-2x_1x_2+6x_1x_3-6x_2x_3$$

化为标准形,并指出 $f(x_1, x_2, x_3)=1$ 表示何种二次曲面.

17. 设 $\boldsymbol{A}$, $\boldsymbol{B}$ 分别为 m 阶、n 阶正定矩阵,试判定分块矩阵 $\boldsymbol{C}=\begin{pmatrix}\boldsymbol{A} & \boldsymbol{O}\\ \boldsymbol{O} & \boldsymbol{B}\end{pmatrix}$ 是否为正定矩阵.

18. 已知二次型

$$f(x_1, x_2, x_3)=(1-a)x_1^2+(1-a)x_2^2+2x_3^2+2(1+a)x_1x_2$$

的秩为 2.

(1) 求 a 的值;

(2) 求正交变换 $\boldsymbol{x}=\boldsymbol{Q}\boldsymbol{y}$,把 $f(x_1, x_2, x_3)$ 化成标准形;

(3) 求方程 $f(x_1, x_2, x_3)=0$ 的解.

19. 设 $\boldsymbol{D}=\begin{pmatrix}\boldsymbol{A} & \boldsymbol{C}\\ \boldsymbol{C}^{\mathrm{T}} & \boldsymbol{B}\end{pmatrix}$ 为正定矩阵,其中 $\boldsymbol{A}$, $\boldsymbol{B}$ 分别为 m 阶、n 阶对称矩阵,$\boldsymbol{C}$ 为 $m\times n$ 矩阵.

(1) 计算 $\boldsymbol{P}^{\mathrm{T}}\boldsymbol{D}\boldsymbol{P}$,其中 $\boldsymbol{P}=\begin{pmatrix}\boldsymbol{E}_m & -\boldsymbol{A}^{-1}\boldsymbol{C}\\ \boldsymbol{O} & \boldsymbol{E}_n\end{pmatrix}$;

(2) 利用(1)的结果判断矩阵 $\boldsymbol{B}-\boldsymbol{C}^{\mathrm{T}}\boldsymbol{A}^{-1}\boldsymbol{C}$ 是否为正定矩阵,并证明你的结论.

20. 设 $\boldsymbol{A}$ 为三阶矩阵,$\boldsymbol{\alpha}_1$, $\boldsymbol{\alpha}_2$, $\boldsymbol{\alpha}_3$ 是线性无关的三维列向量,且满足

$$\boldsymbol{A}\boldsymbol{\alpha}_1=\boldsymbol{\alpha}_1+\boldsymbol{\alpha}_2+\boldsymbol{\alpha}_3,\quad \boldsymbol{A}\boldsymbol{\alpha}_2=2\boldsymbol{\alpha}_2+\boldsymbol{\alpha}_3,\quad \boldsymbol{A}\boldsymbol{\alpha}_3=2\boldsymbol{\alpha}_2+3\boldsymbol{\alpha}_3$$

(1) 求矩阵 $\boldsymbol{B}$, 使 $\boldsymbol{A}(\boldsymbol{\alpha}_1, \boldsymbol{\alpha}_2, \boldsymbol{\alpha}_3)=(\boldsymbol{\alpha}_1, \boldsymbol{\alpha}_2, \boldsymbol{\alpha}_3)\boldsymbol{B}$;

(2) 求矩阵 $\boldsymbol{A}$ 的特征值;

(3) 求可逆矩阵 $\boldsymbol{P}$, 使 $\boldsymbol{P}^{-1}\boldsymbol{A}\boldsymbol{P}$ 为对角矩阵.

21. 设三阶对称矩阵 $\boldsymbol{A}$ 的各行元素之和均为 3,向量

$$\boldsymbol{\alpha}_1=(-1, 2, -1)^{\mathrm{T}},\quad \boldsymbol{\alpha}_2=(0, -1, 1)^{\mathrm{T}}$$

是线性方程组 $\boldsymbol{A}\boldsymbol{x}=\boldsymbol{0}$ 的两个解.

(1) 求 $\boldsymbol{A}$ 的特征值与特征向量;

(2) 求正交矩阵 $\boldsymbol{Q}$ 和对角矩阵 $\boldsymbol{\Lambda}$ 使 $\boldsymbol{Q}^{\mathrm{T}}\boldsymbol{A}\boldsymbol{Q}=\boldsymbol{\Lambda}$;

(3) 求 $\boldsymbol{A}$ 及 $\left(\boldsymbol{A}-\dfrac{3}{2}\boldsymbol{E}\right)^6$,其中 $\boldsymbol{E}$ 为三阶单位矩阵.

22. 设三阶对称矩阵 $\boldsymbol{A}$ 的特征值为 $\lambda_1=1$, $\lambda_2=2$, $\lambda_3=-2$,且 $\boldsymbol{\alpha}_1=(1, -1, 1)^{\mathrm{T}}$ 是 $\boldsymbol{A}$ 的对应于 λ_1 的一个特征向量. 记

$$\boldsymbol{B}=\boldsymbol{A}^5-4\boldsymbol{A}^3+\boldsymbol{E}$$

其中:$\boldsymbol{E}$ 为三阶单位矩阵.

(1) 验证$\boldsymbol{\alpha}_1$是矩阵 $\boldsymbol{B}$ 的特征向量,并求 $\boldsymbol{B}$ 的全部特征值与特征向量;

(2) 求矩阵 $\boldsymbol{B}$.

23. 设二次型

$$f(x_1, x_2, x_3)=ax_1^2+ax_2^2+(a-1)x_3^2+2x_1x_3-2x_2x_3$$

(1) 求二次型 f 的矩阵的所有特征值;

(2) 若二次型 f 的规范形为 $y_1^2+y_2^2$,求 a 的值.

24. 设 $\boldsymbol{A}$ 为三阶矩阵,$\boldsymbol{a}_1$, $\boldsymbol{a}_2$ 分别为 $\boldsymbol{A}$ 的对应于特征值-1, 1 的特征向量,向量 $\boldsymbol{a}_3$ 满足 $\boldsymbol{A}\boldsymbol{a}_3=\boldsymbol{a}_2+\boldsymbol{a}_3$.

(1) 证明:$\boldsymbol{a}_1$, $\boldsymbol{a}_2$, $\boldsymbol{a}_3$ 线性无关;

(2) 令 $\boldsymbol{P}=(\boldsymbol{a}_1, \boldsymbol{a}_2, \boldsymbol{a}_3)$,求 $\boldsymbol{P}^{-1}\boldsymbol{A}\boldsymbol{P}$.

25. 已知矩阵 $\boldsymbol{A}=\begin{pmatrix}0 & -1 & 1\\ 2 & -3 & 0\\ 0 & 0 & 0\end{pmatrix}$.

(1) 求 $\boldsymbol{A}^{99}$;

(2) 设三阶矩阵 $\boldsymbol{B}=(\boldsymbol{\alpha}_1,\boldsymbol{\alpha}_2,\boldsymbol{\alpha}_3)$满足 $\boldsymbol{B}^2=\boldsymbol{B}\boldsymbol{A}$. 记 $\boldsymbol{B}^{100}=(\boldsymbol{\beta}_1,\boldsymbol{\beta}_2,\boldsymbol{\beta}_3)$,将 $\boldsymbol{\beta}_1,\boldsymbol{\beta}_2,\boldsymbol{\beta}_3$ 分别表示为 $\boldsymbol{\alpha}_1,\boldsymbol{\alpha}_2,\boldsymbol{\alpha}_3$ 的线性组合.

26. 设实二次型 $f(x_1,x_2,x_3)=(x_1-x_2+x_3)^2+(x_2+x_3)^2+(x_1+ax_3)^2$,其中 a 是参数.

(1) 求 $f(x_1,x_2,x_3)=0$ 的解;

(2) 求 $f(x_1,x_2,x_3)$的规范形.

27. 设二次型 $f(x_1,x_2,x_3)=2x_1^2-x_2^2+ax_3^2+2x_1x_2-8x_1x_3+2x_2x_3$ 在正交变换 $\boldsymbol{x}=\boldsymbol{Q}\boldsymbol{y}$ 下的标准形为$\lambda_1y_1^2+\lambda_2y_2^2$,求 a 的值及正交矩阵 $\boldsymbol{Q}$.

28. 设某城市共有 30 万人从事农、工、商工作,假定这个总人数在若干年内保持不变,而社会调查表明:

(1) 在这 30 万就业人员中,目前约有 15 万人从事农业,9 万人从事工业,而有 6 万人经商;

(2) 在从农人员中,每年约有 20%改为从工,10%改为经商;

(3) 在从工人员中,每年约有 20%改为从农,10%改为经商;

(4) 在经商人员中,每年约有 10%改为从农,10%改为从工.

现预测 1、2 年后从事各业人员的人数,以及经过多年之后,从事各业人员总数的发展趋势.

29. 金融机构为保证现金充分支付,设立一笔总额 5400 万的基金,分开放置在位于 A 城和 B 城的两家公司,基金在平时可以使用,但每周末结算时必须确保总额仍为 5400 万. 经过相当长的一段时期的现金流动,发现每过一周,各公司的支付基金在流通过程中多数还留在自己的公司内,而 A 城公司有 10%支付基金流动到 B 城公司,B 城公司则有 12% 支付基金流动到 A 城公司. 起初 A 城公司基金为 2600 万,B 城公司基金为 2800 万. 按此规律,两公司支付基金数额变化趋势如何? 如果金融专家认为每个公司的支付基金不能少于 2200 万,那么是否需要在必要时调动基金?

30. 有两家公司 R 和 S 经营同类产品,它们相互竞争. 每年 R 公司保有 1/4 的顾客,而 3/4 的顾客转向 S 公司;每年 S 公司保有 2/3 的顾客,而 1/3 的顾客转向 R 公司. 当产品开始制造时 R 公司占有 3/5 的市场份额,而 S 公司占有 2/5 的市场份额. 问 2 年后,两家公司的市场份额变化怎样? 5 年后会怎样? 若干年后两家公司的市场份额变化是否趋于一个稳定的值?

31. 证明斐波那契数列:0,1,1,2,3,5,8,13,21,…的通项公式为

$$a_n=\frac{1}{\sqrt{5}}\left[\left(\frac{1+\sqrt{5}}{2}\right)^n-\left(\frac{1-\sqrt{5}}{2}\right)^n\right]$$

习 题 答 案

习 题 1

A

1. (1) D (2) B (3) C (4) C (5) A (6) A (7) D
(8) B (9) C (10) A (11) D (12) C (13) C

2. (1) 2 (2) $t\neq\frac{5}{2}$ (3) $\frac{3}{8}$ (4) $a=-1$, $b=2$ (5) $n-R(\boldsymbol{A})$
(6) 1 (7) 4 (8) 1 (9) ±3 (10) 0 (11) 1 或 -2

(12) $\begin{cases} x_1=-2c+1 \\ x_2=c+2 \\ x_3=-2c+3 \\ x_4=c \end{cases}$ (13) 邻接矩阵 $\boldsymbol{A}=\begin{pmatrix} 0 & 1 & 1 & 1 \\ 1 & 0 & 0 & 1 \\ 1 & 1 & 0 & 0 \\ 0 & 0 & 1 & 0 \end{pmatrix}$

3. (1) 有唯一解：$x=2$，$y=-1$；两条直线交于一点
(2) 有无穷多解：$x=c$，$y=2c-1$ (c 为任意常数)；两条直线重合
(3) 无解；两条直线平行
(4) 无解；三条直线分别两两相交于三个不同的点

4. (1) 有无穷多解：$x=\frac{1}{2}c+\frac{1}{2}$，$y=-2c+2$，$z=c$；两平面相交于一条直线
(2) 有唯一解：$x=1$，$y=2$，$z=-1$；三平面相交于一点
(3) 有无穷多解：$x=c$，$y=2c-1$，$z=c$；三平面相交于一条直线
(4) 无解；三个异面平面分别两两相交于三条平行直线

5. 当 $a=1$ 时三条直线交于点(2，1)

6. 参考答案：(1) $\begin{cases} x_1+3x_2-2x_3=4 \\ x_2-x_3=1 \\ x_3=-1 \end{cases}$ (2) $\begin{cases} x_1+3x_2-3x_3=-8 \\ -10x_2+11x_3=34 \\ 0=-6 \end{cases}$

(3) $\begin{cases} x_1+x_2+2x_3+4x_4=3 \\ x_2+5x_4=3 \\ -10x_4=-5 \end{cases}$

7. $a=1$，$b=2$，$c=0$，$d=2$

8. 矩阵 $\boldsymbol{A}_1$ 和 $\boldsymbol{A}_4$ 是行最简形矩阵

9. (1) $\begin{pmatrix} 1 & 0 & 0 \\ 0 & 1 & 0 \\ 0 & 0 & 1 \end{pmatrix}$ (2) $\begin{pmatrix} 1 & 0 & 0 & 5 \\ 0 & 0 & 1 & -3 \\ 0 & 0 & 0 & 0 \end{pmatrix}$ (3) $\begin{pmatrix} 1 & 0 & 0 \\ 0 & 1 & 0 \\ 0 & 0 & 1 \\ 0 & 0 & 0 \end{pmatrix}$

(4) $\begin{pmatrix}1&0&-4&5\\0&1&-7&6\\0&0&0&0\\0&0&0&0\end{pmatrix}$ (5) $\begin{pmatrix}1&0&2&0&-2\\0&1&-1&0&3\\0&0&0&1&4\\0&0&0&0&0\end{pmatrix}$ (6) $\begin{pmatrix}0&1&0&5\\0&0&1&3\\0&0&0&0\end{pmatrix}$

10. (1) $R(\mathbf{A}_1)=2$ (2) $R(\mathbf{A}_2)=3$

(3)当 $a=1$ 时,$R(\mathbf{A}_3)=1$;当 $a=-2$ 时,$R(\mathbf{A}_3)=2$;当 $a\neq1$ 且 $a\neq-2$ 时,$R(\mathbf{A}_3)=3$

(4) $R(\mathbf{A}_4)=3$

11. (1) $k=1$ (2) $k=-2$ (3) $k\neq1$ 且 $k\neq-2$

12. 当 $a=-3$ 时,方程组无解;

当 $a\neq2$ 且 $a\neq-3$ 时,方程组有唯一解:$x_1=1$, $x_2=\dfrac{1}{a+3}$, $x_3=\dfrac{1}{a+3}$;

当 $a=2$ 时,方程组有无穷多解,其通解为 $\begin{cases}x_1=5c\\x_2=1-4c\\x_3=c\end{cases}$ (c 为任意常数)

13. (1) 当 $b\neq0$ 且 $a\neq1$ 时,$R(\mathbf{A})=R(\overline{\mathbf{A}})=3$,方程组有唯一解

$$x_1=\frac{1-2b}{b(1-a)},\quad x_2=\frac{1}{b},\quad x_3=\frac{4b-2ab-1}{b(1-a)}$$

当 $b=0$ 时,$R(\mathbf{A})<3$,而 $R(\mathbf{A})\neq R(\overline{\mathbf{A}})=3$,方程组无解,或当 $a=1$,$b\neq\dfrac{1}{2}$时,$R(\mathbf{A})=2\neq R(\overline{\mathbf{A}})=3$,方程组无解;

当 $a=1$, $b=\dfrac{1}{2}$时,$R(\mathbf{A})=R(\overline{\mathbf{A}})=2<3$,方程组有无穷多解,其通解为

$$\begin{cases}x_1=-c+2\\x_2=2\\x_3=c\end{cases}\quad (c\text{ 为任意常数})$$

(2) 当 $a\neq1$ 时,方程组有唯一解

$$x_1=\frac{-b-a+2}{a-1},\quad x_2=\frac{a+2b-3}{a-1},\quad x_3=\frac{1-b}{a-1},\quad x_4=0$$

当 $a=1$, $b\neq1$ 时,方程组无解;

当 $a=1$, $b=1$ 时,方程组有无穷多解,其通解为

$$\begin{cases}x_1=c_1+c_2-1\\x_2=-2c_1-2c_2+1\\x_3=c_1\\x_4=c_2\end{cases}\quad (c_1,\ c_2\text{ 为任意常数})$$

14. (1) 方程组有唯一解:$x_1=2$, $x_2=0$, $x_3=-1$ (2) 方程组无解

(3) 方程组有无穷多解,其通解为 $\begin{cases}x_1=\dfrac{11}{7}c+\dfrac{25}{7}\\x_2=\dfrac{1}{7}c+\dfrac{1}{7}\\x_3=c\end{cases}$ (c 为任意常数)

15. (1) 通解为 $\begin{cases} x_1 = 3c_1 - 4c_2 \\ x_2 = -2c_1 + 3c_2 \\ x_3 = c_1 \\ x_4 = c_2 \end{cases}$ (2) 通解为 $\begin{cases} x_1 = 8c_1 - 7c_2 \\ x_2 = -6c_1 + 5c_2 \\ x_3 = c_1 \\ x_4 = c_2 \end{cases}$

(3) 通解为 $\begin{cases} x_1 = \frac{4}{3}c \\ x_2 = -3c \\ x_3 = \frac{4}{3}c \\ x_4 = c \end{cases}$ (4) 通解为 $\begin{cases} x_1 = \frac{9}{4}c_1 + \frac{3}{4}c_2 - \frac{1}{4}c_3 \\ x_2 = -\frac{3}{4}c_1 + \frac{7}{4}c_2 - \frac{5}{4}c_3 \\ x_3 = c_1 \\ x_4 = c_2 \\ x_5 = c_3 \end{cases}$

以上通解中的 c, c_1, c_2, c_3 均为任意常数

16. (1) 通解为 $\begin{cases} x_1 = -\frac{9}{7}c_1 + \frac{1}{2}c_2 + 1 \\ x_2 = \frac{1}{7}c_1 - \frac{1}{2}c_2 - 2 \\ x_3 = c_1 \\ x_4 = c_2 \end{cases}$ (2) 通解为 $\begin{cases} x_1 = -2c + \frac{1}{2} \\ x_2 = \frac{1}{2} \\ x_3 = c \\ x_4 = \frac{1}{2} \end{cases}$

(3) 通解为 $\begin{cases} x_1 = \frac{3}{2}c_1 - \frac{3}{4}c_2 + \frac{5}{4} \\ x_2 = \frac{3}{2}c_1 + \frac{7}{4}c_2 - \frac{1}{4} \\ x_3 = c_1 \\ x_4 = c_2 \end{cases}$ (4) 通解为 $\begin{cases} x_1 = -c_1 + 5c_2 - 2 \\ x_2 = 2c_1 - 7c_2 + 5 \\ x_3 = c_1 \\ x_4 = c_2 \end{cases}$

(5) 方程组无解

(6) 通解为 $\begin{cases} x_1 = -\frac{3}{7}c_1 - \frac{13}{7}c_2 + \frac{13}{7} \\ x_2 = \frac{2}{7}c_1 + \frac{4}{7}c_2 - \frac{4}{7} \\ x_3 = c_1 \\ x_4 = c_2 \end{cases}$ (7) 通解为 $\begin{cases} x_1 = \frac{19}{2}c_1 - 4c_2 + \frac{71}{2} \\ x_2 = -4c_1 + c_2 - 11 \\ x_3 = \frac{3}{4}c_1 - \frac{9}{4} \\ x_4 = c_1 \\ x_5 = c_2 \end{cases}$

以上通解中的 c, c_1, c_2 均为任意常数

17. 城市 2 没有到城市 3 和 4 的单向航线；城市 3 没有到城市 1 的单向航线

18. $I_1 = 5$ A，$I_2 = 3$ A，$I_3 = 2$ A

19. $\begin{cases} x_1 = 600 - x_5 \\ x_2 = 200 + x_5 \\ x_3 = 400 \\ x_4 = 500 - x_5 \end{cases}$

x_5 是自由未知量. 由于本问题中的道路是单行道，变量不能为负值，其约束条件是 $100 \leqslant x_1 \leqslant 600$，$200 \leqslant x_2 \leqslant 700$，$0 \leqslant x_4 \leqslant 500$，$0 \leqslant x_5 \leqslant 500$

20. (1) $\begin{cases} x_1 = 55 - c_1 \\ x_2 = 20 - c_1 + c_2 \\ x_3 = 15 \qquad - c_2 \\ x_4 = \quad c_1 \\ x_5 = \qquad c_2 \end{cases}$ $(0 \leqslant c_1 \leqslant 55, 0 \leqslant c_2 \leqslant 15, c_1 - c_2 \leqslant 20)$

(2) $25 \leqslant x_4 \leqslant 30$

21. $x_1 = x_2 = x_3 = 6$，$x_4 = 1$； $6CO_2 + 6H_2O = 6O_2 + C_6H_{12}O_6$

B

1. 当 $a=b$ 时，若 $a=b=0$，则 $R(\boldsymbol{A})=0$；若 $a=b\neq 0$，则 $R(\boldsymbol{A})=1$. 当 $a\neq b$ 时，若 $a+(n-1)b=0$，则 $R(\boldsymbol{A})=n-1$；若 $a+(n-1)b\neq 0$，则 $R(\boldsymbol{A})=n$

2. a,b,c 互异时有唯一解，解为 $x=a, y=b, z=c$

3. $a=1$ 或 $a=2$；

当 $a=1$ 时，$\boldsymbol{x}=k\begin{pmatrix}-1\\0\\1\end{pmatrix}$ (k 为任意常数)；当 $a=2$ 时，$\boldsymbol{x}=\begin{pmatrix}0\\1\\-1\end{pmatrix}$

4. 有解的充要条件为 $\sum\limits_{i=1}^{n} b_i = 0$；有解时通解为

$$\begin{cases} x_i = \sum\limits_{j=i}^{n-1} b_j + t \quad (i = 1,2,\cdots,n-1) \\ x_n = t \end{cases}$$

其中：t 为任意常数

5. 当 $a=2$，$b=1$，$c=2$ 时，方程组 Ⅰ 与 Ⅱ 同解

6. 当 $a=0$ 时，通解为 $\begin{cases} x_1 = -t_1 - t_2 - \cdots - t_{n-1} \\ x_2 = t_1 \\ x_3 = t_2 \\ \vdots \\ x_n = t_{n-1} \end{cases}$ ($t_1, t_2, \cdots, t_{n-1}$ 为任意常数)；

当 $a\neq 0$ 时，通解为 $\begin{cases} x_1 = t \\ x_2 = 2t \\ x_3 = 3t \\ \vdots \\ x_n = nt \end{cases}$ (t 为任意常数)

7. 无

8. (1) $\boldsymbol{\xi}=a\,(0,0,1,0)^{\mathrm{T}}+b\,(-1,1,0,1)^{\mathrm{T}}$, a,b 为任意常数

(2) Ⅰ和Ⅱ的公共解为 $\boldsymbol{x}=b\,(-1,1,2,1)^{\mathrm{T}}$, b 为任意常数

习　题　2

A

1. (1) B　(2) B　(3) D　(4) D　(5) D　(6) C　(7) C

2. (1) $(-9,-4,7,-4)^{\mathrm{T}}$　(2) 2　(3) 5　(4) 相

(5) $(2,0,0,0)^{\mathrm{T}},(0,1,0,0)^{\mathrm{T}},(0,0,3,0)^{\mathrm{T}}$　(6) -3

3. $\begin{pmatrix}4&8&9&2\\4&1&9&10\\0&7&6&11\end{pmatrix}$

4. (1) $\begin{pmatrix}15&-14\\-25&18\end{pmatrix}$　(2) $\begin{pmatrix}5\\-3\\4\end{pmatrix}$　(3) $\begin{pmatrix}7&11&9\\0&-6&0\\6&6&8\end{pmatrix}$　(4) $\begin{pmatrix}4&8&12&16\\3&6&9&12\\2&4&6&8\\1&2&3&4\end{pmatrix}$

5. $3\boldsymbol{AB}-2\boldsymbol{A}=\begin{pmatrix}-2&13&22\\-2&-17&20\\4&29&-2\end{pmatrix}$,　$\boldsymbol{A}^{\mathrm{T}}\boldsymbol{B}=\begin{pmatrix}0&5&8\\0&-5&6\\2&9&0\end{pmatrix}$

6. $\begin{pmatrix}2&3&4\\1&2&3\\2&4&1\end{pmatrix}\begin{pmatrix}10\\8\\7\end{pmatrix}=\begin{pmatrix}72\\47\\59\end{pmatrix}$,即方法一

7. 略

8. 略

9. $\boldsymbol{A}^2=\begin{pmatrix}1&0\\2\lambda&1\end{pmatrix},\boldsymbol{A}^3=\begin{pmatrix}1&0\\3\lambda&1\end{pmatrix},\cdots,\boldsymbol{A}^k=\begin{pmatrix}1&0\\k\lambda&1\end{pmatrix}$

10. 略

11. $\begin{pmatrix}2&1&-3&4\\1&-2&1&11\\0&1&4&15\\0&0&0&6\\0&0&0&9\end{pmatrix}$

12. $\begin{pmatrix}5^4&0&&\\0&5^4&&\\&&2^4&0\\&&2^6&2^4\end{pmatrix}$

13. 略

14. (1) 无关　(2) 相关　　**15.** $a\neq 2$　**16.** $a\in\mathbf{R}$

17. 略

18. (1) 秩为 3,极大线性无关组为 $\boldsymbol{a}_1,\boldsymbol{a}_2,\boldsymbol{a}_3$

(2) 秩为 3,极大线性无关组为 $\boldsymbol{a}_1,\boldsymbol{a}_2,\boldsymbol{a}_3$

19. 略

20. $a=2,b=5$ **21.** $a\neq -\frac{1}{2}$

22. $\boldsymbol{A}\boldsymbol{e}_i$ 为 $\boldsymbol{A}$ 的第 i 列,$\boldsymbol{e}_i^{\mathrm{T}}\boldsymbol{A}$ 为 $\boldsymbol{A}$ 的第 i 行

23. (1) $\begin{pmatrix} 5 & -2 \\ -2 & 1 \end{pmatrix}$ (2) $\begin{pmatrix} -2 & 1 & 0 \\ -\frac{13}{2} & 3 & -\frac{1}{2} \\ -16 & 7 & -1 \end{pmatrix}$

(3) $\begin{pmatrix} -\frac{1}{2} & \frac{1}{2} & \frac{1}{2} \\ \frac{1}{4} & -\frac{1}{4} & \frac{1}{4} \\ \frac{5}{4} & -\frac{1}{4} & -\frac{3}{4} \end{pmatrix}$ (4) $\begin{pmatrix} 1 & -2 & 1 & 0 \\ 0 & 1 & -2 & 1 \\ 0 & 0 & 1 & -2 \\ 0 & 0 & 0 & 1 \end{pmatrix}$

24. (1) $\begin{pmatrix} 2 & -23 \\ 0 & 8 \end{pmatrix}$ (2) $\begin{pmatrix} -2 & 2 & 1 \\ -\frac{8}{3} & 5 & -\frac{2}{3} \end{pmatrix}$ (3) $\begin{pmatrix} 2 & -1 & 0 \\ 1 & 3 & -4 \\ 1 & 0 & -2 \end{pmatrix}$

25. 略

26. $\begin{pmatrix} 2 & 3 & 1 \\ 0 & 3 & 0 \\ 1 & 0 & 2 \end{pmatrix}$ **27.** $\begin{pmatrix} 6 & & \\ & 2 & \\ & & 1 \end{pmatrix}$ **28.** $\begin{pmatrix} 0 & 3 & 3 \\ -1 & 2 & 3 \\ 1 & 1 & 0 \end{pmatrix}$

29. $\boldsymbol{A}=\begin{pmatrix} 1 & 0 & 0 \\ 2 & 0 & 0 \\ 6 & -1 & -1 \end{pmatrix}$, $\boldsymbol{A}^5=\begin{pmatrix} 1 & 0 & 0 \\ 2 & 0 & 0 \\ 6 & -1 & -1 \end{pmatrix}$

30. $\begin{pmatrix} \boldsymbol{O} & \boldsymbol{A} \\ \boldsymbol{B} & \boldsymbol{O} \end{pmatrix}^{-1}=\begin{pmatrix} \boldsymbol{O} & \boldsymbol{B}^{-1} \\ \boldsymbol{A}^{-1} & \boldsymbol{O} \end{pmatrix}$, $\begin{pmatrix} 0 & 0 & 5 & 2 \\ 0 & 0 & 2 & 1 \\ 8 & 3 & 0 & 0 \\ 5 & 2 & 0 & 0 \end{pmatrix}^{-1}=\begin{pmatrix} 0 & 0 & 2 & -3 \\ 0 & 0 & -5 & 8 \\ 1 & -2 & 0 & 0 \\ -2 & 5 & 0 & 0 \end{pmatrix}$

B

1. (1) C (2) D (3) A (4) D (5) B (6) B (7) A (8) C (9) B

2. (1) $\begin{pmatrix} 1 & 1 & 0 \\ 2 & 0 & -1 \end{pmatrix}$ (2) $3^{n-1}\cdot\boldsymbol{A}$ (3) $\begin{pmatrix} 2^n & n\cdot 2^{n-1} & \frac{n(n-1)}{2}2^{n-2} \\ 0 & 2^n & n2^{n-1} \\ 0 & 0 & 2^n \end{pmatrix}$

(4) -2 (5) $\frac{\boldsymbol{A}+2\boldsymbol{E}}{3}$ (6) 1

3. $a=-1, b=0, \boldsymbol{C}=\begin{pmatrix} k_1+k_2+1 & -k_1 \\ k_1 & k_2 \end{pmatrix}$，其中 k_1, k_2 为任意常数

4. $a=1$

5. (1) $a=5$　(2) $\begin{cases} \boldsymbol{\beta}_1 = 2\boldsymbol{\alpha}_1 + 4\boldsymbol{\alpha}_2 - \boldsymbol{\alpha}_3 \\ \boldsymbol{\beta}_2 = \boldsymbol{\alpha}_1 + 2\boldsymbol{\alpha}_2 + 0\boldsymbol{\alpha}_3 \\ \boldsymbol{\beta}_3 = 5\boldsymbol{\alpha}_1 + 10\boldsymbol{\alpha}_2 - 2\boldsymbol{\alpha}_3 \end{cases}$

6. 当 $a=0$ 或 -10 时，$\boldsymbol{\alpha}_1, \boldsymbol{\alpha}_2, \boldsymbol{\alpha}_3, \boldsymbol{\alpha}_4$ 线性相关.

$a=0$ 时，$\boldsymbol{\alpha}_1$ 是 $\boldsymbol{\alpha}_1, \boldsymbol{\alpha}_2, \boldsymbol{\alpha}_3, \boldsymbol{\alpha}_4$ 的极大线性无关组，$\boldsymbol{\alpha}_2=2\boldsymbol{\alpha}_1, \boldsymbol{\alpha}_3=3\boldsymbol{\alpha}_1, \boldsymbol{\alpha}_4=4\boldsymbol{\alpha}_1$；

$a=-10$ 时，$\boldsymbol{\alpha}_1, \boldsymbol{\alpha}_2, \boldsymbol{\alpha}_3$ 是 $\boldsymbol{\alpha}_1, \boldsymbol{\alpha}_2, \boldsymbol{\alpha}_3, \boldsymbol{\alpha}_4$ 的极大线性无关组，$\boldsymbol{\alpha}_4=-\boldsymbol{\alpha}_1-\boldsymbol{\alpha}_2-\boldsymbol{\alpha}_3$

7. $a=-2$ 时，无解；$a=1$ 时，有无穷多解，$\boldsymbol{X}=\begin{pmatrix} 1 & 1 \\ -k_1-1 & -k_2-1 \\ k_1 & k_2 \end{pmatrix}$，其中 k_1, k_2 为任意常数；$a\neq-2$ 且 $a\neq1$ 时，有唯一解，$\boldsymbol{X}=\begin{pmatrix} 1 & \frac{3a}{a+2} \\ 0 & \frac{a-4}{a+2} \\ -1 & 0 \end{pmatrix}$

8. (1) $a=2$　　(2) $\boldsymbol{P}=\begin{pmatrix} 3-6k_1 & 4-6k_2 & 4-6k_3 \\ -1+2k_1 & -1+2k_2 & -1+2k_3 \\ k_1 & k_2 & k_3 \end{pmatrix}(k_1\neq k_2)$

9. 略　　**10.** 略

11. (1) 设该矩阵为 $\boldsymbol{D}$，则 $\boldsymbol{D}=\boldsymbol{BA}$，即

$$\boldsymbol{D}=\begin{pmatrix} 5 & 10 & 3 \\ 4 & 5 & 5 \end{pmatrix}\begin{pmatrix} 0.10 & 0.15 \\ 0.15 & 0.20 \\ 0.10 & 0.10 \end{pmatrix}=\begin{pmatrix} 2.30 & 3.05 \\ 1.65 & 2.10 \end{pmatrix}$$

此结果说明，人员 A 在商店 A 购买水果的费用为 2.30，人员 A 在商店 B 购买水果的费用为 3.50，人员 B 在商店 A 购买水果的费用为 1.65，人员 B 在商店 B 购买水果的费用为 2.10

(2) 设该矩阵为 $\boldsymbol{E}$，则 $\boldsymbol{E}=\boldsymbol{CB}$，即

$$\boldsymbol{E}=\begin{pmatrix} 1\,000 & 500 \\ 2\,000 & 1\,000 \end{pmatrix}\begin{pmatrix} 5 & 10 & 3 \\ 4 & 5 & 5 \end{pmatrix}=\begin{pmatrix} 7\,000 & 12\,500 & 5\,500 \\ 14\,000 & 25\,000 & 11\,000 \end{pmatrix}$$

此结果说明，城镇 1 苹果的购买量为 7 000，城镇 1 橘子的购买量为 12 500，城镇 1 梨的购买量为 5 500；城镇 2 苹果的购买量为 14 000，城镇 2 橘子的购买量为 25 000，城镇 2 梨的购买量为 11 000

12. 售货收入由下式算出：

$$A^{\mathrm{T}}B=\begin{pmatrix}15&15&20\\8&20&0\\5&18&12\\1&16&15\\12&8&4\\20&25&3\end{pmatrix}\begin{pmatrix}0.3\\0.5\\1\end{pmatrix}=\begin{pmatrix}32\\12.4\\22.5\\23.3\\11.6\\21.5\end{pmatrix}$$

所以,每天的售货收入加在一起可得一周的售货总账,即

$$32+12.4+22.5+23.3+11.6+21.5=123.3(\text{元})$$

13. 设配置 A 试剂需甲、乙两种化学原料分别为 x g,y g;配置 B 试剂需甲、乙两种化学原料分别为 s g,t g. 根据题意,得如下矩阵方程:

$$\begin{pmatrix}0.1&0.1\\0.2&0.3\end{pmatrix}\begin{pmatrix}x&s\\y&t\end{pmatrix}=\begin{pmatrix}2&1\\5&2\end{pmatrix}$$

设 $A=\begin{pmatrix}0.1&0.1\\0.2&0.3\end{pmatrix}$,$X=\begin{pmatrix}x&s\\y&t\end{pmatrix}$,$B=\begin{pmatrix}2&1\\5&2\end{pmatrix}$,则 $X=A^{-1}B$,所以

$$X=\begin{pmatrix}x&s\\y&t\end{pmatrix}=\begin{pmatrix}30&-10\\-20&10\end{pmatrix}\begin{pmatrix}2&1\\5&2\end{pmatrix}=\begin{pmatrix}10&10\\10&0\end{pmatrix}$$

即配制 A 试剂需要甲、乙两种化学原料各 10 g,配制 B 试剂需要的甲、乙两种化学原料分别为 10 g,0 g

14. 一年后不脱产职工 6 800 人,脱产职工 3 200 人. 两年后不脱产职工 6 680 人,脱产职工 3 320 人

15. 由加密原理知

$$B^{\mathrm{T}}=A^{-1}C$$

所以

$$B^{\mathrm{T}}=A^{-1}C=\begin{pmatrix}0&-1&1\\-1&2&-1\\1&-1&1\end{pmatrix}\begin{pmatrix}21\\27\\31\end{pmatrix}=\begin{pmatrix}4\\2\\25\end{pmatrix}$$

所以 $B=(4,2,25)$,信号为 dby

习 题 3

A

1. (1) A (2) D (3) D (4) C (5) B (6) D (7) D (8) D

2. (1) 2 (2) $(-1,3)^{\mathrm{T}}$ (3) $\begin{pmatrix}\frac{5}{3}&\frac{1}{3}\\-\frac{4}{3}&\frac{1}{3}\end{pmatrix}$ (4) $t+2s=0$

(5) $\left(\frac{\sqrt{5}}{5},\frac{2\sqrt{5}}{5}\right)^{\mathrm{T}},\left(\frac{2\sqrt{5}}{5},-\frac{\sqrt{5}}{5}\right)^{\mathrm{T}}$ (6) $n-1$ (7) 1 (8) $\sqrt{2}$

3. 二维;$(1,1,0)^{\mathrm{T}},(0,0,1)^{\mathrm{T}}$ 与 $(1,1,1)^{\mathrm{T}},(0,0,1)^{\mathrm{T}}$

4. V_1 是,V_2 不是

5. 一组基为 $\boldsymbol{\alpha}_1,\boldsymbol{\alpha}_2$;二维

6. $\frac{1}{4}(5,1,-1,-1)^{\mathrm{T}}$

7. $k(1,1,1,-1)^{\mathrm{T}}$ **8.** 略

9. (1) $\boldsymbol{\alpha}_1,\boldsymbol{\alpha}_2$;二维 (2) $\boldsymbol{\beta}_1,\boldsymbol{\beta}_2$;二维

10. 一组基为 $\boldsymbol{e}_1=(1,1,0,0)^{\mathrm{T}},\boldsymbol{e}_2=(1,0,-1,0)^{\mathrm{T}},\boldsymbol{e}_3=(1,0,0,1)^{\mathrm{T}}$;三维

11. $\begin{pmatrix}2&3&4\\0&-1&0\\-1&0&-1\end{pmatrix}$

12. (1) $\pm\frac{1}{\sqrt{2}}(1,0,1)^{\mathrm{T}}$ (2) $\pm\frac{1}{\sqrt{21}}(2,-1,4)^{\mathrm{T}}$

13. (1) $\frac{1}{\sqrt{5}}(1,2,0)^{\mathrm{T}},\frac{1}{\sqrt{30}}(2,-1,5)^{\mathrm{T}},\frac{1}{\sqrt{6}}(-2,1,1)^{\mathrm{T}}$

(2) $\frac{1}{\sqrt{2}}(1,1,0,0)^{\mathrm{T}},\frac{1}{3\sqrt{2}}(-1,1,4,0)^{\mathrm{T}},\frac{1}{3\sqrt{2}}(2,-2,1,3)^{\mathrm{T}}$

(3) $\frac{1}{\sqrt{3}}(1,0,1,1)^{\mathrm{T}},\frac{1}{\sqrt{33}}(2,3,2,-4)^{\mathrm{T}},\frac{1}{\sqrt{110}}(-7,6,4,3)^{\mathrm{T}}$

14. 略

15. (1) $(0,0,1)^{\mathrm{T}},(0,1,0)^{\mathrm{T}},(1,0,0)^{\mathrm{T}}$

(2) $\frac{1}{\sqrt{10}}(1,2,2,-1)^{\mathrm{T}},\frac{1}{\sqrt{26}}(2,3,-3,2)^{\mathrm{T}},\frac{1}{\sqrt{10}}(2,-1,-1,-2)^{\mathrm{T}}$

16. (1) $\boldsymbol{\xi}_1=\begin{pmatrix}0\\1\\0\\4\end{pmatrix},\quad \boldsymbol{\xi}_2=\begin{pmatrix}-4\\\frac{3}{4}\\1\\0\end{pmatrix}$ (2) $\boldsymbol{\xi}_1=\begin{pmatrix}1\\7\\0\\19\end{pmatrix},\quad \boldsymbol{\xi}_2=\begin{pmatrix}0\\0\\1\\2\end{pmatrix}$

17. (1) $\boldsymbol{x}=k\begin{pmatrix}-1\\1\\1\\0\end{pmatrix}+\begin{pmatrix}-8\\13\\0\\2\end{pmatrix}$,其中 k 为任意常数

(2) $\boldsymbol{x}=k_1\begin{pmatrix}-9\\1\\7\\0\end{pmatrix}+k_2\begin{pmatrix}-4\\0\\\frac{7}{2}\\1\end{pmatrix}+\begin{pmatrix}-17\\0\\14\\0\end{pmatrix}$,其中 k_1,k_2 为任意常数

18. $\begin{pmatrix}1&0\\5&2\\8&1\\0&1\end{pmatrix}$　　**19.** $\begin{cases}x_1-2x_2+x_3=0\\2x_1-3x_2+x_4=0\end{cases}$

20. $\boldsymbol{x}=c\begin{pmatrix}3\\4\\5\\6\end{pmatrix}+\begin{pmatrix}2\\3\\4\\5\end{pmatrix}$,其中 c 为任意常数

21. $\boldsymbol{x}=c\begin{pmatrix}1\\-2\\1\\0\end{pmatrix}+\begin{pmatrix}1\\1\\1\\1\end{pmatrix}$,其中 c 为任意常数　　**22.** 略

23. (1) $a=0$　　(2) $\boldsymbol{x}=c\begin{pmatrix}0\\-1\\1\end{pmatrix}+\begin{pmatrix}1\\-2\\0\end{pmatrix}$,其中 c 为任意常数

B

1. (1)略　(2) $k=0$, $\boldsymbol{\xi}=k_1\boldsymbol{\alpha}_1-k_1\boldsymbol{\alpha}_3$, $k_1\neq0$

2. (1) $\lambda=-1$　(2) $\boldsymbol{Ax}=\boldsymbol{b}$ 的通解为 $\boldsymbol{x}=k\ (1,0,1)^{\mathrm{T}}+\left(\frac{3}{2},-\frac{1}{2},0\right)^{\mathrm{T}}$, 其中 k 为任意常数

3. 由 $\boldsymbol{AB}=\boldsymbol{O}$ 知,$\boldsymbol{B}$ 的每一列均为 $\boldsymbol{Ax}=\boldsymbol{0}$ 的解,且 $R(\boldsymbol{A})+R(\boldsymbol{B})\leqslant3$.

若 $k\neq9$,则 $R(\boldsymbol{B})=2$,于是 $R(\boldsymbol{A})\leqslant1$,显然 $R(\boldsymbol{A})\geqslant1$,故 $R(\boldsymbol{A})=1$. 可见此时 $\boldsymbol{Ax}=\boldsymbol{0}$ 基础解系所含解向量的个数为 $3-R(\boldsymbol{A})=2$,矩阵 $\boldsymbol{B}$ 的第一、第三列线性无关,可作为其基础解系,故 $\boldsymbol{Ax}=\boldsymbol{0}$ 的通解为

$$\boldsymbol{x}=k_1\begin{pmatrix}1\\2\\3\end{pmatrix}+k_2\begin{pmatrix}3\\6\\k\end{pmatrix},\quad k_1,k_2\text{ 为任意常数}$$

若 $k=9$,则 $R(\boldsymbol{B})=1$,从而 $1\leqslant R(\boldsymbol{A})\leqslant2$.

若 $R(\boldsymbol{A})=2$,则 $\boldsymbol{Ax}=\boldsymbol{0}$ 的通解为

$$\boldsymbol{x}=k_1\begin{pmatrix}1\\2\\3\end{pmatrix},\quad k_1\text{ 为任意常数}$$

若 $R(\boldsymbol{A})=1$,则 $\boldsymbol{Ax}=\boldsymbol{0}$ 的同解方程组为

$$ax_1+bx_2+cx_3=0$$

不妨设 $a\neq0$,则其通解为

$$x=k_1\begin{pmatrix}-\dfrac{b}{a}\\1\\0\end{pmatrix}+k_2\begin{pmatrix}-\dfrac{c}{a}\\0\\1\end{pmatrix},\quad k_1,k_2 \text{ 为任意常数}$$

4. (1)略　(2) $a=2,b=3$,通解为

$$(2,-3,0,0)^{\mathrm T}+c_1(-2,1,1,0)^{\mathrm T}+c_2(4,-5,0,1)^{\mathrm T},\quad c_1,c_2\text{为任意常数}$$

5. 略

6. (1) $\boldsymbol{Ax}=\mathbf{0}$ 的一个基础解系为 $\boldsymbol{\xi}=(-1,2,3,1)^{\mathrm T}$

(2) $\boldsymbol{B}=\begin{pmatrix}2-k_1 & 6-k_2 & -1-k_3\\ -1+2k_1 & -3+2k_2 & 1+2k_3\\ -1+3k_1 & -4+3k_2 & 1+3k_3\\ k_1 & k_2 & k_3\end{pmatrix}$, k_1,k_2,k_3 为任意常数

7. 略

8. $x_1=-\dfrac{5}{13}$, $x_2=\dfrac{7}{13}$

9. 能.第一种规格与第二种规格的佐料按 7∶12 配制

10. 煤矿要生产 1.9966×10^5 元的煤,电厂要生产 1.8415×10^5 元的电恰好满足需要

11. 设甲、乙、丙 3 人的日工资分别为 x,y,z,由题意知

$$\begin{cases}6x=2x+2y+1.5z\\6y=2.5x+2y+2z\\6z=1.5x+2y+2.5z\end{cases}$$

解得

$$x=\frac{10}{11}z,\quad y=\frac{47}{44}z$$

根据个人工资比值分配这 500 元,甲获得 $500\times\dfrac{40}{131}$元,乙获得 $500\times\dfrac{47}{131}$元,丙获得 $500\times\dfrac{44}{131}$元

习　题　4

A

1. (1) C　(2) B　(3) A　(4) B　(5) A　(6) A

2. (1) 81　(2) 12　(3) $(a_1a_4-b_1b_4)(a_2a_3-b_2b_3)$　(4) 8　(5) 0　(6) 64,−512
(7) $\lambda^4+\lambda^3+2\lambda^2+3\lambda+4$　(8) 2

3. (1) 5　(2) $(a-b)(a-c)(c-b)$　(3) 32　(4) 0
(5) $abcd+ab+ad+cd+1$　(6) a^2b^2　(7) -483
(8) $a_0a_1a_2a_3-a_1a_2-a_1a_3-a_2a_3$　(9) $-m^3(x_1+x_2+x_3+x_4-m)$　(10) 0

4. 略

5. (1) $(-1)^{\frac{n(n-1)}{2}}\dfrac{n+1}{2}n^{n-1}$ (2) $[(n-1)b+a](a-b)^{n-1}$

(3) $\left(a_1-\sum\limits_{i=2}^{n}\dfrac{b^2}{a_i}\right)a_2a_3\cdots a_n$ (4) $x^n+a_1x^{n-1}+a_2x^{n-2}+\cdots+a_{n-1}x+a_n$

6. 略

7. (1) $\begin{pmatrix}-2 & 1 & 0\\ -\dfrac{13}{2} & 3 & -\dfrac{1}{2}\\ -16 & 7 & -1\end{pmatrix}$ (2) $\begin{pmatrix}\dfrac{1}{a_1} & 0 & \cdots & 0\\ 0 & \dfrac{1}{a_2} & \cdots & 0\\ \vdots & \vdots & & \vdots\\ 0 & 0 & \cdots & \dfrac{1}{a_n}\end{pmatrix}$

8. (1) $\boldsymbol{X}=\begin{pmatrix}-6 & -11 & 8\\ 0 & 1 & 1\\ -11 & -21 & 15\end{pmatrix}$ (2) $\boldsymbol{X}=\begin{pmatrix}\dfrac{1}{4} & 0\\ 1 & 1\end{pmatrix}$

9. (1) $\boldsymbol{x}=\begin{pmatrix}1\\0\\0\end{pmatrix}$ (2) $\boldsymbol{x}=\begin{pmatrix}26\\-15\\-20\end{pmatrix}$

10. $(\boldsymbol{A}^*)^{-1}=\begin{pmatrix}5 & -2 & -1\\ -2 & 2 & 0\\ -1 & 0 & 1\end{pmatrix}$ **11.** 略 **12.** 略

13. 1 **14.** $\boldsymbol{X}=\begin{pmatrix}\dfrac{1}{4} & \dfrac{1}{4} & 0\\ 0 & \dfrac{1}{4} & \dfrac{1}{4}\\ \dfrac{1}{4} & 0 & \dfrac{1}{4}\end{pmatrix}$

15. (1) 秩为 3,其中一个最高阶非零子式为 $\begin{vmatrix}1 & -1 & 1\\ 2 & -2 & -2\\ 3 & 0 & -1\end{vmatrix}$

(2) 秩为 3,其中一个最高阶非零子式为 $\begin{vmatrix}2 & 1 & 7\\ 2 & -3 & -5\\ 1 & 0 & 0\end{vmatrix}$

16. (1) $\boldsymbol{x}=\begin{pmatrix}1\\1\\-1\\-1\end{pmatrix}$ (2) $\boldsymbol{x}=\begin{pmatrix}2\\0\\1\\-1\end{pmatrix}$

17. $\lambda=1$ 或 $\mu=0$ **18.** 略 **19.** $(x-1)^2+(y+2)^2=25$

20. (1) $\frac{7}{2}$ (2) 12

21. 略

B

1. (1) A (2) B (3) C (4) A (5) A (6) D (7) A

2. (1) $\frac{81}{2}$ (2) 2 (3) 2 (4) -1 (5) $2^{n+1}-2$ (6) $\frac{1}{2}$ (7) 2

3. (1) $|\boldsymbol{A}|=1-a^4$

(2) $a=-1$ 时,方程组 $\boldsymbol{Ax}=\boldsymbol{\beta}$ 有无穷多解,通解为

$$\boldsymbol{x}=k\ (1,1,1,1)^{\mathrm{T}}+(0,-1,0,0)^{\mathrm{T}}$$

其中,k 为任意常数

4. $\lambda=0$ 时,无解;$\lambda\neq0$ 且 $\lambda\neq1$ 时,有唯一解;$\lambda=1$ 时,有无穷多解,通解为

$$\begin{cases}x_1= & 1-\ t\\ x_2= & -3+2t\\ x_3= & \qquad t\end{cases}$$

其中,t 为任意常数

5. 略 **6.** 略 **7.** 略

8. (1) $\boldsymbol{\alpha}$, $\boldsymbol{\beta}$ 为三维列向量,则 $R(\boldsymbol{\alpha\alpha}^{\mathrm{T}})\leqslant1$, $R(\boldsymbol{\beta\beta}^{\mathrm{T}})\leqslant1$,故

$$R(\boldsymbol{A})=R(\boldsymbol{\alpha\alpha}^{\mathrm{T}}+\boldsymbol{\beta\beta}^{\mathrm{T}})\leqslant R(\boldsymbol{\alpha\alpha}^{\mathrm{T}})+R(\boldsymbol{\beta\beta}^{\mathrm{T}})\leqslant2$$

(2) $\boldsymbol{\alpha}$, $\boldsymbol{\beta}$ 线性相关,不妨设 $\boldsymbol{\beta}=k\boldsymbol{\alpha}$,故

$$R(\boldsymbol{A})=R[\boldsymbol{\alpha\alpha}^{\mathrm{T}}+(k\boldsymbol{\alpha})(k\boldsymbol{\alpha})^{\mathrm{T}}]=R[(1+k^2)\boldsymbol{\alpha\alpha}^{\mathrm{T}}]=R(\boldsymbol{\alpha\alpha}^{\mathrm{T}})\leqslant1<2$$

9. 略

10. 花岗岩巨石的体积近似为 $V^2\approx38050.82639$, $V\approx195\ \mathrm{m}^3$

11. 24 格尔牧草 36 头牛 18 周吃完

习 题 5

A

1. (1) D (2) B (3) B (4) A (5) A (6) B (7) D (8) D (9) B (10) A

2. (1) $a=1$, $b=3$ (2) 4,2,5; 40 (3) $\boldsymbol{E}$ (4) 0

(5) $x_1^2+x_2^2+2x_3^2-2x_1x_2+4x_1x_3+2x_2x_3$ (6) $\begin{pmatrix}1&1&2\\1&1&1\\2&1&3\end{pmatrix}$

(7) 2,1 (8) $(-\sqrt{2},\sqrt{2})$

3. 略

4. (1) $\boldsymbol{A}$ 的特征值为 $\lambda_1=2$, $\lambda_2=3$.

当 $\lambda_1=2$ 时,$\boldsymbol{p}_1=\begin{pmatrix}-1\\1\end{pmatrix}$, $k_1\boldsymbol{p}_1$ $(k_1\neq0)$是对应于 $\lambda_1=2$ 的全部特征向量;

当 $\lambda_2=3$ 时,$\boldsymbol{p}_2=\begin{pmatrix}-\frac{1}{2}\\1\end{pmatrix}$, $k_2\boldsymbol{p}_2$ $(k_2\neq0)$是对应于 $\lambda_2=3$ 的全部特征向量

(2) $\boldsymbol{A}$ 的特征值为 $\lambda_1=0$, $\lambda_2=-1$, $\lambda_3=9$.

当 $\lambda_1=0$ 时,$\boldsymbol{p}_1=\begin{pmatrix}-1\\-1\\1\end{pmatrix}$, $k_1\boldsymbol{p}_1$ $(k_1\neq0)$是对应于 $\lambda_1=0$ 的全部特征向量;

当 $\lambda_2=-1$ 时,$\boldsymbol{p}_2=\begin{pmatrix}-1\\1\\0\end{pmatrix}$, $k_2\boldsymbol{p}_2$ $(k_2\neq0)$是对应于 $\lambda_2=-1$ 的全部特征向量;

当 $\lambda_3=9$ 时,$\boldsymbol{p}_3=\begin{pmatrix}\frac{1}{2}\\\frac{1}{2}\\1\end{pmatrix}$, $k_3\boldsymbol{p}_3$ $(k_3\neq0)$是对应于 $\lambda_3=9$ 的全部特征向量

(3) $\lambda_1=10$, $\lambda_2=\lambda_3=1$.

当 $\lambda_1=10$ 时, $\boldsymbol{p}_1=\begin{pmatrix}-\frac{1}{2}\\-1\\1\end{pmatrix}$,$k_1\boldsymbol{p}_1$ $(k_1\neq0)$是对应于 $\lambda_1=10$ 的全部特征向量;

当 $\lambda_2=\lambda_3=1$ 时, $\boldsymbol{p}_2=\begin{pmatrix}2\\0\\1\end{pmatrix}$, $\boldsymbol{p}_3=\begin{pmatrix}-2\\1\\0\end{pmatrix}$,$k_2\boldsymbol{p}_2+k_3\boldsymbol{p}_3$ (k_2,k_3 不全为 0)是对应于 $\lambda_2=\lambda_3=1$ 的全部特征向量

(4) $\boldsymbol{A}$ 的特征值为 $\lambda_1=2,\lambda_2=\lambda_3=1$. 与 $\lambda_1=2$ 对应的全体特征向量为 $c_1(0,0,1)^{\mathrm{T}}$,其中 c_1 为任意非零常数;与 $\lambda_2=\lambda_3=1$ 对应的全体特征向量为 $c_2(1,2,-1)^{\mathrm{T}}$,其中 c_2 为任意非零常数

5. 略　　**6.** 略

7. (1) $\boldsymbol{A}$ 的特征值为 $1,2,-1$; $2\boldsymbol{A}^3+\boldsymbol{A}-5\boldsymbol{E}$ 的特征值为 $-2,13,-8$

(2) $\boldsymbol{E}+\boldsymbol{A}^{-1}$ 的特征值为 $2,\frac{3}{2},0$

8. 略

9. 18

10. (1) $a=-3,b=0$,特征值为 $\lambda=-1$　(2)略

11. $x=4$, $y=5$　**12.** $x=-1$　**13.** $\boldsymbol{A}=\frac{1}{3}\begin{pmatrix}-1&0&2\\0&1&2\\2&2&0\end{pmatrix}$

14. (1) 第一个行向量非单位向量,故不是正交矩阵

(2) 该方阵每一个行向量均是单位向量,且两两正交,故为正交矩阵

15. $k\ (-1,1,0)^{\mathrm{T}}\ (k\neq 0)$,$\boldsymbol{A}=\begin{pmatrix}0&1&0\\1&0&0\\0&0&1\end{pmatrix}$

16. $\boldsymbol{A}=\begin{pmatrix}4&1&1\\1&4&1\\1&1&4\end{pmatrix}$

17. (1) 正交阵$(\boldsymbol{p}_1,\ \boldsymbol{p}_2,\ \boldsymbol{p}_3)=\boldsymbol{P}=\dfrac{1}{3}\begin{pmatrix}1&2&2\\2&1&-2\\2&-2&1\end{pmatrix}$,$\boldsymbol{P}^{-1}\boldsymbol{AP}=\begin{pmatrix}-2&0&0\\0&1&0\\0&0&4\end{pmatrix}$

(2) 正交阵$(\boldsymbol{p}_1,\ \boldsymbol{p}_2,\ \boldsymbol{p}_3)=\boldsymbol{P}=\begin{pmatrix}-\dfrac{2}{\sqrt{5}}&\dfrac{2\sqrt{5}}{15}&-\dfrac{1}{3}\\\dfrac{1}{\sqrt{5}}&\dfrac{4\sqrt{5}}{15}&-\dfrac{2}{3}\\0&\dfrac{\sqrt{5}}{3}&\dfrac{2}{3}\end{pmatrix}$,$\boldsymbol{P}^{-1}\boldsymbol{AP}=\begin{pmatrix}1&0&0\\0&1&0\\0&0&10\end{pmatrix}$

18. (1) $\varphi(\boldsymbol{A})=\boldsymbol{A}^{10}-5\boldsymbol{A}^9=-2\begin{pmatrix}1&1\\1&1\end{pmatrix}$

(2) $\varphi(\boldsymbol{A})=\boldsymbol{A}^{10}-6\boldsymbol{A}^9+5\boldsymbol{A}^8=2\begin{pmatrix}1&1&-2\\1&1&-2\\-2&-2&4\end{pmatrix}$

19. (1) $f=(x,\ y,\ z)\begin{pmatrix}1&2&1\\2&4&2\\1&2&1\end{pmatrix}\begin{pmatrix}x\\y\\z\end{pmatrix}$

(2) $f=(x,\ y,\ z)\begin{pmatrix}1&-1&-2\\-1&1&-2\\-2&-2&-7\end{pmatrix}\begin{pmatrix}x\\y\\z\end{pmatrix}$

(3) $f=(x_1,\ x_2,\ x_3,\ x_4)\begin{pmatrix}1&-1&2&-1\\-1&1&3&-2\\2&3&1&0\\-1&-2&0&1\end{pmatrix}\begin{pmatrix}x_1\\x_2\\x_3\\x_4\end{pmatrix}$

20. (1) 正交变换为

$$\begin{pmatrix}x_1\\x_2\\x_3\end{pmatrix}=\begin{pmatrix}1&0&0\\0&\dfrac{1}{\sqrt{2}}&-\dfrac{1}{\sqrt{2}}\\0&\dfrac{1}{\sqrt{2}}&\dfrac{1}{\sqrt{2}}\end{pmatrix}\begin{pmatrix}y_1\\y_2\\y_3\end{pmatrix}$$

且有 $f=2y_1^2+5y_2^2+y_3^2$

(2) 正交变换为

$$\begin{pmatrix}x_1\\x_2\\x_3\\x_4\end{pmatrix}=\begin{pmatrix}\frac{1}{2} & \frac{1}{2} & \frac{1}{\sqrt{2}} & 0\\ -\frac{1}{2} & \frac{1}{2} & 0 & \frac{1}{\sqrt{2}}\\ -\frac{1}{2} & -\frac{1}{2} & \frac{1}{\sqrt{2}} & 0\\ \frac{1}{2} & -\frac{1}{2} & 0 & \frac{1}{\sqrt{2}}\end{pmatrix}\begin{pmatrix}y_1\\y_2\\y_3\\y_4\end{pmatrix}$$

且有 $f=-y_1^2+3y_2^2+y_3^2+y_4^2$

21. (1),(4),(5)是合同的

22. (1) f 为负定　(2) f 为正定

23. $a=2$,正交变换为 $\boldsymbol{x}=\begin{pmatrix}0 & 1 & 0\\ -\frac{\sqrt{2}}{2} & 0 & \frac{\sqrt{2}}{2}\\ \frac{\sqrt{2}}{2} & 0 & \frac{\sqrt{2}}{2}\end{pmatrix}\boldsymbol{y}$

B

1. (1) B　(2) D　(3) B　(4) C　(5) A　(6) D　(7) A　(8) B　(9) C　(10) C　(11) A

2. (1) 2　(2) 1　(3) 3　(4) 2　(5) -1　(6) 2,6　(7) $[-2,2]$　(8) 1

3. (1) 略　(2) $\boldsymbol{x}=k\begin{pmatrix}1\\2\\-1\end{pmatrix}+\begin{pmatrix}1\\1\\1\end{pmatrix}$,其中 k 为任意常数

4. (1) $a=1,b=-2$

(2) $\boldsymbol{x}=k_1\begin{pmatrix}1\\1\\0\end{pmatrix}+k_2\begin{pmatrix}0\\0\\1\end{pmatrix}+\begin{pmatrix}\frac{1}{2}\\0\\0\end{pmatrix}$,其中 k_1,k_2 为任意常数

5. (1) $a=4,b=5$　(2) $\boldsymbol{P}=\begin{pmatrix}2 & -3 & -1\\1 & 0 & -1\\0 & 1 & 1\end{pmatrix}$, $\boldsymbol{P}^{-1}\boldsymbol{A}\boldsymbol{P}=\begin{pmatrix}1 & & \\ & 1 & \\ & & 5\end{pmatrix}$

6. (1) $\lambda_1=-1,\lambda_2=1,\lambda_3=0$.

与 $\lambda_1=-1$ 对应的全体特征向量为 $k_1(1,0,-1)^{\mathrm{T}},k_1\neq0$;

与 $\lambda_2=1$ 对应的全体特征向量为 $k_2(1,0,1)^{\mathrm{T}},k_2\neq0$;

与 $\lambda_3=0$ 对应的全体特征向量为 $k_3(0,1,0)^{\mathrm{T}},k_3\neq0$

(2) $A=\begin{pmatrix}0&0&1\\0&0&0\\1&0&0\end{pmatrix}$

7. 略

8. (1) $a=-1$　(2) $x=\begin{pmatrix}\frac{\sqrt{3}}{3}&\frac{\sqrt{2}}{2}&\frac{\sqrt{6}}{6}\\\frac{\sqrt{3}}{3}&-\frac{\sqrt{2}}{2}&\frac{\sqrt{6}}{6}\\-\frac{\sqrt{3}}{3}&0&\frac{\sqrt{6}}{3}\end{pmatrix}y$，$f=2y_2^2+6y_3^2$

9. 略

10. (1) $A=\begin{pmatrix}\frac{1}{2}&0&-\frac{1}{2}\\0&1&0\\-\frac{1}{2}&0&\frac{1}{2}\end{pmatrix}$　(2)略

11. 略　　**12.** 略　　**13.** 略

14. $\frac{4}{3}$

15. $\det(2E-A)=2^{n-r}$

16. $f=4y_2^2+9y_3^2$，$f(x_1, x_2, x_3)=1$ 表示椭圆柱面

17. C 为正定矩阵

18. (1) $a=0$

(2) 所求的正交变换矩阵为

$$Q=(\eta_1, \eta_2, \eta_3)=\begin{pmatrix}\frac{1}{\sqrt{2}}&0&\frac{1}{\sqrt{2}}\\\frac{1}{\sqrt{2}}&0&-\frac{1}{\sqrt{2}}\\0&1&0\end{pmatrix}$$

由 $x=Qy$，可化原二次型为标准形

$$f(x_1, x_2, x_3)=2y_1^2+2y_2^2$$

(3) 由 $f(x_1, x_2, x_3)=2y_1^2+2y_2^2=0$，得 $y_1=0$，$y_2=0$，$y_3=k$（k 为任意常数），从而所求解为

$$x=Qy=(\eta_1, \eta_2, \eta_3)\begin{pmatrix}0\\0\\k\end{pmatrix}=k\eta_3=\begin{pmatrix}c\\-c\\0\end{pmatrix}$$

其中 c 为任意常数

19. (1) $P^{\mathrm{T}}DP=\begin{pmatrix}A&O\\O&B-C^{\mathrm{T}}A^{-1}C\end{pmatrix}$

(2) 矩阵 $\boldsymbol{B}-\boldsymbol{C}^{\mathrm{T}}\boldsymbol{A}^{-1}\boldsymbol{C}$ 是正定矩阵;证明略

20. (1) $\boldsymbol{B}=\begin{pmatrix}1&0&0\\1&2&2\\1&1&3\end{pmatrix}$ (2) $\boldsymbol{A}$ 的特征值为 $\lambda_1=\lambda_2=1$, $\lambda_3=4$

(3) 所求的可逆矩阵为

$$\boldsymbol{P}=(\boldsymbol{\alpha}_1,\boldsymbol{\alpha}_2,\boldsymbol{\alpha}_3)\begin{pmatrix}-1&-2&0\\1&0&1\\0&1&1\end{pmatrix}=(-\boldsymbol{\alpha}_1+\boldsymbol{\alpha}_2,-2\boldsymbol{\alpha}_1+\boldsymbol{\alpha}_3,\boldsymbol{\alpha}_2+\boldsymbol{\alpha}_3)$$

21. (1) $\boldsymbol{A}$ 的特征值为 3, 0, 0.

属于 3 的特征向量:$c\begin{pmatrix}1\\1\\1\end{pmatrix}$ $(c\neq0)$;

属于 0 的特征向量:$c_1\boldsymbol{\alpha}_1+c_2\boldsymbol{\alpha}_2$($c_1$, c_2 不都为 0)

(2) $\boldsymbol{Q}=\begin{pmatrix}\frac{\sqrt{3}}{3}&-\frac{\sqrt{6}}{3}&0\\\frac{\sqrt{3}}{3}&\frac{\sqrt{6}}{3}&-\frac{\sqrt{2}}{2}\\\frac{\sqrt{3}}{3}&\frac{\sqrt{6}}{6}&\frac{\sqrt{2}}{2}\end{pmatrix}$, $\boldsymbol{\Lambda}=\boldsymbol{Q}^{\mathrm{T}}\boldsymbol{A}\boldsymbol{Q}=\boldsymbol{Q}^{-1}\boldsymbol{A}\boldsymbol{Q}=\begin{pmatrix}3&0&0\\0&0&0\\0&0&0\end{pmatrix}$

(3) $\boldsymbol{A}=\begin{pmatrix}1&1&1\\1&1&1\\1&1&1\end{pmatrix}$, $\left(\boldsymbol{A}-\frac{3}{2}\boldsymbol{E}\right)^6=\frac{729}{64}\boldsymbol{E}$

22. (1) $\boldsymbol{B}$ 的全部特征值为 $-2,1,1$.

特征值为 -2 时的全部特征向量为 $k_1\boldsymbol{\alpha}_1$,其中,k_1 是不为 0 的任意常数;

特征值为 1 时的全部特征向量为 $k_2\boldsymbol{\alpha}_2+k_3\boldsymbol{\alpha}_3$,其中,$k_2,k_3$ 是不全为 0 的任意常数,$\boldsymbol{\alpha}_2=(1,1,0)^{\mathrm{T}},\boldsymbol{\alpha}_3=(-1,0,1)^{\mathrm{T}}$

(2) $\boldsymbol{B}=\begin{pmatrix}0&1&-1\\1&0&1\\-1&1&0\end{pmatrix}$

23. (1) $\boldsymbol{A}=\begin{pmatrix}a&0&1\\0&a&-1\\1&-1&a-1\end{pmatrix}$,二次型的矩阵 $\boldsymbol{A}$ 的特征值为 $a-2$, a, $a+1$

(2) 若规范形为 $y_1^2+y_2^2$,说明有两个特征值为正,一个为 0,当 $a=2$ 时,三个特征值为 0,2,3,这时,二次型的规范形为 $y_1^2+y_2^2$

24. (1) 略 (2) $\boldsymbol{P}^{-1}\boldsymbol{A}\boldsymbol{P}=\begin{pmatrix}-1&0&0\\0&1&1\\0&0&1\end{pmatrix}$

25. (1) $\mathbf{A}^{99}=\begin{pmatrix}-2+2^{99} & 1-2^{99} & 2-2^{98}\\ -2+2^{100} & 1-2^{100} & 2-2^{99}\\ 0 & 0 & 0\end{pmatrix}$

(2) $\boldsymbol{\beta}_1=(-2+2^{99})\boldsymbol{\alpha}_1+(-2+2^{100})\boldsymbol{\alpha}_2$, $\boldsymbol{\beta}_2=(1-2^{99})\boldsymbol{\alpha}_1+(1-2^{100})\boldsymbol{\alpha}_2$,

$\boldsymbol{\beta}_3=(2-2^{98})\boldsymbol{\alpha}_1+(2-2^{99})\boldsymbol{\alpha}_2$

26. (1) 当 $a=2$ 时,$f(x_1,x_2,x_3)=0$ 的通解为 $\boldsymbol{x}=k\begin{pmatrix}2\\1\\-1\end{pmatrix}$,$k\in\mathbf{R}$;

当 $a\neq2$ 时,$x_1=x_2=x_3=0$

(2) 当 $a\neq2$ 时,二次型 $f(x_1,x_2,x_3)$的规范形为 $f(x_1,x_2,x_3)=y_1^2+y_2^2+y_3^2$;

当 $a=2$ 时,二次型 $f(x_1,x_2,x_3)$的规范形为 $f(x_1,x_2,x_3)=z_1^2+z_2^2$

27. $a=2$,$\boldsymbol{Q}=\begin{pmatrix}\frac{\sqrt{3}}{3} & -\frac{\sqrt{2}}{2} & \frac{\sqrt{6}}{6}\\ -\frac{\sqrt{3}}{3} & 0 & \frac{\sqrt{6}}{3}\\ \frac{\sqrt{3}}{3} & \frac{\sqrt{2}}{2} & \frac{\sqrt{6}}{6}\end{pmatrix}$

28. 1 年后从事各业人员的人数为 12.9,9.9,7.2;2 年后从事各业人员的人数为 11.73,10.23,8.04;多年后从事这三种职业人数趋于相等,均为 10 万人

29. 略

30.

	2 年后	5 年后	若干年后
R 公司的市场份额	31%	31%	31%
S 公司的市场份额	69%	69%	69%

31. 略

参 考 文 献

北京大学数学系，1988. 高等代数. 2 版. 北京：高等教育出版社.
陈建龙，周建华，张小向，等，2007. 线性代数. 2 版. 北京：科学出版社.
陈维新，2007. 线性代数. 2 版. 北京：科学出版社.
程云鹏，张凯院，徐仲，2006. 矩阵论. 3 版. 西安：西北工业大学出版社.
郝志峰，谢国瑞，汪国强，2003. 线性代数. 2 版. 北京：高等教育出版社.
胡显佑，2006. 线性代数. 北京：中国商业出版社.
卢刚，2004. 线性代数. 2 版. 北京：高等教育出版社.
上海交通大学数学系，2007. 线性代数. 2 版. 北京：科学出版社.
天津大学数学系代数教研组，2007. 线性代数及其应用. 北京：科学出版社.
同济大学数学系，2004. 线性代数学习辅导与习题选解. 北京：高等教育出版社.
同济大学数学系，2007. 线性代数. 5 版. 北京：高等教育出版社.
王萼芳，2007. 线性代数. 北京：清华大学出版社.
魏战线，2000. 线性代数. 2 版. 沈阳：辽宁大学出版社.
许梅生，薛有才，2003. 线性代数. 杭州：浙江大学出版社.
杨访，丁峻，2007. 线性代数及应用. 南京：东南大学出版社.
姚慕生，2003. 高等代数. 上海：复旦大学出版社.
张宜华，1999. 精通 MATLAB 5. 北京：清华大学出版社.
赵德修，徐蕴珍，杨鹏飞，等，1998. 线性代数教程. 武汉：华中理工大学出版社.
赵树嫄，2003. 线性代数. 3 版. 北京：中国人民大学出版社.
郑宝东，2008. 线性代数与空间解析几何. 3 版. 北京：高等教育出版社.
JOHNSON L W, RIESS R D，2002. 线性代数引论(英文版). 北京：机械工业出版社.

附　　录

附录 A　MATLAB 简介

MATLAB 是矩阵实验室(matrix laboratory)英文单词的简写，是由美国 Math Works 公司推出的一个科技应用软件. 作为一款数值计算软件，它已经逐步发展成为适合多学科、多工作平台，包含众多功能，界面友好，语言自然并且开放性强的具有通用科技计算、图形交互系统及程序设计语言的优秀科技软件之一. 它涉及的领域包括数字信号处理、控制系统、神经网络、模糊逻辑、系统仿真及数值统计等. MATLAB 以矩阵作为基本运算对象，提供一个人机交互数学环境，使用非常方便. 我们将以 MATLAB r2008b 为例，介绍 MATLAB 的基本知识及其在矩阵计算中的应用.

A.1　命令窗口与编程窗口

MATLAB 的工作环境主要由命令窗(command window)、文本编辑窗(editor)、若干个图形窗(figure window)组成. 另外，还可以打开一些辅助视窗. 启动 MATLAB 后，就进入命令窗口了. 在命令窗口中，有一个系统提示符"≫"，所有的命令只需直接在"≫"后输入即可.

例 1　计算 $y=\pi x^2$，其中 $x=2$.

解　在命令窗口中输入如下命令即可：

```
≫  x=2;                    %分号的作用是不显示运算结果
≫  y=pi* x^2               %没有分号则显示结果，类似于我们日常使用的计算器
   y=
     12.566 4
```

当需要处理的问题较复杂时，可以在编程窗口中编辑程序，并保存为后缀名是 .m 的文件. 在编写该文件时，需要遵循一些基本的语法规则，比如"%"是注释符，它后面的内容是不参与程序运行的. 程序编写完成后，MATLAB 会自动将程序中的字符用不同颜色显示，方便阅读及修改.

A.2　变量与运算符

MATLAB 中最常用的变量有数值数组与字符串两类，所有的数值变量以双精度方式存储，不区分整数、实数或复数等，变量类型与数组大小也无须预先定义，以其第一次的合法出现而定义. MATLAB 变量名总以字母开头，由字符、数字和下划线组成，有效字符长度为 31 个，且区分大小写，如 x 与 X 表示不同的变量.

在使用 MATLAB 过程中,若变量较多、易混淆时,可以采用变量查询命令 who 或者 whos 进行查询,直接在命令窗口的系统提示符“≫”后输入“who”或者“whos”即可. 其中命令 who 会将所有的变量列出,而命令 whos 除了列出所有的变量外,还会将每个变量的具体信息一并完整列出.

MATLAB 的运算符有三类:算术运算符、关系运算符和逻辑运算符. 其中算术运算符的优先级最高,其次是关系运算符,最后是逻辑运算符.

算术运算符见附表 A.1.

附表 A.1 算术运算符

算术运算种类	算术运算符	运算优先级
乘 方	∧	最高优先级
乘 法	*	相同的次优先级
除 法	/或\	
加 法	+	最低优先级
减 法	−	

关系运算符有六个:小于“<”;大于“>”;小于等于“<=”;大于等于“>=”;等于“==”;不等于“~=”.

如果关系运算符运算结果与该关系吻合,则返回值 1,否则返回值 0.

逻辑运算符有四个:与“&”;或“|”;非“~”;逻辑异或“XOR”. 与关系运算符的运算一样,其返回结果也是一个 0-1 矩阵.

A.3 矩阵的输入

MATLAB 基本数据单元是无须指定维数的矩阵,将标量视为一阶矩阵. 输入矩阵的基本方法是直接输入矩阵的元素,用方括号“[ ]”表示矩阵,同行元素间用空格或逗号分隔,不同行元素间用分号或回车键分隔.

例 2 输入一个三阶矩阵 $\boldsymbol{A}=\begin{pmatrix}1&2&3\\4&5&6\\7&8&9\end{pmatrix}$.

解
```
≫ clear;A=[1, 2, 3; 4, 5, 6; 7, 8, 9]
A=
   1  2  3
   4  5  6
   7  8  9
```

或

```
≫ A=[1  2  3
     4  5  6
     7  8  9]
```

```
A=
   1  2  3
   4  5  6
   7  8  9
```

上述两种输入方式得到的是同一个矩阵.行向量与列向量是矩阵的特殊情形.

实际中,我们还经常利用函数命令生成矩阵,如:

```
zeros        %生成一个零矩阵
ones         %生成一个元素全为 1 的矩阵
eye          %生成一个单位矩阵
rand         %生成一个元素在 0 与 1 之间均匀分布的随机矩阵
randn        %生成一个服从(0,1)正态分布的随机矩阵
pascal       %生成一个帕斯卡矩阵
magic        %生成一个魔方矩阵
```

实际应用中有时还会用到符号矩阵,在 MATLAB 中输入符号向量或者符号矩阵的方法和前面所述输入数值类型的矩阵类似,只不过要用到符号矩阵定义函数 sym,或者是用到符号定义函数 syms,先定义一些必要的符号变量,再像定义普通矩阵一样输入符号矩阵.

1. 用命令 sym 定义矩阵

函数 sym 实际是在定义一个符号表达式,符号矩阵中的元素可以是任何的符号或者是表达式,而且长度没有限制,只需将方括号置于用于创建符号表达式的单引号中.

例 3 输入矩阵 $\boldsymbol{A}=\begin{pmatrix} a & b & c \\ \text{Jack} & \text{Help} & \text{NO} \end{pmatrix}$和矩阵 $\boldsymbol{B}=\begin{pmatrix} 1 & 2 & 3 \\ a & b & c \\ \sin(x) & \cos(y) & \tan(z) \end{pmatrix}$.

解

```
>> A= sym('[a b c;Jack Help NO]')
A=
   [a,        b,        c ]
   [Jack,     Help,     NO]
>> B= sym('[1 2 3;a b c;sin(x)  cos(y)  tan(z)]')
B=
   [1,        2,        3]
   [a,        b,        c]
   [sin(x),  cos(y),  tan(z)]
```

2. 用命令 syms 定义矩阵

先定义矩阵中的每一个元素为一个符号变量,然后像普通矩阵一样输入符号矩阵.

例 4 输入矩阵 $\boldsymbol{A}=\begin{pmatrix} a & b & c \\ \text{Classical} & \text{Jazz} & \text{Blues} \\ 2 & 3 & 5 \end{pmatrix}$.

解
```
≫syms  a  b  c;
≫M1 = sym('Classical');
≫M2 = sym('Jazz');
≫M3 = sym('Blues');
≫A = [a  b  c; M1, M2, M3;2,3,5]
≫A =
     [a,         b,        c]
     [Classical,  Jazz,  Blues]
     [2,         3,        5]
```

A.4 矩阵运算

附表 A.2 所示为常见的矩阵运算符.

附表 A.2 矩阵运算符

运算	运算符	说明
加减	A±B	对应元素相加减
转置	A′	
数乘	k* A(或 A* k)	
乘法	A* B	
乘方	A^k	
除法	左除 A\B 或右除 B/A	前为求 AX= B,后为求 XA= B
点运算	.*,.\,./,.^	矩阵对应元素作运算
求行列式	det(A)	
求逆矩阵	inv(A)	
特征值与特征向量	[V, D]= eig(A)	D 为特征值构成的对角阵,每个特征值对应的单位特征向量组成 V

1. 加、减运算

将矩阵对应元素相加、减,即按线性代数中矩阵的"+""-"运算进行.

例 5 已知 $\boldsymbol{A}=\begin{pmatrix}1&1&1\\1&2&3\\1&3&6\end{pmatrix}$, $\boldsymbol{B}=\begin{pmatrix}8&1&6\\3&5&7\\4&9&2\end{pmatrix}$,计算 $\boldsymbol{A}+\boldsymbol{B}$ 和 $\boldsymbol{A}-\boldsymbol{B}$.

解
```
≫A=[1, 1, 1; 1, 2, 3; 1, 3, 6];
≫B=[8, 1, 6; 3, 5, 7; 4, 9, 2];
≫A+B
ans=
       9   2   7
       4   7  10
       5  12   8
```

```
≫A－B
ans=
    －7   0  －5
    －2  －3  －4
    －3  －6   4
```

2. 乘法运算

将乘法运算符号前面矩阵的各行元素,分别与乘法运算符后面矩阵的各列元素对应相乘并相加.

例 6 已知 $\boldsymbol{A}=\begin{pmatrix}1 & 2\\3 & 4\\5 & 6\end{pmatrix}$, $\boldsymbol{B}=\begin{pmatrix}1 & -3 & 4 & 2\\2 & 5 & 8 & 0\end{pmatrix}$,求 $\boldsymbol{C}=\boldsymbol{AB}$.

解

```
≫ clear;A=[1, 2; 3, 4; 5, 6]
A=
   1  2
   3  4
   5  6
≫ B=[1, －3, 4, 2; 2, 5, 8, 0]
B=
   1  －3  4  2
   2    5  8  0
≫ C=A*B
C=
    5   7  20   2
   11  11  44   6
   17  15  68  10
```

注意点乘与乘法的区别,即 A.*B 表示 $\boldsymbol{A}$ 与 $\boldsymbol{B}$ 对应元素相乘. 例如,X= [2 3 4; 1 2 1];Y= [0 1 1;1 1 0];X.*Y= [0 3 4;1 2 0].

3. 矩阵的数乘

例 7 已知 $\boldsymbol{A}=\begin{pmatrix}1 & 2 & 3\\4 & 5 & 6\\7 & 8 & 9\end{pmatrix}$, $\boldsymbol{B}=\begin{pmatrix}1 & -4 & 3\\0 & -3 & 5\\7 & 4 & 1\end{pmatrix}$,求 $2\boldsymbol{A}+\boldsymbol{B}$ 和 $\boldsymbol{A}+2\boldsymbol{J}$,$\boldsymbol{J}$ 表示元素全为 1 的 3 阶方阵.

解

```
≫clear;A=[1, 2, 3; 4, 5, 6; 7, 8, 9]
A=
   1  2  3
   4  5  6
   7  8  9
```

```
≫B=[1, -4, 3; 0, -3, 5; 7, 4, 1]
  B=
     1  -4  3
     0  -3  5
     7   4  1
≫C=2* A+B
  C=
      3   0   9
      8   7  17
     21  20  19
≫D=A+2
  D=
     3   4   5
     6   7   8
     9  10  11
```

4. 除法运算

MATLAB 提供了两种除法运算:左除(\)和右除(/). 一般情况下,x=a\b 是方程 a* x=b 的解,而 x=b/a 是方程 x* a=b 的解.

例 8 已知 $\boldsymbol{A}=\begin{pmatrix}1&2&3\\4&2&6\\7&4&9\end{pmatrix}$, $\boldsymbol{b}=(4, 1, 2)^{\mathrm{T}}$,若 $\boldsymbol{Ax}=\boldsymbol{b}$,求 $\boldsymbol{x}$.

解

```
≫A=[1  2  3; 4  2  6; 7  4  9];
≫b=[4; 1; 2];
≫x=A\b
```

结果显示:

```
x=
   -1.5000
    2.0000
    0.5000
```

如果 $\boldsymbol{A}$ 为非奇异矩阵,则 A\b 和 b/A 可通过 $\boldsymbol{A}$ 的逆矩阵与向量 $\boldsymbol{b}$ 得到

```
A\b = inv(A)*b
b/A = b* inv(A)
```

注意:点除与除法的区别,点除 A./B 表示 $\boldsymbol{A}$ 中元素与 $\boldsymbol{B}$ 中对应元素相除.

5. 乘方

当 $\boldsymbol{A}$ 为方阵且 p 为大于 0 的整数时,A^p 表示 $\boldsymbol{A}$ 的 p 次方,即 $\boldsymbol{A}$ 自乘 p 次;当 p 为小于 0 的整数时,A^p 表示 $\boldsymbol{A}^{-1}$的 $|p|$ 次方.

6. 矩阵转置

若 $\boldsymbol{A}$ 为实矩阵，则 $\boldsymbol{A}'$ 表示线性代数中矩阵的转置运算；若 $\boldsymbol{A}$ 为复矩阵，则 $\boldsymbol{A}'$ 表示 $\boldsymbol{A}$ 的共轭转置；若仅希望转置，则用命令 A′.

7. 方阵的行列式

运算格式为

```
D=det(X)                    %返回方阵 X 的行列式的值
```

例 9 已知 $\boldsymbol{A}=\begin{pmatrix}1&2&3\\4&5&6\\7&8&9\end{pmatrix}$，求 $D=\det(\boldsymbol{A})$.

解

```
>>A=[1 2 3;4 5 6;7 8 9];
>>D=det(A)
  D=
     0
```

8. 逆与伪逆

求逆的运算格式为

```
Y=inv(X)                    %求方阵 X 的逆矩阵.若 X 为奇异阵或近似奇异阵,将给出警告信息
```

例 10 求 $\boldsymbol{A}=\begin{pmatrix}1&2&3\\2&2&1\\3&4&3\end{pmatrix}$ 的逆矩阵.

解法一 用函数命令求解.

```
>>A=[1  2  3; 2  2  1; 3  4  3];
>>Y=inv(A)  %Y=A^(-1)
```

结果显示：

```
Y=
     1.0000      3.0000     -2.0000
    -1.5000     -3.0000      2.5000
     1.0000      1.0000     -1.0000
```

解法二 用初等行变换求解.

对增广矩阵 $\boldsymbol{B}=\begin{pmatrix}1&2&3&1&0&0\\2&2&1&0&1&0\\3&4&3&0&0&1\end{pmatrix}$ 进行初等行变换：

```
>>B=[1, 2, 3, 1, 0, 0; 2, 2, 1, 0, 1, 0; 3, 4, 3, 0, 0, 1];
>>C=rref(B)                 %化行最简形矩阵
  C=
```

```
    1.0000         0         0    1.0000    3.0000   -2.0000
         0    1.0000         0   -1.5000   -3.0000    2.5000
         0         0    1.0000    1.0000    1.0000   -1.0000
>>X=C(:, 4:6)          %提取 C 中 4 至 6 列,即为 A 的逆矩阵
  X=
    1.0000    3.0000   -2.0000
   -1.5000   -3.0000    2.5000
    1.0000    1.0000   -1.0000
```

例 11 求 $A=\begin{pmatrix}2&1&-1\\2&1&2\\1&-1&1\end{pmatrix}$ 的逆矩阵.

解

```
>> A=[2 1 -1;2 1 2;1 -1 1];
>> format rat          %用有理格式输出
>> D=inv(A)
   D=
       1/3      0       1/3
        0      1/3     -2/3
      -1/3     1/3       0
```

求伪逆的运算格式为

```
B= pinv(A)           %求矩阵 A 的伪逆
B=pinv(A, tol)       %用设定的误差 tol 取代系统默认的误差:max(size(A))* norm(A)* eps
```

若矩阵为长方阵时,方程 $AX=I$ 和 $XA=I$ 至少有一个无解,这时 A 的伪逆能在某种程度上代表矩阵的逆,若 A 为非奇异矩阵,则 pinv(A) = inv(A).

例 12 求一个自动生成的五阶魔方方阵的前四列所组成的矩阵的伪逆.

解

```
>> A=magic(5);         %产生五阶魔方方阵
>> A=A(:,1:4)          %取五阶魔方方阵的前四列元素构成矩阵 A
   A=
      17    24     1     8
      23     5     7    14
       4     6    13    20
      10    12    19    21
      11    18    25     2
>> X=pinv(A)           %计算 A 的伪逆
   X =
     -0.0041    0.0527   -0.0222   -0.0132    0.0069
      0.0437   -0.0363    0.0040    0.0033    0.0038
     -0.0305    0.0027   -0.0004    0.0068    0.0355
      0.0060   -0.0041    0.0314    0.0211   -0.0315
```

9. 矩阵的迹

运算格式为

```
b=trace(A)              %返回矩阵 A 的迹，即 A 的对角线元素之和
```

10. 向量的内积与长度

运算格式为

```
C = dot(X,Y)            %返回向量 X 与 Y 的内积，X 与 Y 的维数需相同
L = norm(X)             %返回向量 X 的长度
```

11. 矩阵的秩

运算格式为

```
k = rank (A)            %求矩阵 A 的秩
k = rank (A, tol)       %tol 为给定误差
```

在实际计算中，常需调用矩阵某些位置元素，举例说明.

例 13 已知矩阵 $\boldsymbol{A}=\begin{pmatrix}1 & 2 & 3\\ 4 & 5 & 6\\ 7 & 8 & 9\end{pmatrix}$，分别求各列的和.

解

```
>>clear;A=[1, 2, 3; 4, 5, 6; 7, 8, 9]
A=
   1  2  3
   4  5  6
   7  8  9
>>sum(A)                  % 结果是一个行向量
ans=
      12   15   18
```

在矩阵 $\boldsymbol{A}$ 中，为确定矩阵中元素的位置，引入 A(i, j)，它代表矩阵 $\boldsymbol{A}$ 的第 i 行第 j 列的元素.

例 14 求 $\boldsymbol{A}=\begin{pmatrix}1 & 2 & 3\\ 4 & 5 & 6\\ 7 & 8 & 9\end{pmatrix}$ 的第三行元素的和.

解

```
>>clear;A=[1, 2, 3; 4, 5, 6; 7, 8, 9]
A=
   1  2  3
   4  5  6
   7  8  9
>>A(3, 1)+A(3, 2)+A(3, 3)          %第三行元素求和，也可写成 sum(A(3,:))
ans=
      24
```

实际中,这种确定矩阵中元素位置的方法并不常用,常用的是 A(i)形式,此时矩阵视为一个很长的列向量,它由矩阵各列按优先次序组成.

例 15 已知 $\boldsymbol{A}=\begin{pmatrix}1&2&3\\4&5&6\\7&8&9\end{pmatrix}$,选出矩阵中位于第三行第一列的元素.

解
```
>>clear;A=[1, 2, 3; 4, 5, 6; 7, 8, 9]
A=
   1  2  3
   4  5  6
   7  8  9
>>A(3)            %列向量 A 的第三个元素
ans=7
>>A(3, 1)
ans=7
```

A.5 线性方程组求解

1. 求线性方程组的唯一解或特解

这类问题的求法分为两类:一类主要用于解低阶稠密矩阵——直接法;另一类用于解大型稀疏矩阵——迭代法.

求非齐次线性方程组的特解(或一个解)可用矩阵除法,或用伪逆函数 pinv,或直接用 rref 函数将增广矩阵化为行最简形矩阵求解.

例 16 求方程组 $\begin{cases}5x_1+6x_2=1\\x_1+5x_2+6x_3=0\\x_2+5x_3+6x_4=0\\x_3+5x_4+6x_5=0\\x_4+5x_5=1\end{cases}$ 的解.

解 MATLAB 脚本程序如下:
```
A=[5 6 0 0 0;1 5 6 0 0;0 1 5 6 0;0 0 1 5 6;0 0 0 1 5];
b=[1 0 0 0 1]';
rankA=rank(A) %求秩
X=A\b         %求解
```
运行上述脚本,结果显示为
```
rankA =
     5
X =
        2.2662
       -1.7218
```

```
     1.0571
    -0.5940
    0.3188
```

x 表示的结果就是方程组的解.

或用函数 rref 求解：

```
C=[A,b]           %由系数矩阵和常数列构成增广矩阵 C
rrefC=rref(C)     %将 C 化成行最简形矩阵
X=rrefC(:,end)    %提取矩阵 rrefC 的最后一列元素,即为所求之解
```

运行结果为

```
  rrefC =
      1.0000        0        0        0        0    2.2662
           0   1.0000        0        0        0   -1.7218
           0        0   1.0000        0        0    1.0571
           0        0        0   1.0000        0   -0.5940
           0        0        0        0   1.0000    0.3188
X =
      2.2662
    -1.7218
      1.0571
    -0.5940
      0.3188
```

例 17 求方程组$\begin{cases} x_1 + x_2 - 3x_3 - x_4 = 1 \\ 3x_1 - x_2 - 3x_3 + 4x_4 = 4 \\ x_1 + 5x_2 - 9x_3 - 8x_4 = 0 \end{cases}$的一个特解.

解 MATLAB 脚本程序如下：

```
A=[1 1 -3 -1;3 -1 -3 4;1 5 -9 -8];
b=[1 4 0]';
rankA=rank(A)               %求系数矩阵 A 的秩
C=[A,b];rankC=rank(C)       %求增广矩阵 C 的秩
rankA==rankC                %判断系数矩阵的秩与增广矩阵的秩是否相等
```

结果如下：

```
rankA =
     2
rankC =
     2
ans =
     1
```

由秩的结果可知,方程组有无穷多解，比较两种求解命令,语句与结果如下：

```
x1=A\b            %左除求解
x2=pinv(A)* b     %伪逆函数求解
```

```
L1=norm(x1),L2=norm(x2)  %求解向量的长度
Warning: Rank deficient, rank = 2, tol =  3.826647e-15.
x1 =
         0
         0
   -0.5333
    0.6000
x2 =
    0.3504
   -0.0916
   -0.3881
    0.4232
L1 =
   0.8028
L2 =
   0.6789
```

由于系数矩阵不是列满秩的，用左除命令求解，系统给出了警告，该解法可能存在误差，对求解结果要进行验证. 此外，两个语句求解出的解向量也不相同. 用 pinv 函数求出的解向量长度要小一些，事实上，这样得到的解是方程组的极小范数解.

若用 rref 求解，则运行如下代码：

```
A=[1 1 -3 -1;3 -1 -3 4;1 5 -9 -8];
b=[1 4 0]';
C=[A,b];
rrefC=rref(C)
```

结果为

```
rrefC =
   1.0000        0  -1.5000   0.7500   1.2500
        0   1.0000  -1.5000  -1.7500  -0.2500
        0        0        0        0        0
```

由行最简形矩阵的结果易得方程组的一个特解为 $\boldsymbol{x}=(1.25,-0.25,0,0)^{\mathrm{T}}$.

2. 求齐次线性方程组的通解

在 MATLAB 中，函数 null 用来求解零空间，即满足 A*X=0 的解空间，实际上是求出解空间的一组基(基础解系)，格式为

```
z = null(A)          %z的列向量为方程组的零空间的一组标准正交基，由奇异值分解
                     方法求得，满足 z'*z=E
z=null(A,'r')        %z的列向量是通过行最简形矩阵求得的零空间的一组基
```

例 18 求方程组 $\begin{cases} x_1+2x_2+2x_3+x_4=0 \\ 2x_1+x_2-2x_3-2x_4=0 \\ x_1-x_2-4x_3-3x_4=0 \end{cases}$ 的通解.

解 命令语句如下：

```
A=[1 2 2 1;2 1 -2 -2;1 -1 -4 -3];
B1=null(A)
B2=null(A,'r')
```

显示结果如下：

```
B1 =

   -0.7072    0.1256
    0.6526    0.1360
   -0.2173   -0.5913
   -0.1636    0.7849

B2 =

    2.0000    1.6667
   -2.0000   -1.3333
    1.0000         0
         0    1.0000
```

输入 B1'*B1 易知结果为一个 2 阶单位矩阵.

通过 rref 函数化系数矩阵为行最简形矩阵也可得到基础解系.

```
≫rrefA=rref(A)
rrefA =

   1.0000         0   -2.0000   -1.6667
        0    1.0000    2.0000    1.3333
        0         0         0         0
```

即可写出其基础解系(与上面 B2 结果一致). 写出通解：

```
syms k1 k2
X=k1*B2(:,1)+k2*B2(:,2)   %写出方程组的通解
X =

  2*k1 + (5*k2)/3
- 2*k1 - (4*k2)/3
                k1
                k2
```

3. 求非齐次线性方程组的通解

非齐次线性方程组需要先判断方程组是否有解，若有解，再去求通解. 因此，步骤如下：

(1) 判断 $\boldsymbol{Ax}=\boldsymbol{b}$ 是否有解，若有解则进行第(2)步.

(2) 求 $\boldsymbol{Ax}=\boldsymbol{b}$ 的一个特解.

(3) 求 $\boldsymbol{Ax}=\boldsymbol{0}$ 的通解.

(4) $\boldsymbol{Ax}=\boldsymbol{b}$ 的通解由 $\boldsymbol{Ax}=\boldsymbol{0}$ 的通解加上 $\boldsymbol{Ax}=\boldsymbol{b}$ 的一个特解得到.

例 19 求解方程组$\begin{cases} x_1 - 2x_2 + 3x_3 - x_4 = 1 \\ 3x_1 - x_2 + 5x_3 - 3x_4 = 2 \\ 2x_1 + x_2 + 2x_3 - 2x_4 = 3 \end{cases}$

解 在 MATLAB 中建立.m 文件如下:

```
A=[1 -2 3 -1;3 -1 5 -3;2 1 2 -2];
b=[1 2 3]';
B=[A b];
n=4;
R_A=rank(A)
R_B=rank(B)
format rat
if R_A==R_B&R_A==n              %判断有唯一解
     X=A\b
elseif R_A==R_B&R_A< n          %判断有无穷解
      X=A\b                     %求特解
      C=null(A,'r')             %求 A*X=0 的基础解系
else
X='equation no solve'           %判断无解
end
```

结果显示:

```
R_A =
       2
R_B =
       3
X =
    equation no solve
```

说明该方程组无解.

例 20 求方程组$\begin{cases} x_1 + x_2 - 3x_3 - x_4 = 1 \\ 3x_1 - x_2 - 3x_3 + 4x_4 = 4 \\ x_1 + 5x_2 - 9x_3 - 8x_4 = 0 \end{cases}$的通解.

解 在 MATLAB 编辑器中建立.m 文件(文件名为 Lx0723.m)如下:

```
A=[1 1 -3 -1;3 -1 -3 4;1 5 -9 -8];
b=[1 4 0]';
B=[A b];
n=4;
R_A=rank(A)
R_B=rank(B)
format rat
if R_A==R_B&R_A==n
     X=A\b
elseif R_A==R_B&R_A< n
```

```
    X=A\b
    C=null(A,'r')
else
X='Equation has no solves'
end
```

结果显示：

```
R_A =
      2
R_B =
      2
Warning: Rank deficient, rank = 2  tol =    8.8373e-015.
>  In D:\Matlab\pujun\Lx0723.m at line 11
X =
    0
    0
    -8/15
    3/5
C =
    3/2          -3/4
    3/2           7/4
      1             0
      0             1
```

所以原方程组的通解为

$$x=k_1\begin{pmatrix}\frac{3}{2}\\ \frac{3}{2}\\ 1\\ 0\end{pmatrix}+k_2\begin{pmatrix}-\frac{3}{4}\\ \frac{7}{4}\\ 0\\ 1\end{pmatrix}+\begin{pmatrix}0\\ 0\\ -\frac{8}{15}\\ \frac{3}{5}\end{pmatrix},\quad k_1,k_2\text{ 为任意常数}$$

A.6 特征值与二次型

1. 特征值与特征向量的求法

设 $\boldsymbol{A}$ 为 n 阶方阵，如果数 λ 和 n 维列向量 $\boldsymbol{x}$ 使关系式 $\boldsymbol{A}\boldsymbol{x}=\lambda\boldsymbol{x}$ 成立，则称 λ 为方阵 $\boldsymbol{A}$ 的特征值，非零向量 $\boldsymbol{x}$ 称为 $\boldsymbol{A}$ 对应于特征值 λ 的特征向量.

例 21 求矩阵 $\boldsymbol{A}=\begin{pmatrix}-2 & 1 & 1\\ 0 & 2 & 0\\ -4 & 1 & 3\end{pmatrix}$ 的特征值和特征向量.

解

```
>>A=[-2  1  1;0  2  0;-4  1  3];
>>[V,D]=eig(A)
```

结果显示：

```
V =
   -0.7071   -0.2425   0.3015
         0         0   0.9045
   -0.7071   -0.9701   0.3015
D =
   -1    0    0
    0    2    0
    0    0    2
```

即特征值 −1 对应特征向量 $(-0.7071,0,-0.7071)^T$；特征值 2 对应特征向量 $(-0.2425,0,-0.9701)^T$ 和 $(0.3015,0.9045,0.3015)^T$.

可进一步得出，矩阵 **A** 有三个线性无关的特征向量，故 **A** 可对角化.

例 22 求矩阵 $\boldsymbol{A}=\begin{pmatrix}-1&1&0\\-4&3&0\\1&0&2\end{pmatrix}$ 的特征值和特征向量.

解

```
>>A=[-1 1 0;-4 3 0;1 0 2];
>>[V,D]=eig(A)
```

结果显示：

```
V =
         0      0.4082      0.4082
         0      0.8165      0.8165
    1.0000     -0.4082     - 0.4082
D =
    2    0    0
    0    1    0
    0    0    1
```

因此当特征值为 1 (二重根)时，对应的特征向量都是

$$k\ (0.4082,0.8165,-0.4082)^T$$

k 为任意常数.

由此可知，矩阵 **A** 只有两个线性无关的特征向量，故不可对角化.

2. 正交基

运算格式为

```
B=orth(A)                         %将矩阵 A 正交单位化
```

B 与 **A** 具有相同的列空间，**B** 的列向量是两两正交的单位向量，即满足：

```
B'*B = eye(rank(A))
```

例 23 将矩阵 $\boldsymbol{A}=\begin{pmatrix}4&0&0\\0&3&1\\0&1&3\end{pmatrix}$ 的列向量正交单位化.

解

```
>>A=[4  0  0; 0  3  1; 0  1  3];
```

```
≫B=orth(A)
  B=
       0        1.000     0
     - 0.7071   0       - 0.7071
     - 0.7071   0         0.7071
≫Q=B'*B
  Q=
     1.0000  0        0.000
     0       1.0000   0
     0.000   0        1.0000
```

3. 二次型

例 24 求一个正交变换 $\boldsymbol{x}=\boldsymbol{P}\boldsymbol{y}$，将二次型

$$f=2x_1x_2+2x_1x_3-2x_1x_4-2x_2x_3+2x_2x_4+2x_3x_4$$

化成标准形.

解 先写出二次型的实对称矩阵

$$\boldsymbol{A}=\begin{pmatrix}0&1&1&-1\\1&0&-1&1\\1&-1&0&1\\-1&1&1&0\end{pmatrix}$$

在 MATLAB 编辑器中建立. m 文件如下：

```
A=[0 1 1 -1;1 0 -1 1;1 -1 0 1;-1 1 1 0];
format rat
[P,D]=schur(A)
syms y1 y2  y3 y4
y=[y1;y2;y3;y4];
X=vpa(P,2)*y                         %vpa 表示可变精度计算,这里取两位精度
f=[y1 y2 y3 y4]*D*y
```

结果显示：

```
P =
   -1/2      390/1351    780/989     780/3691
    1/2     -390/1351   780/3691      780/989
    1/2     -390/1351   780/1351   -780/1351
   -1/2    -1170/1351      0            0
 D=
   -3  0  0  0
    0  1  0  0
    0  0  1  0
    0  0  0  1
 X =
```

```
    0.29*y2-0.5*y1+0.79*y3+0.21*y4
    0.5*y1-0.29*y2+0.21*y3+0.78*y4
    0.5*y1-0.29*y2+0.58*y3-0.58*y4
                  -0.5*y1-0.87*y2
f =
    y2^2-3*y1^2+y3^2+y4^2
```

A.7 练习

1. 在 MATLAB 命令窗口中输入以下命令,观察其结果并说明不同之处.

```
A=12*rand(4,5),B=round(A),C=round(A-5)
D=B(:,[2,4]),E=B([2,4],:),F=linspace(1,2*pi,3)
A([2,4],:)=[],[m,n]=size(A),G=1:2:3, H=[A,G']
```

2. 设

$$\boldsymbol{A}=\begin{pmatrix}1&2&4\\-3&5&6\\4&-8&1\end{pmatrix},\quad \boldsymbol{B}=\begin{pmatrix}3&2&1\\-2&5&4\\4&-9&11\end{pmatrix}$$

求 $\boldsymbol{AB}^{\mathrm{T}}$, $\boldsymbol{A}^{\mathrm{T}}\boldsymbol{B}$, $\boldsymbol{AB}$.

3. 画出直线 $2x-y-3=0$ 的图形.
4. 求代数方程 $3x^5+4x^4+7x^3+2x^2+9x+12=0$ 的全部根.
5. 解释下列语句的结果.

```
syms a b c d;A=[a, b; c, d];V=inv(A)
```

6. 给定方程组

$$\begin{cases}x_1+2x_2+3x_3=8\\2x_1-x_2+4x_3=7\\3x_1-x_2+x_3=1\end{cases}$$

求其解,注意除法的左除与右除的比较.

7. 设 $\boldsymbol{A}=\begin{pmatrix}1&2&7\\-3&5&6\\2&-3&1\end{pmatrix}$,建立矩阵 $\boldsymbol{A}$,并回答问题.

(1) 命令`A^3`与`A.^3`的结果是什么?

(2) 命令`exp(A)`的结果是什么?

8. 已知 $\boldsymbol{\xi}=\begin{pmatrix}1\\1\\-1\end{pmatrix}$为矩阵 $\boldsymbol{A}=\begin{pmatrix}2&-1&3\\5&a&3\\-1&b&-2\end{pmatrix}$的一个特征向量.

(1) 试确定参数 a, b 的值及向量 $\boldsymbol{\xi}$ 对应的特征值;

(2) 矩阵 $\boldsymbol{A}$ 能否相似于对角矩阵?

9. 设 $\boldsymbol{A}=\begin{pmatrix}4&0&0\\0&3&1\\0&1&3\end{pmatrix}$,求一个正交矩阵 $\boldsymbol{P}$,使 $\boldsymbol{P}^{-1}\boldsymbol{AP}=\boldsymbol{\Lambda}$ 为对角矩阵.

附录B　线性代数中重要概念中英文对照表

中　文	英　文	中　文	英　文
伴随矩阵	adjoint matrix	基础解系	fundamental system of solutions
标量	scalar	解空间	solution space
正半定(半正定)	positive semi-definite	矩阵	matrix
标准形	canonical form	可逆矩阵	invertible matrix
标准正交基	normal orthonormal basis	克拉默法则	Cramer rule
标准正交组	normal orthonormal set	列空间	column space
不定	indefinite	列秩	column rank
差	difference	零向量	zero vector
长度	length	齐次线性方程组	system homogeneous linear equations
乘积	product	奇异的	singular
初等变换	elementary transformation	上三角矩阵	upper triangular matrix
初等矩阵	elementary matrix	生成子空间	spanning subspace
初等列变换	elementary column transformation	施密特正交化	Schmidt orthogonalization
初等行变换	elementary row transformation	特解	particular solution
单位矩阵	identity matrix	特征多项式	characteristic polynomial
单位向量	unit vector	特征方程	characteristic equation
等价	equivalent	特征向量	characteristic vector
对称矩阵	symmetric matrix	特征值	characteristic valae
对角矩阵	diagonal matrix	维[数]	dimension
反对称矩阵	anti-symmetric matrix	系数矩阵	coefficient matrix
方阵	square matrix	下三角矩阵	lower triangular matrix
非齐次线性方程组	system of homogeneous linear equations	线性无关	linearly independence
		线性相关	linearly dependence
非奇异	non-singular	线性组合	linearly combination
分块对角矩阵	block diagonal matrix	相似	similar
分块矩阵	block matrix	向量	vector
分量	component	向量空间	vector space
高斯消元法	Gauss elimination	余子式	cofactor
规范形	normal form	增广矩阵	augmented matrix
过渡矩阵	transition matrix	正定二次型	positive definite quadratic form
合同	congruence	正定矩阵	positive definite matrix
和	sum	正交	orthogonal
行	row	正交基	orthogonal basis
行秩	row rank	正交矩阵	orthogonal matrix
行列式	determinant	秩	rank
行阶梯形矩阵	row echelon form matrix	主子式	principle minor
行向量	row vector	转置	transpose
行最简形	reduced row echelon form	子空间	subspace
基	basis	子式	minor